新时代
我国自然灾害防治问题研究

郭永虎　韩昊天　著

重点马克思主义学院建设学术文库

The Academic Library of Key Marxism School of Higher Education in China

吉林大学出版社

· 长春 ·

图书在版编目（CIP）数据

新时代我国自然灾害防治问题研究 / 郭永虎，韩昊
天著. -- 长春：吉林大学出版社，2025.6. --（重点
马克思主义学院建设学术文库）. -- ISBN 978-7-5768
-5039-0

Ⅰ. X43

中国国家版本馆CIP数据核字第2025B6W764号

书　　名：新时代我国自然灾害防治问题研究
　　　　　XINSHIDAI WO GUO ZIRAN ZAIHAI FANGZHI WENTI YANJIU

作　　者：郭永虎　韩昊天
策划编辑：代景丽
责任编辑：代景丽
责任校对：代红梅
装帧设计：林　雪
出版发行：吉林大学出版社
社　　址：长春市人民大街4059号
邮政编码：130021
发行电话：0431-89580036/58
网　　址：http://press.jlu.edu.cn
电子邮箱：jldxcbs@sina.com
印　　刷：吉广控股集团有限公司
开　　本：787mm×1092mm　1/16
印　　张：19.5
字　　数：320千字
版　　次：2025年6月　第1版
印　　次：2025年6月　第1次
书　　号：ISBN 978-7-5768-5039-0
定　　价：98.00元

作者简介:

郭永虎　吉林大学马克思主义学院教授，博士生导师，吉林大学中共党史党建研究院副院长。在《中共党史研究》《当代中国史研究》《党的文献》《党史研究与教学》《中国边疆史地研究》等CSSCI核心期刊上共发表学术论文50余篇。主持国家社会科学基金重大项目1项、国家社科基金一般项目2项、教育部人文社会科学项目2项、国家民委科研项目5项、国务院侨办研究项目1项。获部级科研奖励4项。

韩昊天　吉林大学马克思主义学院博士研究生。

目　录

导　论

　　什么是灾害？什么是自然灾害？这是学者们在探讨灾害、自然灾害问题时无法回避，并反复提出的问题。然而，对这个问题的回答，学者们还存在视角不同的状况。例如美国灾害社会科学研究先行者福瑞茨认为，灾害是一个具有时间-空间特征的事件，对社会或社会其他分支造成威胁与实质损失，从而造成社会结构失序、社会成员基本生存支持系统的功能中断①。中国国际减灾十年委员会副主任范宝俊等认为，灾害是指给人类生命、财产造成危害及损失的现象和过程②。尽管学者们对灾害尚无统一的定义，但现有研究成果已揭示出关于灾害的基本共识，即对于人类社会而言，灾害是一种不幸事件；这种不幸体现在灾害对人类社会的不良影响上，如危及人类的生存和健康，造成社会物质财富的损失和破坏等；导致灾害的原因既可能来自自然，也可能发源于社会；这些来自大自然或社会的某些破坏力，是作用于或最终作用于人类社会的；这些破坏力超越了人类社会既有的抵抗力。

　　由于学者们对灾害概念的认识尚不统一，这自然而然地导致不同学科领域的学者对自然灾害的概念也存在不同的见解。例如日本学者金子史朗认为自然灾害是一种自然现象，与人类关系密切，常会给人类带来危害或损害人

① 转引自：陶鹏，童星. 灾害概念的再认识——兼论灾害社会科学研究流派及整合趋势[J]. 浙江大学学报（人文社会科学版），2012（2）：110.

② 范宝俊，陈有进. 人类灾难纪典：第1卷[M]. 北京：改革出版社，1998：1.

类生活环境①。中国灾害防御协会理事罗祖德等认为自然灾害是指自然界物质运动过程中一种或数种具有破坏性的自然力，通过非正常方式的释放而给人类造成的危害②。尽管如此，学者们对自然灾害的认识也有其共同点，即强调自然灾害的发生源自自然致灾因子的作用；自然致灾因子作用于人类的生存环境和社会财富并造成了危害；社会的脆弱性也是自然灾害得以发生的必要条件。进而，学者们强调自然灾害具有很强的系统性，致灾因子、承灾体与孕灾环境是构成自然灾害系统的三要素，自然灾害是致灾因子危险性、承灾体脆弱性以及孕灾环境稳定性综合作用的结果。

2024年5月8日，国务院普查办、应急管理部发布的《第一次全国自然灾害综合风险普查公报（第二号）——全国自然灾害综合风险评估与区划》对自然灾害、孕灾环境、致灾因子、承灾体等概念进行了行业管理部门的解释。（1）自然灾害。自然灾害是指台风、暴雨、地震等地球上的自然现象影响到人类生产生活，造成人员伤亡或经济损失等，就形成了自然灾害。自然灾害形成有三要素，即孕灾环境、致灾因子、承灾体。如果致灾因子强度较大，但时空上和承灾体不重叠，或因承灾体设防水平高而未形成损失，则一般称为自然因素而不是自然灾害。（2）孕灾环境。孕灾环境是指孕育自然灾害的自然环境和经济社会环境，是由地球大气圈、水圈、岩石圈、生物圈、冰冻圈和人类社会圈所构成的综合地球表层环境。孕灾环境的区域差异，决定了致灾因子和承灾体时空分布特征的背景。孕灾环境稳定性越高，发生自然灾害的可能性越低。孕灾环境的改善，能有效减轻灾害风险。（3）致灾因子。致灾因子是指在自然环境和经济社会环境中，对人类生命财产、资源环境或各种人类活动产生不利影响，并达到造成灾害程度的自然现象，如地震、台风、暴雨、洪涝、干旱、滑坡、泥石流等。（4）致灾危险性。致灾危险性是指台风、暴雨、地震等致灾因子发生的范围、频率和强度。致灾因子发生频率越高，致灾范围越广，致灾强度越大，则致灾危险性

---

① ［日］金子史朗. 世界大灾害［M］. 庞来源，译. 济南：山东科学技术出版社，1981：2.

② 罗祖德，徐长乐. 灾害科学［M］. 杭州：浙江教育出版社，1998：31.

就越高。（5）承灾体。承灾体是指直接受到自然灾害影响和损害的人类社会对象及资源环境，包括人类本身和经济社会发展的各个方面，如工业、农业、建筑业、交通、能源、通信、教育、文化、娱乐、各种减灾工程设施及生产、生活服务设施，人们所积累起来的各类财富，以及资源环境等。（6）承灾体暴露度。承灾体暴露度是指致灾因子可能影响到的人、房屋建筑、基础设施、经济及资源环境等承灾体的数量。承灾体暴露度越高，越容易形成更大的灾害损失。（7）承灾体脆弱性。承灾体脆弱性是指表达承灾体的状态或性能受到致灾因子不利影响的倾向、敏感性和易损性，一般体现为致灾危险性大小与承灾体损失程度之间的关系。在致灾危险性相同的情况下，承灾体脆弱性越大，则承灾体损失程度越高。（8）自然灾害风险。自然灾害风险是指自然灾害发生的可能性及其潜在人员伤亡、经济损失等，是对自然灾害损失的客观可能性进行的主观评价。自然灾害风险高低与孕灾环境、致灾因子的危险性、承灾体的暴露度和脆弱性有关，致灾危险性越大，承灾体暴露度和脆弱性越高，自然灾害风险则越高。（9）自然灾害综合风险。自然灾害综合风险是指多种致灾因子与承灾体综合作用形成的自然灾害风险的总量。各类自然灾害事件的可能性越高，潜在灾害损失越大，综合风险就越高[①]。

　　由于不同学科领域的学者对灾害、自然灾害的认识是不同的，所以其对自然灾害的分类也是不同的，其所依据的划分标准也是多样的。同样，不同的行业管理部门对自然灾害的划分也是不尽相同的。例如，2012年10月12日，由民政部国家减灾中心、中国气象局政策法规司、国家海洋局海洋环境预报中心共同起草，中华人民共和国国家质量监督检验检疫总局、中国国家标准化管理委员会发布的国家标准《自然灾害分类与代码》（GB/T28921—2012）把自然灾害划分为气象水文灾害、地质地震灾害、海洋灾害、生物灾

---

① 国务院第一次全国自然灾害综合风险普查领导小组办公室. 第一次全国自然灾害综合风险普查公报汇编［Z］.2024-05：9-10. http://www.mem.gov.cn/xw/yjglbgzdt/202405/t20240507_487067.shtml.

害、生态环境灾害等5种类型。具体而言，气象水文灾害包括干旱灾害、洪涝灾害、台风灾害、暴雨灾害、大风灾害、冰雹灾害、雷电灾害、低温灾害、冰雪灾害、高温灾害、沙尘暴灾害、大雾灾害以及其他气象水文灾害；地质地震灾害包括地震灾害、火山灾害、崩塌灾害、滑坡灾害、泥石流灾害、地面塌陷灾害、地面沉降灾害、地裂缝灾害以及其他地质灾害；海洋灾害包括风暴潮、海浪、海冰、海啸、赤潮、绿潮灾害以及其他海洋灾害；生物灾害包括植物病虫害、疫病灾害、鼠害、草害、赤潮灾害、森林/草原火灾以及其他生物灾害；生态环境灾害包括水土流失灾害、风蚀沙化灾害、盐渍化灾害、石漠化灾害以及其他生态环境灾害[1][2]。2024年1月20日，应急管理部负责组织编制，国务院办公厅印发的《国家自然灾害救助应急预案》指出：本预案所称自然灾害主要包括洪涝、干旱等水旱灾害，台风、风雹、低温冷冻、高温、雪灾、沙尘暴等气象灾害，地震灾害，崩塌、滑坡、泥石流等地质灾害，风暴潮、海浪、海啸、海冰等海洋灾害，森林草原火灾和重大生物灾害等[3]。前者是行业管理部门制定的关于自然灾害分类的国家标准，后者可以说是管理部门为了方便管理而提出的管理标准，二者是不统一的。为了保持统计资料的准确性和完整性，依据统计资料原貌，本书的第一章"新时代我国自然灾害总体状况"所依据的是后者，即管理标准；除此之外，本书所依据的是前者，即国家标准。

新时代，全球气候变暖、生态环境破坏，我国自然灾害防治面对的复杂严峻形势，以及我国自然灾害防治体系和防治能力还都存在短板，这些问题的存在都要求我国必须加强自然灾害防治体系建设，不断提高自然灾害防治能力，加快推进新时代自然灾害防治体系和防治能力的现代化。这是关系到

---

① 中华人民共和国国家质量监督检验检疫总局, 中国国家标准化管理委员会. 自然灾害分类与代码［EB/OL］. (2012-10-12)［2013-02-01］. https: //openstd. samr. gov. cn/bzgk/gb/newGbInfo? hcno=68752687342B46C370F984DAD03C49BA.

② 《自然灾害分类与代码》(GB/T28921—2012)把赤潮灾害既划归为海洋灾害，又划归为生物灾害；生物灾害的主要灾种不包括外来生物入侵灾害。

③ 国务院办公厅. 国家自然灾害救助应急预案［J］. 中华人民共和国国务院公报, 2024 (6): 63.

人民群众生命财产安全、关系到国家社会和谐稳定的大事，也是衡量执政党领导力、检验政府执行力、评判国家动员力、彰显民族凝聚力的一个重要方面。

在此背景下，以习近平总书记防灾减灾救灾重要论述为指导思想，以中共中央、国务院以及党和国家相关部门发布的有关防灾减灾救灾的文件为主要依据，参考借鉴学术界有关自然灾害防治问题的已有研究成果，探讨新时代我国自然灾害防治问题具有重要的理论意义和实际价值。

本书除导论外，包括九章具体内容，较为详细地阐释了新时代我国自然灾害防治理论与实践问题。第一章是新时代我国自然灾害总体状况，内容包括自然灾害基本灾情及风险趋势；第二章是新时代我国自然灾害防治法治体系，内容包括依法防治自然灾害的必然性、自然灾害防治领域的法律法规、树立自然灾害防治的法治思维、着力构建新时代自然灾害防治法治体系；第三章是新时代我国自然灾害防减规划体系，内容包括自然灾害防减规划类别、自然灾害防减规划编制、自然灾害防减规划内容、增强新时代自然灾害防减规划协同衔接；第四章是新时代我国自然灾害应急预案体系，内容包括自然灾害应急预案类型、自然灾害应急预案特点、自然灾害应急预案框架、完善新时代自然灾害应急预案管理；第五章是新时代我国自然灾害监测预警体系，内容包括气象水文灾害监测预警、地质地震灾害监测预警、海洋灾害观测监测预警、生物灾害监测预警、生态环境灾害监测预警、强化新时代自然灾害综合监测预警系统建设；第六章是新时代我国自然灾害防治理论研究，内容包括气象水文灾害防治理论、地质地震灾害防治理论、海洋灾害防治理论、牛物灾害防治理论、生态环境灾害防治理论、提升新时代自然灾害防治理论创新能力；第七章是新时代我国自然灾害防治技术应用，内容包括气象水文灾害防治技术、地质地震灾害防治技术、海洋灾害防治技术、生物灾害防治技术、生态环境灾害防治技术、提升新时代自然灾害防治科技支撑能力；第八章是新时代我国自然灾害防治工程建设，内容包括防汛抗旱水利提升工程、地质灾害综合治理和避险移民搬迁工程、地震易发区房屋设施加固工程、海岸带保护修复工程、重点生态功能区生态修复工程、提升新时代自然灾害防治工程设防能力；第九章是新时代我国自然灾害应急物资保障，内容包括应急物资、应急物资产能保障、应急物资实物储备、应急物资调配输送、提升新时代自然灾害防治物资保障能力。

需要说明的是，本书所阐释的内容远非新时代我国自然灾害防治体系和防治能力现代化的全部内容。例如，如何健全自然灾害防治统筹协调机制、如何引导自然灾害防减领域保险业加快发展、如何谋划灾区的恢复重建、如何提升自然灾害救援救助能力、如何提升基层自然灾害综合防治能力、如何坚持常态减灾与非常态救灾相统一、如何加强国际减灾领域交流与合作等问题，都值得进行深入的研究。以期未来在时间、资料、能力允许的条件下，笔者可以继续研究自然灾害防治问题，也期望不同学科领域的学者一起来研究这个问题，共同为新时代我国防灾减灾救灾事业贡献力量。

第一章

新时代我国自然灾害
总体状况

本章阐释了新时代我国自然灾害的基本灾情及风险趋势，强调新时代以来我国极端天气事件频发，气候变化带来的不稳定性显著增加，强对流天气和台风灾害频繁，且多灾并发和灾害链特征日益突出，对农作物的产量与质量影响显著；地质地震等灾害活跃，造成了较大的人员伤亡和经济损失。在此背景下，科学分析和把握我国自然灾害风险的总体趋势显得尤为重要。

一、自然灾害基本灾情

统计资料显示：2013年，我国全年各类自然灾害共造成全国38 818.7万人次受灾，农作物受灾面积达31 349.8千公顷，直接经济损失5 808.4亿元[①]；2014年，我国全年各类自然灾害共造成全国24 353.7万人次受灾，农作物受灾面积24 890.7千公顷，直接经济损失3 373.8亿元[②]；2015年，我国全年各类自然灾害共造成全国18 620.3万人次受灾，农作物受灾面积21 769.8千公顷，直接经济损失2 704.1亿元[③]；2016年，我国全年各类自然灾害共造成全国近1.9亿人次受灾，农作物受灾面积2 622万公顷，直接经济损失5 032.9亿元[④]；2017年，我国全年各类自然灾害共造成全国1.4亿人次受灾，农作物受灾面积18 478.1千公顷，直接经济损失3 018.7亿元[⑤]；2018年，我国全年各种自然灾害共造成全国1.3亿人次受灾，农作物受灾面积20 814.3千公顷，直接经济损失2 644.6亿元[⑥]；2019年，我国全年各种自然灾害共造成全国1.3亿人次受灾，农作物受灾面积19 256.9千公顷，直接经济损失3 270.9亿元[⑦]；2020年，我国全年各种自然灾害共造成全国1.38亿人次受灾，农作物受灾面积19 957.7

[①] 民政部，国家减灾委员会办公室.2013年全国自然灾害基本情况［EB/OL］.（2014-01-04）［2024-01-04］. https://www.gov.cn/gzdt/2014-01/04/content_2559933.htm.

[②] 民政部，国家减灾委员会办公室.2014年全国自然灾害基本情况［EB/OL］.（2015-01-05）［2015-01-05］. https://www.gov.cn/xinwen/2015-01/05/content_2800233.htm.

[③] 民政部，国家减灾委员会办公室.2015年全国自然灾害基本情况［EB/OL］.（2016-01-11）［2016-01-11］. https://www.gov.cn/xinwen/2016-01/11/content_5032082.htm.

[④] 民政部，国家减灾委员会办公室.2016年全国自然灾害基本情况［EB/OL］.（2017-01-13）［2017-01-13］. https://www.mca.gov.cn/n152/n164/c36040/content.html.

[⑤] 民政部，国家减灾委员会办公室.2017年全国自然灾害基本情况［EB/OL］.（2018-02-01）［2018-02-01］. https://www.mca.gov.cn/n152/n164/c33072/content.html.

[⑥] 应急管理部，国家减灾委办公室.2018年全国自然灾害基本情况［EB/OL］.（2019-01-08）［2019-01-08］. https://www.mem.gov.cn/xw/bndt/201901/t20190108_229817.shtml.

[⑦] 应急管理部.2019年全国自然灾害基本情况［EB/OL］.（2020-01-16）［2020-01-16］. https://www.mem.gov.cn/xw/bndt/202001/t20200116_343570.shtml.

千公顷，直接经济损失3 701.5亿元[①]；2021年，我国全年各种自然灾害共造成全国1.07亿人次受灾，农作物受灾面积11 739千公顷，直接经济损失3 340.2亿元[②]；2022年，我国全年各种自然灾害共造成全国1.12亿人次受灾，农作物受灾面积12 071.6千公顷，直接经济损失2 386.5亿元[③]；2023年，我国全年各种自然灾害共造成全国9 544.4万人次受灾，农作物受灾面积10 539.3千公顷，直接经济损失3 454.5亿元[④]。

（一）水旱灾害

2013年，我国汛期降雨呈现南旱北涝格局，江南、江淮、江汉和西南地区东部遭遇历史罕见高温干旱，浙、赣、皖、鄂、湘、黔、渝等地降雨稀少，为1951年以来历史同期极值。四川盆地、西北地区东部、华北地区南部及黄淮地区北部遭遇强降雨过程，松花江、黑龙江和辽河流域出现1998年以来最严重洪涝灾害[⑤]。

2014年，我国南方部分地区洪涝灾害严重，江西、湖南、广东、广西、重庆、四川、贵州、云南等地灾情突出。东北、黄淮等地高温少雨，夏伏旱突出，河北、内蒙古、辽宁、吉林、河南、湖北、陕西、宁夏等地灾情突出[⑥]。

① 应急管理部.2020年全国自然灾害基本情况［EB/OL］.（2021-01-08）［2021-01-08］. https://www. mem. gov. cn/xw/yjglbgzdt/202101/t20210108_376745. shtml.

② 应急管理部.2021年全国自然灾害基本情况［EB/OL］.（2022-01-23）［2022-01-23］. https://www. mem. gov. cn/xw/yjglbgzdt/202201/t20220123_407204. shtml.

③ 应急管理部.2022年全国自然灾害基本情况［EB/OL］.（2023-01-13）［2023-01-13］. https://www. mem. gov. cn/xw/yjglbgzdt/202301/t20230113_440478. shtml.

④ 国家防灾减灾救灾委员会办公室，应急管理部.2023年全国自然灾害基本情况［EB/OL］.（2024-01-20）［2024-01-20］. https://www. mem. gov. cn/xw/yjglbgzdt/202401/t20240120_475697. shtml.

⑤ 民政部，国家减灾委员会办公室.2013年全国自然灾害基本情况［EB/OL］.（2014-01-04）［2024-01-04］. https://www. gov. cn/gzdt/2014-01/04/content_2559933. htm.

⑥ 民政部，国家减灾委员会办公室.2014年全国自然灾害基本情况［EB/OL］.（2015-01-05）［2015-01-05］. https://www. gov. cn/xinwen/2015/01/05/content_2800233. htm.

2015年，我国汛期全国共出现36次强降雨过程，其中南方地区33次。福建福州、贵州长顺和江苏常州等地日降雨量达到或突破历史极值，上海、南京、深圳、武汉等多个大中城市发生严重内涝；江南、华南强降雨天气过程导致江西、湖南、广西等地遭遇罕见冬汛。冬春旱主要发生在河北、河南、山西、山东、陕西、甘肃等北方冬麦区，夏伏旱主要发生在内蒙古、辽宁、吉林、河北、山西、山东等北方地区[①]。

2016年，我国暴雨洪涝灾害南北齐发，全国共出现51次强降雨天气过程，平均降雨量为1951年以来最多；长江中下游地区梅雨期间降雨量较常年同期偏多70%以上，长江流域发生1998年以来最大洪水，太湖发生流域性特大洪水；海河流域出现1996年以来范围最广、强度最大的流域性暴雨过程，部分河流发生超历史洪水。洪涝灾害灾情与"十二五"时期均值相比明显偏重，紧急转移安置人口和直接经济损失均为最高值。东北地区西部及内蒙古东部等地发生较为严重的夏伏旱，旱灾灾情与"十二五"时期均值相比偏轻[②]。

2017年，我国汛期暴雨洪涝集中发生，秋汛灾害影响较重。6月下旬至7月初，南方地区连续出现强降雨天气，造成长江中下游发生区域性大洪水，湖南、江西、贵州、广西、四川等地发生严重洪涝灾害。7月中下旬至8月上旬，东北、西北等地接连出现强降雨过程，吉林、陕西两省灾情严重。9月中旬至10月，安徽、河南、湖北、陕西等地持续出现连阴雨天气，汉江等江河发生流域性洪水，秋汛灾害损失为近5年同期最高。高温少雨天气导致北方部分地区春夏连旱，即4月至5月，东北、内蒙古、河北、山东等地旱情初露；6月下旬至7月中旬，北方地区出现近12年以来最强持续性高温天气，山

① 民政部，国家减灾委员会办公室.2015年全国自然灾害基本情况［EB/OL］.（2016-01-11）［2016-01-11］. https://www.gov.cn/xinwen/2016-01/11/content_5032082.htm.

② 民政部，国家减灾委员会办公室.2016年全国自然灾害基本情况［EB/OL］.（2017-01-13）［2017-01-13］. https://www.mca.gov.cn/n152/n164/c36040/content.html.

西、内蒙古、辽宁、吉林、山东、陕西和甘肃等地旱情较重[①]。

2018年，我国洪涝灾害呈现"北增南减"态势，内蒙古、黑龙江、甘肃、陕西、青海、新疆等北方地区洪涝灾害较过去5年均值明显偏重；南方大部降雨量较常年持平或偏少，浙江、福建、江西、湖北、湖南等地洪涝灾情偏轻。旱灾主要集中发生在4月下旬至6月，内蒙古、黑龙江、吉林等地遭受灾害影响[②]。

2019年，我国洪涝灾害呈现"南北多、中间少"的特点，即6月至8月，南方地区主雨带始终在广西、江西、湖南等地徘徊，导致广西、江西、湖南、贵州、四川等地发生严重洪涝灾害；7月至8月，西北、东北等地出现持续性较强降雨，黑龙江、松花江等多条河流超警戒水位；江苏、安徽、湖北、河南、山东等长江以北至黄河流域多省汛期降雨量较常年同期偏少。南方地区夏秋冬连旱严重，云南大部、四川南部等地出现冬春旱；山西、河南等地出现夏伏旱；湖北、湖南、江西、安徽等地发生近40年来最为严重的伏秋连旱[③]。

2020年，我国汛期南方地区遭遇1998年以来最严重汛情，长江、黄河、淮河等主要江河共发生21次编号洪水，次数超过1998年。长江发生流域性大洪水，上游发生特大洪水；太湖发生历史第3高水位的流域性大洪水，淮河、松花江均发生流域性较大洪水。西南地区发生冬春旱，华北地区发生春旱，东北地区发生夏伏旱，南方局地发生年底旱情。云南、辽宁、山西、四川、内蒙古、陕西等地旱情较重[④]。

① 民政部，国家减灾委员会办公室.2017年全国自然灾害基本情况［EB/OL］.（2018-02-01）［2018-02-01］. https://www.mca. gov. cn/n152/n164/c33072/content. html.

② 应急管理部，国家减灾委办公室.2018年全国自然灾害基本情况［EB/OL］.（2019-01-08）［2019-01-08］. https://www.mem. gov. cn/xw/bndt/201901/t20190108_229817. shtml.

③ 应急管理部.2019年全国自然灾害基本情况［EB/OL］.（2020-01-16）［2020-01-16］. https://www.mem. gov. cn/xw/bndt/202001/t20200116_343570. shtml.

④ 应急管理部.2020年全国自然灾害基本情况［EB/OL］.（2021-01-08）［2021-01-08］. https://www.mem. gov. cn/xw/yjglbgzdt/202101/t20210108_376745. shtml.

2021年，我国主要江河径流量总体偏多，主要江河共发生12次编号洪水，北方河流洪水多发频发、量级大；河南遭遇历史罕见特大暴雨，引发特大暴雨洪涝灾害；长江上游和汉江、黄河中下游、海河南系等流域相继发生罕见秋汛。全国干旱灾害呈阶段性发生，主要表现为南方地区冬春连旱、西北地区夏旱、广东秋冬连旱，山西、陕西、甘肃、云南、内蒙古、宁夏、广东等地受灾[①]。

2022年，我国北江出现1915年以来最大洪水；辽河发生1995年以来最大洪水；珠江流域降雨量为1961年以来同期最多，发生流域性较大洪水；四川、青海等局地突发山洪灾害，造成较大人员伤亡。年初，珠江流域冬春连旱。4月至6月，黄淮海和西北地区春夏旱，长江流域罕见夏秋冬连旱；长江流域干旱是有完整实测资料以来最严重的干旱，中旱以上日数为77天，较常年同期偏多54天，为1961年以来历史同期最多[②]。

2023年，我国海河发生流域性特大洪水，造成京津冀等地重大人员伤亡和财产损失；松花江流域发生严重汛情，造成黑龙江、吉林等地受灾严重。2023年先后发生西南冬春连旱、北方局地夏旱、西北地区伏秋旱[③]。

（二）气象灾害

2013年，全年共有9个台风登陆，台风登陆位置偏南，登陆强度偏强，影响次数偏多，秋台异常偏重。在广东阳西沿海登陆的台风"尤特"是造成死亡失踪人口最多的台风；在福建福鼎登陆的台风"菲特"是造成直接经济损失最大的台风。我国中东部地区雾霾天气多发、频发，除8月份以外，各

---

① 应急管理部.2021年全国自然灾害基本情况［EB/OL］.（2022-01-23）［2022-01-23］. https：//www. mem. gov. cn/xw/yjglbgzdt/202201/t20220123_407204. shtml.

② 应急管理部.2022年全国自然灾害基本情况［EB/OL］.（2023-01-13）［2023-01-13］. https：//www. mem. gov. cn/xw/yjglbgzdt/202301/t20230113_440478. shtml.

③ 国家防灾减灾救灾委员会办公室，应急管理部.2023年全国自然灾害基本情况［EB/OL］.（2024-01-20）［2024-01-20］. https：//www. mem. gov. cn/xw/yjglbgzdt/202401/t20240120_475697. shtml.

月雾霾日数均较历史同期偏多，1月至3月、9月至12月雾霾天气尤其严重①。

2014年，超强台风历史罕见，台风"威马逊""麦德姆"分别登陆3次，"凤凰"登陆多达4次；"威马逊"为1973年以来登陆华南地区的最强台风，也是2000年以来对海南省影响最为严重的一次台风。我国中东部地区持续出现较为频繁的低温雨雪天气过程，安徽、浙江、湖北等地遭受低温冷冻和雪灾，电力、通信基础设施受损，对春运返程交通造成较严重影响②。

2015年，台风登陆强度大，台风"灿鸿"登陆浙江舟山时风力达14级，为1949年以来同期登陆浙闽地区的最强台风；台风"苏迪罗"登陆福建莆田时风力达13级，是2015年造成死亡失踪人数最多的台风；台风"彩虹"登陆广东湛江时风力达15级，为1949年以来同期登陆我国的最强台风。风雹、低温冷冻和雪灾影响局地，我国中东部地区11月下旬持续遭受低温雨雪天气，山东等地损失较为严重；入冬以后，内蒙古、新疆等地持续降雪，给群众生产生活造成较大影响③。

2016年，极端强对流天气频发，全国共发生59次大范围强对流天气过程，短时强降雨、雷暴大风、冰雹、龙卷风等突发性强对流性天气为2010年以来最多。风雹灾害灾情与"十二五"时期均值相比偏重，直接经济损失为最高值，倒损房屋数量为次高值。台风登陆强度强、影响大，台风灾害灾情与"十二五"时期均值相比略偏轻，但因灾死亡失踪人口偏多。低温冷冻和雪灾影响有限，与"十二五"时期均值相比基本持平④。

2017年，台风登陆集中，部分区域重复受灾。7月30日、31日，台风

① 民政部，国家减灾委员会办公室.2013年全国自然灾害基本情况［EB/OL］.（2014-01-04）［2024-01-04］. https://www. gov. cn/gzdt/2014-01/04/content_2559933. htm.

② 民政部，国家减灾委员会办公室.2014年全国自然灾害基本情况［EB/OL］.（2015-01-05）［2015-01-05］. https://www. gov. cn/xinwen/2015/01/05/content_2800233. htm.

③ 民政部，国家减灾委员会办公室.2015年全国自然灾害基本情况［EB/OL］.（2016-01-11）［2016-01-11］. https://www. gov. cn/xinwen/2016/01/11/content_5032082. htm.

④ 民政部，国家减灾委员会办公室.2016年全国自然灾害基本情况［EB/OL］.（2017-01-13）［2017-01-13］. https://www. mca. gov. cn/n152/n164/c36040/content. html.

"纳沙""海棠"先后在福建福清沿海登陆,24小时内登陆同一地点,属历史首次;8月23日至9月3日,台风"天鸽""帕卡""玛娃"接连在广东沿海登陆,福建、广东灾害损失严重①。

2018年,台风登陆个数明显偏多,台风"安比""摩羯""温比亚"在一个月内相继登陆华东并深入内陆影响华北、东北等地,属历史罕见。"温比亚"是2018年致灾最重的台风,给山东、河南、安徽和江苏等省造成严重暴雨洪涝。低温、雨雪、冰冻和旱灾发生时段相对集中,低温、雨雪、冰冻灾害主要集中发生在1月、4月初和12月下旬,安徽、湖北、甘肃、宁夏、陕西、山西、河北、湖南、江西、贵州等省区遭受灾害影响②。

2019年,超强台风影响大,台风"利奇马"极端性特征明显,是1949年以来登陆我国大陆地区强度第五位的超强台风,登陆时中心附近最大风力达16级,造成浙江、安徽、江苏、福建、山东等地受灾严重。风雹灾害时空分布相对集中,时间集中发生在4月至8月,区域集中在华东、华中和华北等地,内蒙古、河北、天津、北京、辽宁等地遭遇超10级大风③。

2020年,全年共有58次大范围短时强降雨、雷暴大风和冰雹等强对流天气过程。北方主要以大风、冰雹等强对流灾害为主;南方主要以连续、集中的短时强降雨、雷暴等强对流灾害为主。台风"黑格比""米克拉""海高斯"均以峰值强度登陆我国华东华南沿海地区;台风"巴威""美莎克""海神"先后北上影响东北地区,间隔时间短、影响区域高度重叠,带来持续性降雨。山东、河北、山西、内蒙古、吉林、黑龙江、陕西、湖南、

---

① 民政部,国家减灾委员会办公室.2017年全国自然灾害基本情况[EB/OL].(2018-02-01)[2018-02-01].https://www.mca.gov.cn/n152/n164/c33072/content.html.

② 应急管理部,国家减灾委办公室.2018年全国自然灾害基本情况[EB/OL].(2019-01-08)[2019-01-08].https://www.mem.gov.cn/xw/bndt/201901/t20190108_229817.shtml.

③ 应急管理部.2019年全国自然灾害基本情况[EB/OL].(2020-01-16)[2020-01-16].https://www.mem.gov.cn/xw/bndt/202001/t20200116_343570.shtml.

福建、广西等地区遭受低温冷冻害和雪灾①。

2021年，台风"烟花"先后在浙江舟山和平湖登陆，风力强，雨量大，持续时间长，影响范围广，造成浙江、上海、江苏等地受灾，是2021年造成损失最重的台风。风雹致使山西、内蒙古、辽宁、江苏、山东、陕西、新疆等地受灾较重；江苏、湖北、内蒙古等地相继遭受极端强对流天气，并引发罕见龙卷风灾害。1月上中旬，我国中东部地区出现寒潮天气，具有低温极端性显著、大风持续时间长等特点，给抗冻能力较弱的经济作物带来损失。11月至12月，华北、东北等地普降暴雪或大暴雪，局地出现特大暴雪，造成内蒙古、辽宁、吉林、黑龙江等地受灾②。

2022年，强对流天气主要集中在夏季，主要分布在华北、西北和西南等地；青海、四川等地雷击事件造成的伤亡人数较多。台风"梅花"在浙江舟山、上海奉贤、山东青岛和辽宁大连先后四次登陆，为1949年以来首个四次登陆我国大陆不同地区的台风。2月份，低温雨雪冰冻灾害造成西南、中南地区受灾较重；11月26日至12月1日，入冬以来最强的寒潮天气给全国大部地区带来剧烈降温、大风沙尘和雨雪，新疆阿勒泰、塔城地区极端暴雪天气造成人员伤亡③。

2023年，台风"杜苏芮"登陆期间给浙江、福建带来大暴雨，引发局地山洪，登陆后北上，环流在陆地长时间维持，造成华北、黄淮、东北等多地出现极端强降雨，引发严重暴雨洪涝灾害；台风"苏拉"登陆时在冷空气配合下，给广东、广西带来大范围大暴雨；台风"海葵"登陆后残涡长时间影响华南地区，福建、广东多地多站点降雨突破历史极值。西南、西北等局地山洪灾害多点散发，四川、重庆、陕西等地人员伤亡较大。华北、黄淮、西

---

① 应急管理部.2020年全国自然灾害基本情况［EB/OL］.（2021-01-08）［2021-01-08］.https://www.mem.gov.cn/xw/yjglbgzdt/202101/t20210108_376745.shtml.

② 应急管理部.2021年全国自然灾害基本情况［EB/OL］.（2022-01-23）［2022-01-23］.https://www.mem.gov.cn/xw/yjglbgzdt/202201/t20220123_407204.shtml.

③ 应急管理部.2022年全国自然灾害基本情况［EB/OL］.（2023-01-13）［2023-01-13］.https://www.mem.gov.cn/xw/yjglbgzdt/202301/t20230113_440478.shtml.

北、西南等地遭受风雹灾害；江苏盐城、宿迁、南通等地遭受龙卷风灾害；全年共有17次沙尘天气影响我国。11月，冷空气强度达寒潮，内蒙古和东北地区出现强降雪；12月，冷空气强度达强寒潮，河北、山西、山东、河南、北京、天津等地出现大范围雨雪天气[①]。

（三）地震灾害

2013年，我国大陆地区共发生5.0级以上地震43次，远超常年年均20次水平。四川芦山7.0级和甘肃岷县漳县交界6.6级地震造成了重大人员伤亡和经济损失[②]。

2014年，我国大陆地区共发生5.0级以上地震22次，集中发生在西部地区。云南鲁甸6.5级地震灾害损失最为严重，是鲁甸地区有历史记载以来的最强地震，大量房屋倒损，交通、通讯等基础设施和学校、医疗卫生机构等公共服务设施遭受严重破坏[③]。

2015年，我国大陆地区共发生5.0级以上地震14次，集中在云南、西藏和新疆等地，西藏定日县发生5.9级地震、聂拉木县发生5.3级地震，对西藏日喀则等地造成较大影响；新疆皮山县发生6.5级地震，造成新疆喀什、和田地区15个县市和兵团20个团场受灾[④]。

2016年，我国大陆地区共发生5.0级以上地震18次，主要集中在西部地区，青海门源6.4级地震、西藏丁青5.5级地震、青海杂多6.2级地震、新疆呼图壁6.2级地震等影响相对较大，灾区交通、电力等基础设施受损。地震灾害

---

① 国家防灾减灾救灾委员会办公室，应急管理部.2023年全国自然灾害基本情况［EB/OL］.（2024-01-20）［2024-01-20］. https://www. mem. cn/xw/yjglbgzdt/202401/t20240120_475697. shtml.

② 民政部，国家减灾委员会办公室.2013年全国自然灾害基本情况［EB/OL］.（2014-01-04）［2024-01-04］. https://www. gov. cn/gzdt/2014/01/04/content_2559933. htm.

③ 民政部，国家减灾委员会办公室.2014年全国自然灾害基本情况［EB/OL］.（2015-01-05）［2015-01-05］. https://www. gov. cn/xinwen/2015/01/05/content_2800233. htm.

④ 民政部，国家减灾委员会办公室.2015年全国自然灾害基本情况［EB/OL］.（2016-01-11）［2016-01-11］. https://www. gov. cn/xinwen/2016/01/11/content_5032082. htm.

灾情与"十二五"时期均值相比偏轻，因灾死亡失踪人口、倒塌房屋间数和直接经济损失均为最低值①。

2017年，我国大陆地区共发生5.0级以上地震13次，发生在西部地区的地震震级偏高。例如，四川九寨沟发生7.0级地震，新疆精河发生6.6级地震，新疆塔什库尔干发生5.5级地震，这3次地震均造成较重损失②。

2018年，全国大陆地区共发生16次5.0级以上地震，其中8月至10月连续发生10次5.0级以上地震。云南墨江县5.9级地震是2018年我国大陆地区震级最高、灾情最重的地震③。

2019年，我国大陆地区共发生20次5.0级以上地震，其中西部地区5.0级以上地震占全国总数的85%。西藏墨脱县6.3级地震，是2019年震级最高的地震；四川长宁县6.0级地震，是2019年灾情最重的地震④。

2020年，我国大陆地区共发生5.0级以上地震20次，主要发生在新疆、西藏、四川、云南等地。西藏尼玛6.6级地震是2020年我国大陆地区最高震级地震⑤。

2021年，我国大陆地区共发生5.0级以上地震20次，主要集中在新疆、西藏、青海、云南、四川等西部地区。西藏比如县6.1级地震、新疆拜城5.4级地震、云南漾濞6.4级地震、青海玛多7.4级地震、四川泸县6.0级地震等，都造成众多人员伤亡和交通、道路、市政、教育等设施受损⑥。

---

① 民政部，国家减灾委员会办公室.2016年全国自然灾害基本情况［EB/OL］.（2017-01-13）［2017-01-13］. https://www.mca. gov. cn/n152/n164/c36040/content. html.

② 民政部，国家减灾委员会办公室.2017年全国自然灾害基本情况［EB/OL］.（2018-02-01）［2018-02-01］. https://www.mca. gov. cn/n152/n164/c33072/content. html.

③ 应急管理部，国家减灾委办公室.2018年全国自然灾害基本情况［EB/OL］.（2019-01-08）［2019-01-08］. https://www. mem. gov. cn/xw/bndt/201901/t20190108_229817. shtml.

④ 应急管理部.2019年全国自然灾害基本情况［EB/OL］.（2020-01-16）［2020-01-16］. https://www. mem. gov. cn/xw/bndt/202001/t20200116_343570. shtml.

⑤ 应急管理部.2020年全国自然灾害基本情况［EB/OL］.（2021-01-08）［2021-01-08］. https://www. mem. gov. cn/xw/yjglbgzdt/202101/t20210108_376745. shtml.

⑥ 应急管理部.2021年全国自然灾害基本情况［EB/OL］.（2022-01-23）［2022-01-23］. https://www. mem. gov. cn/xw/yjglbgzdt/202201/t20220123_407204. shtml.

2022年，我国大陆地区共发生5.0级以上地震27次，较历年平均有所增多，主要集中在青海、四川、新疆等西部地区。全年震级最高的地震是青海门源6.9级地震，损失最重的是四川泸定6.8级地震[①]。

2023年，我国大陆地区共发生5.0级以上地震11次。甘肃积石山6.2级地震造成甘肃、青海两省人员伤亡、房屋损坏[②]。

（四）地质灾害

2013年，我国共发生各类地质灾害15 403起，其中滑坡9 849起、崩塌3 313起、泥石流1 541起、地面塌陷371起、地裂缝301起、地面沉降28起；造成481人死亡、188人失踪、264人受伤，造成直接经济损失101.5亿元。地质灾害主要发生在甘肃、四川、广东、湖南、浙江和广西[③]。

2014年，我国共发生各类地质灾害10 907起，其中滑坡8 128起、崩塌1 872起、泥石流543起、地面塌陷302起、地裂缝51起、地面沉降11起；造成349人死亡、51人失踪、218人受伤，直接经济损失54.1亿元。地质灾害主要发生在湖南、重庆、四川、贵州、云南和湖北[④]。

2015年，我国共发生各类地质灾害8 224起，其中滑坡5 616起、崩塌1 801起、泥石流486起、地面塌陷278起、地裂缝27起、地面沉降16起；造成229人死亡、58人失踪、138人受伤，直接经济损失24.9亿元。地质灾害主要发生在江西、湖南、云南、安徽、浙江和四川[⑤]。

---

① 应急管理部.2022年全国自然灾害基本情况［EB/OL］.（2023-01-13）［2023-01-13］.https://www. mem. gov. cn/xw/yjglbgzdt/202301/t20230113_440478. shtml.

② 国家防灾减灾救灾委员会办公室,应急管理部.2023年全国自然灾害基本情况［EB/OL］.（2024-01-20）［2024-01-20］.https://www. mem. gov. cn/xw/yjglbgzdt/202401/t20240120_475697. shtml.

③ 国土资源部.2013中国国土资源公报［Z］.2014-04：26. https://g. mnr. gov. cn/201705/t20170502_1506585. html.

④ 国土资源部.2014中国国土资源公报［Z］.2015-04：38. https://g. mnr. gov. cn/201705/t20170502_1506589. html.

⑤ 国土资源部.2015中国国土资源公报［Z］.2016-04：42. https://g. mnr. gov. cn/201705/t20170502_1506591. html.

2016年，我国共发生各类地质灾害9 710起，造成370人死亡、35人失踪、209人受伤，直接经济损失31.7亿元。分类型看，特大型地质灾害有21起，造成97人死亡、10人失踪、29人受伤，直接经济损失12.7亿元；大型地质灾害有41起，造成25人死亡、5人失踪、7人受伤，直接经济损失2.8亿元；中型地质灾害有307起，造成107人死亡、11人失踪、64人受伤，直接经济损失6.4亿元；小型地质灾害有9 341起，造成141人死亡、9人失踪、109人受伤，直接经济损失9.8亿元[①]。

2017年，我国共发生各类地质灾害7 122起，造成327人死亡、25人失踪、173人受伤，直接经济损失35.37亿元。分类型看，特大型地质灾害有21起，造成118人死亡、12人失踪、15人受伤，直接经济损失13.40亿元；大型地质灾害有48起，造成12人死亡、1人失踪、5人受伤，直接经济损失2.70亿元；中型地质灾害有319起，造成99人死亡、9人失踪、59人受伤，直接经济损失6.50亿元；小型地质灾害有6 734 起，造成98人死亡、3人失踪、94人受伤，直接经济损失12.80亿元[②]。

2018年，我国金沙江、雅鲁藏布江相继发生4次严重山体滑坡堰塞湖灾害，灾害影响较大，历史罕见。

2019年，我国共发生各类地质灾害6 181起，中南地区地质灾害数量最多，河南、湖北、湖南、广东、广西、海南等地共发生地质灾害3 254起，占全国地质灾害总数的52.6%；西南地区地质灾害造成的直接经济损失最重、因灾死亡失踪人数最多，重庆、四川、贵州、云南、西藏等地区所造成的直接经济损失占全国总数的61.4%、因灾死亡失踪人数占全国总数的43.8%[③]。

2020年，由于降雨频率高、强度大、范围广，导致地质灾害发生数量较

---

① 国土资源部.2016中国国土资源公报［Z］.2017-04：13. https://www. mnr. gov. cn/sj/tjgb/201807/ P020180704391918680508. pdf.

② 自然资源部.2017中国土地矿产海洋资源统计公报［Z］.2018-05：14. https://scs. mnr. gov. cn/scsb/ gbytj/201808/c6fabbe905834e458d1543e676d88518. shtml#.

③ 自然资源部地质灾害技术指导中心. 全国地质灾害通报（2019年）［EB/OL］. https://jz. docin. com/ p-2363165403. html.

往年偏多，主要以中小型为主，西南地区地质灾害灾情较重。

2021年，我国地质灾害集中发生在5月至9月，以中小型滑坡和崩塌灾害为主，中南地区地质灾害发生数量最多，西南地区地质灾害损失最重。

2022年，我国发生的滑坡、崩塌、泥石流等地质灾害以中小型为主，主要集中在中南、华南、西南等地。

2023年，我国发生的滑坡、崩塌、泥石流等地质灾害以小型为主，主要发生在华北、西南等地区。

（五）海洋灾害

2013年，我国台风风暴潮灾害严重，全年发生3次达到红色预警级别的台风风暴潮过程，为新中国成立以来同期最多；灾害性海浪过程较常年偏重，全年近海共出现40次有效波高4米以上灾害性海浪过程；年初辽东湾海域海冰影响较重，盛冰期长达53天[①]。

2014年，我国海洋灾害主要以风暴潮、海浪、海冰、赤潮等灾害为主，共造成直接经济损失136.14亿元；在各类海洋灾害中，造成直接经济损失最严重的是风暴潮灾害，造成死亡失踪人数最多的是海浪灾害[②]。

2015年，我国海洋灾害主要以风暴潮、海浪、海冰、赤潮和绿潮等灾害为主，共造成直接经济损失72.74亿元；在各类海洋灾害中，造成直接经济损失最严重的是风暴潮灾害，造成死亡失踪人数最多的是海浪灾害[③]。

2016年，我国海洋灾害以风暴潮、海浪、海冰和海岸侵蚀为主，共造成直接经济损失50亿元；在各类海洋灾害中，造成直接经济损失最严重的是风

① 民政部，国家减灾委员会办公室.2013年全国自然灾害基本情况［EB/OL］.（2014-01-04）［2024-01-04］. https://www. gov. cn/gzdt/2014-01/04/content_2559933. htm.

② 国家海洋局.2014年中国海洋灾害公报［EB/OL］.（2015-03-03）［2015-03-03］. https://gc. mnr. gov. cn/201806/t20180619_1798018. html.

③ 国家海洋局.2015年中国海洋灾害公报［EB/OL］.（2016-03-24）［2016-03-24］. https://gc. mnr. gov. cn/201806/t20180619_1798019. html.

暴潮灾害，人员死亡失踪全部由海浪灾害造成①。

2017年，我国海洋灾害以风暴潮、海浪、海冰、马尾藻爆发和海岸侵蚀等灾害为主，共造成直接经济损失63.98亿元；在各类海洋灾害中，造成直接经济损失最严重的是风暴潮灾害，造成死亡失踪人数最多的是海浪灾害②。

2018年，我国海洋灾害以风暴潮、海浪、海冰和海岸侵蚀等灾害为主，共造成直接经济损失47.77亿元；在各类海洋灾害中，造成直接经济损失最严重的是风暴潮灾害，造成死亡失踪人数最多的是海浪灾害③。

2019年，我国海洋灾害以风暴潮、海浪和赤潮等灾害为主，共造成直接经济损失117.03亿元；在各类海洋灾害中，造成直接经济损失最严重的是风暴潮灾害，人员死亡失踪全部由海浪灾害造成④。

2020年，我国海洋灾害以风暴潮和海浪灾害为主，共造成直接经济损失8.32亿元；在各类海洋灾害中，造成直接经济损失最严重的是风暴潮灾害，人员死亡失踪全部由海浪灾害造成⑤。

2021年，我国海洋灾害以风暴潮、海浪和海冰灾害为主，共造成直接经济损失307 087.38万元；在各类海洋灾害中，造成直接经济损失最严重的是风暴潮灾害，造成人员死亡失踪最多的是海浪灾害⑥。

2022年，我国海洋灾害以风暴潮、海浪和赤潮灾害为主，共造成直接经

---

① 国家海洋局.2016年中国海洋灾害公报［EB/OL］.（2017-07-22）［2017-07-22］. https://gc. mnr. gov. cn/201806/t20180619_1798020. html.

② 国家海洋局.2017年中国海洋灾害公报［EB/OL］.（2018-04-23）［2018-04-23］. https://gc. mnr. gov. cn/201806/t20180619_1798021. html.

③ 自然资源部海洋预警监测司.2018年中国海洋灾害公报［Z］.2019-04：1. https://gi. mnr. gov. cn/201905/t20190510_2411197. html.

④ 自然资源部海洋预警监测司.2019年中国海洋灾害公报［Z］.2020-04：1. https://gi. mnr. gov. cn/202004/t20200430_2510979. html.

⑤ 自然资源部海洋预警监测司.2020年中国海洋灾害公报［Z］.2021-04：1. https://gi. mnr. gov. cn/202104/t20210426_2630184. html.

⑥ 自然资源部.2021年中国海洋灾害公报［Z］.2022-04：1. https://gi. mnr. gov. cn/202205/t20220507_2735508. html.

济损失241 154.72万元；在各类海洋灾害中，造成直接经济损失最严重的是风暴潮灾害，造成人员死亡失踪的全部是海浪灾害①。

2023年，我国海洋灾害以风暴潮、海浪和赤潮灾害为主，共造成直接经济损失250 717.77万元；在各类海洋灾害中，造成直接经济损失最严重的是风暴潮灾害，造成人员死亡失踪的全部是海浪灾害②。

（六）森林草原火灾

2018年，全国共发生森林火灾2 478起，与2017年相比，森林火灾次数、受害面积和因灾伤亡人数分别下降23%、33%和15%；全国共发生草原火灾39起，与2017年相比火灾发生次数减少19起，受害草原面积减少451公顷③。

2019年，全国共发生森林火灾2 345起，其中重大火灾8起、特大火灾1起；草原火灾45起，其中重大火灾1起、特大火灾2起，均为境外火烧入引发④。

2020年，全国共发生森林火灾1 153起，草原火灾13起。与近年均值相比，森林草原火灾发生起数、受害面积和造成伤亡人数均降幅较大。森林草原火灾时空分布相对集中，西南等地火险期叠加干旱，广西、四川、陕西等地森林火灾较多⑤。

2021年，全国共发生森林火灾616起，草原火灾18起。森林草原火灾区域分布相对集中，广东、广西、湖南、云南、福建等地森林火灾较多，内蒙

① 自然资源部.2022年中国海洋灾害公报［Z］.2023-04：1. https：//gi. mnr. gov. cn/202304/t20230412_2781112. html.

② 自然资源部.2023年中国海洋灾害公报［Z］.2024-04：1. https：//gi. mnr. gov. cn/202404/t20240429_2844013. html.

③ 国家林业和草原局规划财务司.2018年全国林业和草原发展统计公报［Z］.2019-05-22：19. https：//www. forestry. gov. cn/lcgk. jhtml.

④ 应急管理部.2019年全国自然灾害基本情况［EB/OL］.（2020-01-16）［2020-01-16］. https：//www. mem. gov. cn/xw/bndt/202001/t20200116_343570. shtml.

⑤ 应急管理部.2020年全国自然灾害基本情况［EB/OL］.（2021-01-08）［2021-01-08］. https：//www. mem. gov. cn/xw/yjglbgzdt/202101/t20210108_376745. shtml.

古、青海草原火灾较多[①]。

2022年，全国共发生森林火灾709起，草原火灾21起。森林草原火灾空间分布较为集中，受高温干旱等因素影响，湖南、广西、江西、湖北、广东、重庆等地发生森林火灾503起，占全国的71%；草原火灾发生在内蒙古和青海两省区的共16起，占全国的76%[②]。

2023年，全国共发生森林火灾328起，主要集中在内蒙古、黑龙江、广西、云南4省区；共发生草原火灾15起，主要集中在内蒙古。森林草原火灾起数处于历史低位，森林火灾、草原火灾起数较前5年均值分别下降77.5%、46.8%[③]。

（七）重大生物灾害

2017年，全国林业有害生物发生面积1 253.12万公顷，防治面积962.17万公顷，有害生物成灾率控制在4.5‰以下，无公害防治率达到85%以上。妥善处置突发野生动物疫情，成功阻断了鸿雁、黑天鹅等高致病性禽流感及北山羊小反刍兽疫等疫情的扩散蔓延。全国草原鼠害危害面积2 844.7万公顷，主要发生在河北等13个省区；全国草原虫害危害面积1 296.1万公顷，主要种类是草原蝗虫、叶甲类害虫、草原毛虫、夜蛾类害虫[④]。

2018年，全国林业有害生物发生面积1 219.52万公顷。其中：虫害发生面积840.41万公顷，病害发生面积176.87万公顷，鼠（兔）害发生面积184.40万公顷。全国林业有害生物防治面积948.93万公顷，有害生物成灾率控制在

① 应急管理部.2021年全国自然灾害基本情况［EB/OL］．（2022-01-23）［2022-01-23］. https://www. mem. gov. cn/xw/yjglbgzdt/202201/t20220123_407204. shtml.

② 应急管理部.2022年全国自然灾害基本情况［EB/OL］．（2023-01-13）［2023-01-13］. https://www. mem. gov. cn/xw/yjglbgzdt/202301/t20230113_440478. shtml.

③ 国家防灾减灾救灾委员会办公室，应急管理部.2023年全国自然灾害基本情况［EB/OL］．（2024-01-20）［2024-01-20］. https://www. mem. gov. cn/xw/yjglbgzdt/202401/t20240120_475697. shtml.

④ 2017年度中国林业和草原发展报告［EB/OL］．（2019-06-20）［2019-06-20］. https://www. forestry. gov. cn/c/www/ndfzbg/85909. jhtml.

4.5‰以下，无公害防治率达到80%以上。全国草原鼠害危害面积2 578.77万公顷，防治面积634.2万公顷；全国草原虫害危害面积1 234.5万公顷，防治面积487.5万公顷①。

2019年，全国林业有害生物发生面积、防治面积、防治率分别是12 368千公顷、10 153千公顷、82.09%。其中：林业病害、林业虫害、林业鼠（兔）害、有害植物的发生面积分别是2 295千公顷、8 115千公顷、1 780千公顷、177千公顷，防治面积分别是1 652千公顷、7 013千公顷、1 385千公顷、103千公顷，防治率分别是71.96%、86.43%、77.81%、58.06%。2019年，全国草原鼠害、草原虫害、毒草害的危害面积分别是36 755千公顷、10 973千公顷、17 980千公顷，防治面积分别是5 320千公顷、3 561千公顷、364千公顷，防治率分别是14.47%、32.45%、2.02%②。

2020年，全国林业有害生物发生面积、防治面积、防治率分别是12 784千公顷、10 092千公顷、78.94%。其中：林业病害、林业虫害、林业鼠（兔）害、有害植物的发生面积分别是2 951千公顷、7 906千公顷、1 740千公顷、187千公顷，防治面积分别是2 374千公顷、6 271千公顷、1 331千公顷、117千公顷，防治率分别是80.43%、79.31%、76.48%、62.70%③。2020年，全国草原鼠害、草原虫害危害面积分别是34 447千公顷、9 839千公顷，防治面积分别是5 422千公顷、3 482千公顷，防治率分别是15.74%、35.39%④。

2021年，全国林业有害生物发生面积、防治面积、防治率分别是12 554千公顷、10 088千公顷、80.36%。其中：林业病害、林业虫害、林业鼠（兔）害、有害植物的发生面积分别是2 847千公顷、7 767千公顷、1 747千公顷、193千公顷，防治面积分别是2 251千公顷、6 394千公顷、1 304千公

---

① 国家林业和草原局规划财务司.2018年全国林业和草原发展统计公报［Z］.2019-05-22: 19.

② 国家林业和草原局. 中国林业和草原统计年鉴（2019）［M］. 北京: 中国林业出版社, 2020: 212-213.

③ 国家林业和草原局. 中国林业和草原统计年鉴（2020）［M］. 北京: 中国林业出版社, 2021: 210-211.

④ 国家林业和草原局. 中国林业和草原统计年鉴（2020）［M］. 北京: 中国林业出版社, 2021: 222.

顷、140千公顷，防治率分别是79.04%、82.33%、74.65%、72.36%[①]。2021年，全国草原鼠害、草原虫害、草原有害植物的危害面积分别是37 619千公顷、7 919千公顷、6 112千公顷，防治面积分别是10 191千公顷、3 240千公顷、342千公顷，防治率分别是27.09%、40.91%、5.30%[②]。

2022年，全国林业有害生物发生面积、防治面积、防治率分别是11 871千公顷、9 600千公顷、80.87%。其中：林业病害、林业虫害、林业鼠（兔）害、有害植物的发生面积分别是2 630千公顷、7 297千公顷、1 770千公顷、174千公顷，防治面积分别是2 051千公顷、6 040千公顷、1 382千公顷、127千公顷，防治率分别是77.99%、82.77%、78.08%、73.01%[③]。2022年，全国草原有害生物发生面积、防治面积、防治率分别是48 422千公顷、13 846千公顷、28.60%。其中：草原鼠害、草原虫害、草原有害植物、草原病害的发生面积分别是35 483千公顷、7 468千公顷、5 228千公顷、244千公顷，防治面积分别是9812千公顷、3 635千公顷、390千公顷、9千公顷，防治率分别是27.65%、48.67%、7.46%、3.80%[④]。

二、自然灾害风险趋势

针对新时代我国自然灾害总体状况，为了提升新时代我国自然灾害防治能力，为全国自然灾害防治工作奠定基础，国务院于2020年5月部署开展了第一次全国自然灾害综合风险普查工作。本次普查揭示了我国自然灾害总体风险趋势，并编制了我国自然灾害风险区划图。本次普查还安排了对气象灾害、地震灾害、地质灾害的专项普查，揭示了我国气象灾害、地震灾害、地质灾害的风险趋势。以《全国自然灾害综合风险评估与区划》为依据，阐述

---

① 国家林业和草原局. 中国林业和草原统计年鉴（2021）[M]. 北京：中国林业出版社, 2022：182–183.
② 国家林业和草原局. 中国林业和草原统计年鉴（2021）[M]. 北京：中国林业出版社, 2022：194.
③ 国家林业和草原局. 中国林业和草原统计年鉴（2022）[M]. 北京：中国林业出版社, 2023：106.
④ 国家林业和草原局. 中国林业和草原统计年鉴（2022）[M]. 北京：中国林业出版社, 2023：109.

本次普查对我国自然灾害总体风险趋势的分析情况。以《第一次全国自然灾害综合风险普查公报（第九号）——全国气象灾害风险普查》《第一次全国自然灾害综合风险普查公报（第十一号）——全国地震灾害风险普查》《第一次全国自然灾害综合风险普查公报（第四号）——全国地质灾害风险普查》为依据，阐述本次普查对我国气象灾害、地震灾害、地质灾害风险趋势的分析情况。

（一）全国自然灾害综合风险评估与区划

2024年5月8日，国务院普查办、应急管理部发布了《第一次全国自然灾害综合风险普查公报（第二号）——全国自然灾害综合风险评估与区划》。该评估基于地震灾害、地质灾害、气象灾害、水旱灾害、海洋灾害和森林草原火灾等6大类23种灾害。该评估根据自然灾害综合风险水平的高低，把全国自然灾害综合风险划分为高、中高、中、中低、低5个等级。该评估指出：我国自然灾害综合风险总体呈现"东、中部高，西部低"的格局。全国自然灾害高、中高综合风险区面积约占全国陆地面积的11.5%，主要分布在华北平原、东南沿海、长江中游地区、黄土高原西部、云贵高原以及东北平原。洪水、干旱和地震是影响全国自然灾害综合风险的主要灾种[①]。

该评估基于孕灾环境、历史灾情、主要承灾体综合风险的区域差异，把我国自然灾害综合风险划分为两级区划。（1）一级区划主要依据全国地形地貌、地质环境和气候地带等孕灾环境的区域差异，以及6大类自然灾害的类型组合特征，划分为6个自然灾害综合风险大区，即沿海海洋–气象灾害大区（沿海风险大区），东北森林草原火灾–水旱–气象灾害大区（东北风险大区），东部水旱–气象–地质灾害大区（东部风险大区），中部水旱–地震–地质灾害大区（中部风险大区），西北气象–水旱–地震灾害大区（西北风险大区），青藏气象–地震–地质灾害大区（青藏风险大区）。（2）二级区划

---

① 国务院第一次全国自然灾害综合风险普查领导小组办公室. 第一次全国自然灾害综合风险普查公报汇编［Z］.2024–05：6–7. http://www.mem.gov.cn/xw/yjglbgzdt/202405/t20240507_487067.shtml.

主要依据主要灾种风险及综合风险等级的区域差异，在6个大区基础上细化为30个自然灾害综合风险区，包括高、中高、中、中低和低风险区等5类区域，占全国陆地面积的比例分别为4.9%、16.4%、24.4%、51.3%、3.0%[①]。

1. 沿海风险大区。沿海风险大区包括环渤海-黄海海岸带洪涝-台风-海冰灾害中风险区，沿黄海海岸带洪涝-台风-风暴潮灾害中高风险区，沿东海海岸带台风-洪涝-风暴潮灾害高风险区，沿南海海岸带台风-洪涝-海浪灾害高风险区。

2. 东北风险大区。东北风险大区包括三江平原-长白山区洪涝-台风-林草火灾中低风险区，松辽平原洪涝-干旱-雪灾中风险区，大兴安岭-呼伦贝尔高平原林草火灾-洪涝-干旱中低风险区。

3. 东部风险大区。东部风险大区包括燕山-太行山-辽西山区洪涝-地质-台风灾害中高风险区，华北平原洪涝-台风-干旱灾害高风险区，长江下游平原洪涝-台风-地质灾害中高风险区，浙闽-武夷山区洪涝-台风-地质灾害中低风险区，江南丘陵区洪涝-台风-地质灾害中风险区，华南山地丘陵区洪涝-台风-地质灾害中高风险区。

4. 中部风险大区。中部风险大区包括内蒙古北部高原干旱-洪涝-雪灾中低风险区，鄂尔多斯高原-河套平原洪涝-干旱-沙尘暴灾害中低风险区，黄土高原洪涝-地质-地震灾害中高风险区，秦岭-大巴山区洪涝-地质-地震灾害中高风险区，四川盆地及周缘山区洪涝-地震-地质灾害中风险区，横断山区地震-洪涝-地质灾害中风险区，云贵高原洪涝-地质-林草火灾灾害中高风险区，滇西南岭谷区洪涝-地质-地震灾害中低风险区。

5. 西北风险大区。西北风险大区包括蒙西高原-河西走廊洪涝-干旱-沙尘暴灾害中低风险区，天山-阿尔泰山-准噶尔盆地洪涝-地质-林草火灾中风险区，塔里木盆地洪涝-地震-雪灾中低风险区。

6. 青藏风险大区。青藏风险大区包括祁连山区洪涝-地质-雪灾中低风险

① 国务院第一次全国自然灾害综合风险普查领导小组办公室. 第一次全国自然灾害综合风险普查公报汇编[Z].2024-05: 6-7. http://www.mem.gov.cn/xw/yjglbgzdt/202405/t20240507_487067.shtml.

区，中东昆仑山–柴达木盆地地震–洪涝–地质灾害低风险区，藏北高原–青海高原–唐古拉山区地震–洪涝–地质灾害中低风险区，藏东南高山峡谷区地震–地质–洪涝灾害中风险区，喜马拉雅山区地质–洪涝–雪灾中低风险区，喀喇昆仑–西昆仑山区洪涝–地震–雪灾中低风险区[①]。

该评估所称"自然灾害综合风险区划"是基于自然灾害所致社会经济和资源环境损失的严重程度，将国土空间划分为不同主导灾害种类所致的不同风险程度的多个区域。本次普查的6大类23种灾害，是指地震、滑坡、崩塌、泥石流、台风、暴雨、气象干旱、大风、冰雹、雪灾、低温、高温、雷电、沙尘暴、洪水、干旱、风暴潮、海平面上升、海浪、海冰、海啸、森林火灾、草原火灾。该评估所称我国东部地区包括北京市、天津市、河北省、上海市、江苏省、浙江省、福建省、山东省、广东省、海南省；中部地区包括山西省、安徽省、江西省、河南省、湖北省、湖南省；西部地区包括内蒙古自治区、广西壮族自治区、重庆市、四川省、贵州省、云南省、西藏自治区、陕西省、甘肃省、青海省、宁夏回族自治区、新疆维吾尔自治区；东北地区包括辽宁省、吉林省、黑龙江省[②]。

（二）全国气象灾害风险普查

2024年5月8日，中国气象局发布了《第一次全国自然灾害综合风险普查公报（第九号）——全国气象灾害风险普查》。本次普查首次对台风、暴雨、气象干旱、高温、低温、大风、冰雹、雪灾、沙尘暴和雷电等10种气象灾害分四级（国、省、市、县）进行了全面调查和风险评估，并对510个台风灾害事件、2 290个重大暴雨事件、197个重大干旱事件、260个全国区域高

---

① 国务院第一次全国自然灾害综合风险普查领导小组办公室. 第一次全国自然灾害综合风险普查公报汇编［Z］.2024–05：7–8. http：//www. mem. gov. cn/xw/yjglbgzdt/202405/t20240507_487067. shtml.

② 国务院第一次全国自然灾害综合风险普查领导小组办公室. 第一次全国自然灾害综合风险普查公报汇编［Z］.2024–05：10–11. http：//www. mem. gov. cn/xw/yjglbgzdt/202405/t20240507_487067. shtml.

温事件、1 910个低温灾害事件进行了详细调查和综合评估，累计获取气象灾害致灾因子信息664万余条，摸清了全国及各地区气象灾害底数，识别了高风险区域。在灾害普查的基础上，对10种气象灾害进行了致灾危险性评估，以及人口、经济（GDP）、农作物（小麦、玉米、水稻）、房屋建筑、道路等不同灾害影响风险评估，制作评估与区划类产品20万余份，从"纵"项（时间变化）和"横"项（空间分布）两个方面评价致灾因子变化和综合风险格局。

1. 台风。在全国台风灾害危险区中，高危险区面积7.9万平方千米，占0.8%；较高危险区面积15.8万平方千米，占1.7%；较低危险区面积62.7万平方千米，占6.6%；低危险区面积865.8万平方千米，占90.9%。

2. 暴雨。在全国暴雨灾害危险区中，高危险区主要分布在华南、长江中下游和四川盆地东部等地，面积93.5万平方千米，占9.8%；较高危险区面积187.1万平方千米，占19.7%。

3. 气象干旱。在全国气象干旱灾害危险区中，高、较高危险区集中在东北地区西南部、华北地区中南部及黄淮地区、山东、西北地区东部、西南地区南部等地。不同承灾体的气象干旱风险空间分布有所差异。

4. 高温。在全国高温灾害危险区中，高危险区主要集中在华中地区、华东地区大部、华南地区北部、西南地区东部，以及新疆南部和内蒙古西部；较高及以上危险区面积为213.5万平方千米，占22.4%。

5. 低温。在全国低温灾害危险区中，高危险区面积218.0万平方千米，占22.9%；较高风险区面积379.4万平方千米，占39.9%；较低危险区面积161.6万平方千米，占17.0%；低危险区面积193.2万平方千米，占20.3%。

6. 大风。在全国大风灾害危险区中，高危险区面积95.5万平方千米，占10.0%；较高危险区面积143.2万平方千米，占15.0%；较低危险区面积238.3万平方千米，占25.0%；低危险区面积475.3万平方千米，占49.9%。

7. 冰雹。在全国冰雹危险区中，高危险区面积47.6万平方千米，占5.0%；较高危险区面积142.8万平方千米，占15.0%；较低危险区面积285.6万平方千米，占30.0%；低危险区面积476.2万平方千米，占50.0%。

8. 雪灾。在全国雪灾灾害危险区中，高危险区面积95.0万平方千米，占10.0%；较高危险区面积142.6万平方千米，占14.9%；较低危险区面积237.6万平方千米，占24.9%；低危险区面积480.3万平方千米，占50.3%。

9. 沙尘暴。在全国沙尘暴灾害危险区中，高危险区面积103.0万平方千米，占10.8%；较高危险区面积205.9万平方千米，占21.6%；较低危险区面积308.9万平方千米，占32.4%；低危险区面积334.4万平方千米，占35.1%。

10. 雷电。在全国雷电灾害危险区中，高危险区面积95.0万平方千米，占10.0%；较高危险区面积130.9万平方千米，占14.9%；较低危险区面积369.3万平方千米，占38.8%；低危险区面积248.2万平方千米，占26.1%[①]。

（三）全国地震灾害风险普查

2024年5月8日，中国地震局发布了《第一次全国自然灾害综合风险普查公报（第十一号）——全国地震灾害风险普查》。本次开展的致灾危险性和隐患调查，收集整理地震活动断层数据集545项、场地钻孔数据2.7万个、房屋建筑抽样详查数据9.78万栋4.6亿平方米、地震危险性数据1 382.2万条，建成全国地震灾害风险基础数据库。完成全国2种场地条件下4个概率水平的地震危险性分析，建成物理指标明确的全国地震灾害风险评估产品库。完成全国1∶100万、31个省级1∶25万的地震构造图和地震灾害风险评估与区划、324个县1∶5万活动断层分布和相应的避让区划，编制完成了国省市县各级技术报告3 000余份，有效支撑各级各地方地震灾害风险隐患治理。评估显示，我国地震危险性等级呈现为西高东低，高、较高等级面积约340万平方千米[②]。

---

① 国务院第一次全国自然灾害综合风险普查领导小组办公室. 第一次全国自然灾害综合风险普查公报汇编［Z］.2024-05：32-37. http://www. mem. gov. cn/xw/yjglbgzdt/202405/t20240507_487067. shtml.

② 国务院第一次全国自然灾害综合风险普查领导小组办公室. 第一次全国自然灾害综合风险普查公报汇编［Z］.2024-05：42-43. http://www. mem. gov. cn/xw/yjglbgzdt/202405/t20240507_487067. shtml.

（四）全国地质灾害风险普查

2024年5月8日，自然资源部发布了《第一次全国自然灾害综合风险普查公报（第四号）——全国地质灾害风险普查》。本次普查对18万余处地质灾害隐患点的信息进行了更新，截至2023年12月底，全国共登记在册滑坡隐患点13.2万处、崩塌隐患点8.2万处、泥石流隐患点3.3万处。在充分利用我国崩塌、滑坡、泥石流地质灾害调查与区划工作已有成果基础上，分析本轮地质灾害风险普查数据，广泛收集多源、多类型地质灾害风险评价要素数据以及通过风险普查共享机制获取的最新的人口和GDP等承灾体数据，全面完成1：100万的全国崩塌、滑坡、泥石流地质灾害危险性评价、风险区划和防治区划工作，形成了系列区划成果。其中，全国地质灾害极高风险区面积为35.6万平方千米，高风险区面积为83.3万平方千米，中风险区面积为92.5万平方千米，占全国陆地面积的比例分别为3.7%、8.7%和9.6%。全国地质灾害重点防治区面积为288万平方千米，次重点防治区面积为372万平方千米，占全国陆地面积的比例分别为30%和38.7%[①]。

---

① 国务院第一次全国自然灾害综合风险普查领导小组办公室. 第一次全国自然灾害综合风险普查公报汇编［Z］.2024—05：14-15. http://www. mem. gov. cn/xw/yjglbgzdt/202405/t20240507_487067. shtml.

第二章

新时代我国自然灾害防治法治体系

本章阐释了依法防治自然灾害的必然性、自然灾害防治领域的法律法规、树立自然灾害防治的法治思维、着力构建新时代自然灾害防治法治体系等问题，强调自然灾害防治是党和政府治国理政的重要内容，是依法治国的重要组成部分，必须坚持依法防治自然灾害，因为依法防治自然灾害是做好自然灾害防治工作的坚实基础，是加强自然灾害管理工作的根本途径。

一、依法防治自然灾害的必然性

自然灾害防治是治国理政的重要内容，自然灾害防治体系和防治能力现代化是国家治理体系和治理能力现代化的重要组成部分，依法防治自然灾害是依法治国的必然要求。只有依法防治自然灾害，才能保证自然灾害防治的有效性。

（一）依法防治自然灾害是做好自然灾害防治工作的坚实基础

以《中华人民共和国突发事件应对法》为例，其详细规定了突发事件[①]的管理与指挥体制、预防与应急准备、监测与预警、应急处置与救援、事后恢复与重建等问题。例如，其规定：国家建立健全突发事件预警制度。预警警报发布后，针对即将发生的突发事件的特点和可能造成的危害，相关地区应采取下列措施：责令应急救援队伍、负有特定职责的人员进入待命状态，并动员后备人员做好参加应急救援和处置工作的准备；调集应急救援所需物资、设备、工具，准备应急设施和应急避难、封闭隔离、紧急医疗救治等场所，并确保其处于良好状态、随时可以投入正常使用；加强对重点单位、重要部位和重要基础设施的安全保卫，维护社会治安秩序；采取必要措施，确保交通、通信、供水、排水、供电、供气、供热、医疗卫生、广播电视、气象等公共设施的安全和正常运行；转移、疏散或者撤离易受突发事件危害的人员并予以妥善安置，转移重要财产；关闭或者限制使用易受突发事件危害的场所，控制或者限制容易导致危害扩大的公共场所的活动[②]。这些规定，为做好包括自然灾害在内的突发事件的应对工作奠定了坚实基础。

[①]　突发事件是指突然发生，造成或者可能造成严重社会危害，需要采取应急处置措施予以应对的自然灾害、事故灾难、公共卫生事件和社会安全事件。

[②]　第十四届全国人民代表大会常务委员会. 中华人民共和国突发事件应对法［N］. 人民日报，2024-07-02.

以《中华人民共和国防洪法》为例，其详细规定了防洪规划、治理与防护、防洪区和防洪工程设施的管理、防汛抗洪、保障措施等问题。例如，其规定：地方各级人民政府加强对防洪区①安全建设工作的领导，对防洪区内的单位和居民进行防洪教育，普及防洪知识，提高水患意识；按照防洪规划和防御洪水方案建立并完善防洪体系和水文、气象、通信、预警以及洪涝灾害监测系统，提高防御洪水能力；组织防洪区内的单位和居民积极参加防洪工作，因地制宜地采取防洪避洪措施。同时，其规定：在洪泛区、蓄滞洪区内建设非防洪项目，应当就洪水对项目可能产生的影响和项目对防洪可能产生的影响作出评价，提出防御措施；在防洪工程设施保护范围内，禁止进行爆破、打井、采石、取土等危害防洪工程设施安全的活动；任何单位和个人不得破坏、侵占、毁损水库大坝等防洪工程和水文、通信设施以及防汛备用的器材、物料等②。这些规定，为做好防洪抗汛工作提供了基本依据。

（二）依法防治自然灾害是加强自然灾害管理工作的根本途径

在自然灾害管理工作中，法治建设至关重要。为了切实做到依法防治自然灾害，必须通过一套完整的自然灾害防治法律法规体系来规范政府和公民的涉灾行为。

1. 依法防治自然灾害，任何单位和个人都必须遵守自然灾害防治法律法规，履行法律法规规定的各项义务。例如《中华人民共和国防洪法》《中华人民共和国抗旱条例》规定，任何单位和个人都有保护防洪工程设施和依法参加防汛抗洪的义务，任何单位和个人都有保护抗旱设施和依法参加抗旱的义务。

---

① 防洪区是指洪水泛滥可能淹及的地区，分为洪泛区、蓄滞洪区和防洪保护区。洪泛区是指尚无工程设施保护的洪水泛滥所及的地区；蓄滞洪区是指包括分洪口在内的河堤背水面以外临时贮存洪水的低洼地区及湖泊等；防洪保护区是指在防洪标准内受防洪工程设施保护的地区。
② 第十二届全国人民代表大会常务委员会. 中华人民共和国防洪法 [EB/OL]. (2016-07-02) [2016-07-04]. http://www.mwr.gov.cn/zw/zcfg/fl/201612/t20161222_775483.html.

2. 依法防治自然灾害，任何单位和个人都有权对破坏自然灾害防治工作或导致人为灾害的各种违法犯罪行为进行投诉和举报。例如《中华人民共和国突发事件应对法》规定，国家建立突发事件应对工作投诉、举报制度，对于不履行或者不正确履行突发事件应对工作职责的行为，任何单位和个人有权向有关人民政府和部门投诉、举报；有关人民政府和部门对投诉人、举报人的相关信息予以保密，保护投诉人、举报人的合法权益①。

3. 依法防治自然灾害，各级人民政府及相关部门认真贯彻宣传各项自然灾害防治法律法规。例如《中华人民共和国水土保持法》规定，各级人民政府及其有关部门要加强水土保持宣传和教育工作，普及水土保持科学知识，增强公众的水土保持意识；《中华人民共和国防沙治沙法》规定，沙化土地所在地区的各级人民政府要组织有关部门开展防沙治沙知识的宣传教育，增强公民的防沙治沙意识，提高公民防沙治沙的能力。

4. 依法防治自然灾害，国家有关部门根据法律规定对各种破坏自然灾害防治工作的单位和个人予以追责。例如《自然灾害救助条例》规定，行政机关工作人员违反本条例规定，有下列行为之一的，由任免机关或者监察机关依照法律法规给予处分；构成犯罪的，依法追究刑事责任：（1）迟报、谎报、瞒报自然灾害损失情况，造成后果的；（2）未及时组织受灾人员转移安置，或者在提供基本生活救助、组织恢复重建过程中工作不力，造成后果的；（3）截留、挪用、私分自然灾害救助款物或者捐赠款物的；（4）不及时归还征用的财产，或者不按照规定给予补偿的；（5）有滥用职权、玩忽职守、徇私舞弊的其他行为的②。

5. 依法防治自然灾害，国家立法机关通过人民政府、审计机关、监察机关等，对自然灾害防治法律法规的实施情况进行监督检查。例如《中华人民

---

① 第十四届全国人民代表大会常务委员会. 中华人民共和国突发事件应对法［N］. 人民日报，2024-07-02.

② 国务院. 自然灾害救助条例［EB/OL］.（2019-03-02）［2020-03-29］. http://www.0543168.com/qxfz/12628.html.

共和国防震减灾法》规定，县级以上人民政府依法加强对防震减灾规划和地震应急预案的编制与实施、地震应急避难场所的设置与管理、地震灾害紧急救援队伍的培训、防震减灾知识宣传教育和地震应急救援演练等工作的监督检查；县级以上人民政府有关部门应当加强对地震应急救援、地震灾后过渡性安置和恢复重建的物资的质量安全的监督检查；监察机关加强对参与防震减灾工作的国家行政机关和法律、法规授权的具有管理公共事务职能的组织及其工作人员的监察①。

二、自然灾害防治领域的法律法规

目前，有关自然灾害防治问题的法律法规主要有综合性法规——《自然灾害救助条例》，以及《中华人民共和国气象法》《中华人民共和国防洪法》《中华人民共和国抗旱条例》《地质灾害防治条例》《中华人民共和国防震减灾法》《中华人民共和国海洋环境保护法》《中华人民共和国生物安全法》《中华人民共和国森林法》《中华人民共和国草原法》《中华人民共和国防沙治沙法》《中华人民共和国水土保持法》等涉及气象水文灾害、地质地震灾害、海洋灾害、生物灾害、生态环境灾害等单灾种防治的法律法规。

（一）自然灾害防治综合性法规

自然灾害防治综合性法规，例如《自然灾害救助条例》（2010年7月8日，中华人民共和国国务院令第577号公布；根据2019年3月2日《国务院关于修改部分行政法规的决定》修订）规定：国家建立自然灾害救助物资储备制度，由国务院应急管理部门会同财政、发展改革、工业和信息化、粮食和物资储备等部门制定全国自然灾害救助物资储备规划和储备库规划，并组织

---

① 第十一届全国人民代表大会常务委员会. 中华人民共和国防震减灾法 [J]. 中华人民共和国最高人民法院公报，2009（7）：10-11.

实施；县级以上地方人民政府根据有关法律、法规、规章，制定自然灾害救助应急预案，内容包括自然灾害救助应急组织指挥体系及其职责，自然灾害救助应急队伍，自然灾害救助应急资金、物资、设备，自然灾害的预警预报和灾情信息的报告、处理，自然灾害救助应急响应的等级和相应措施，灾后应急救助和居民住房恢复重建措施等；自然灾害发生并达到应急预案启动条件时，县级以上人民政府及时启动自然灾害救助应急响应，并立即向社会发布政府应对措施和公众防范措施，紧急转移安置受灾人员，紧急调拨运输自然灾害救助应急资金和物资，及时向受灾人员提供食品、饮用水、衣被、取暖、临时住所、医疗防疫等应急救助，抚慰受灾人员、处理遇难人员善后事宜，组织受灾人员开展自救互救，分析评估灾情趋势和灾区需求，组织自然灾害救助捐赠活动；受灾地区人民政府在确保安全的前提下，采取就地安置与异地安置、政府安置与自行安置相结合的方式，对受灾人员进行过渡性安置；自然灾害危险消除后，受灾地区人民政府统筹研究制订居民住房恢复重建规划和优惠政策，组织重建或者修缮因灾损毁的居民住房，对恢复重建确有困难的家庭予以重点帮扶；自然灾害救助款物专款（物）专用，无偿使用，用于受灾人员的紧急转移安置，基本生活救助，医疗救助，教育、医疗等公共服务设施和住房的恢复重建，自然灾害救助物资的采购、储存和运输，以及因灾遇难人员亲属的抚慰等项支出[①]。《自然灾害救助条例》确立了自然灾害救助工作在国家应急法律法规体系中的重要地位，标志着自然灾害救助工作迈上规范化、制度化、法制化的新阶段。

（二）气象水文灾害防治法律法规

气象水文灾害防治单灾种法律，例如《中华人民共和国气象法》（1999年10月31日，第九届全国人民代表大会常务委员会第十二次会议通过；根据2009年8月27日第十一届全国人民代表大会常务委员会第十次会议《关于修

[①]　国务院. 自然灾害救助条例［EB/OL］. （2019-03-02）［2020-03-29］. http://www.0543168.com/qxfz/12628. html.

改部分法律的决定》第一次修正；根据2014年8月31日第十二届全国人民代表大会常务委员会第十次会议《关于修改〈中华人民共和国保险法〉等五部法律的决定》第二次修正；根据2016年11月7日第十二届全国人民代表大会常务委员会《关于修改〈中华人民共和国对外贸易法〉等十二部法律的决定》第三次修正）规定：县级以上人民政府加强气象灾害监测、预警系统建设，组织编制气象灾害防御规划；各级气象主管机构组织对重大灾害性天气的跨地区、跨部门的联合监测预报工作，及时提出气象灾害防御措施，并对重大气象灾害作出评估，为组织防御气象灾害提供决策依据；各级气象主管机构所属的气象台站加强对可能影响当地的灾害性天气的监测和预报；县级以上人民政府根据防御气象灾害的需要，制定和组织实施气象灾害防御实施方案，避免或者减轻气象灾害；国务院气象主管机构加强对全国人工影响天气工作的管理和指导，地方各级气象主管机构制定人工影响天气作业方案，并在本级人民政府的领导和协调下，管理、指导和组织实施人工影响天气作业；各级气象主管机构加强对雷电灾害防御工作的组织管理，并会同有关部门指导对可能遭受雷击的建筑物、构筑物和其他设施安装的雷电灾害防护装置的检测工作[①]。

气象水文灾害防治单灾种法律，例如《中华人民共和国防洪法》（1997年8月29日，第八届全国人民代表大会常务委员会第二十七次会议通过；根据2009年8月27日第十一届全国人民代表大会常务委员会第十次会议《关于修改部分法律的决定》第一次修正；根据2015年4月24日第十二届全国人民代表大会常务委员会第十四次会议《关于修改〈中华人民共和国港口法〉等七部法律的决定》第二次修正；根据2016年7月2日第十二届全国人民代表大会常务委员会第二十一次会议《关于修改〈中华人民共和国节约能源法〉等六部法律的决定》第三次修正）规定：国务院设立国家防汛指挥机构，负责领导、组织全国的防汛抗洪工作；在国家确定的重要江河、湖泊设立由有关

---

① 第十二届全国人民代表大会常务委员会. 中华人民共和国气象法[EB/OL]. (2016-11-07)[2021-03-09]. http://he.cma.gov.cn/zfxxgk/zwgk/flfgbz/qxfl/202103/t20210309_2912753.html.

省、自治区、直辖市人民政府和该江河、湖泊的流域管理机构负责人等组成的防汛指挥机构,指挥所管辖范围内的防汛抗洪工作;有防汛抗洪任务的县级以上地方人民政府根据流域综合规划、防洪工程实际状况和国家规定的防洪标准,制定防御洪水方案;长江、黄河、淮河、海河的防御洪水方案,由国家防汛指挥机构制定;跨省、自治区、直辖市的其他江河的防御洪水方案,由有关流域管理机构会同有关省、自治区、直辖市人民政府制定;当江河、湖泊的水情接近保证水位或者安全流量,水库水位接近设计洪水位,或者防洪工程设施发生重大险情时,县级以上人民政府防汛指挥机构可以宣布进入紧急防汛期;发生洪涝灾害后,人民政府组织有关部门、单位做好灾区的生活供给、卫生防疫、救灾物资供应、治安管理、学校复课、恢复生产和重建家园等救灾工作以及所管辖地区的各项水毁工程设施修复工作[①]。

气象水文灾害防治单灾种法规,例如《中华人民共和国抗旱条例》(2009年2月26日,中华人民共和国国务院令第552号公布施行)规定:国家防汛抗旱总指挥部负责组织、领导全国的抗旱工作,国务院水行政主管部门负责全国抗旱的指导、监督、管理工作,承担国家防汛抗旱总指挥部的具体工作;国家确定的重要江河、湖泊的防汛抗旱指挥机构,由有关省、自治区、直辖市人民政府和该江河、湖泊的流域管理机构组成,负责协调所辖范围内的抗旱工作,流域管理机构承担流域防汛抗旱指挥机构的具体工作;县级以上地方人民政府水行政主管部门会同同级有关部门编制本行政区域的抗旱规划,抗旱规划主要包括抗旱组织体系建设、抗旱应急水源建设、抗旱应急设施建设、抗旱物资储备、抗旱服务组织建设、旱情监测网络建设以及保障措施等;发生干旱灾害,县级以上人民政府防汛抗旱指挥机构按照抗旱预案规定的权限,启动抗旱预案,组织开展抗旱减灾工作;发生严重干旱和特大干旱,国家防汛抗旱总指挥部启动国家防汛抗旱预案,总指挥部各成员单位应当按照防汛抗旱预案的分工,做好相关工作;旱情缓解后,各级人民政

---

① 第十二届全国人民代表大会常务委员会. 中华人民共和国防洪法 [EB/OL]. (2016-07-02) [2016-07-04]. http://www.mwr.gov.cn/zw/zcfg/fl/201612/t20161222_775483.html.

府、有关主管部门帮助受灾群众恢复生产和灾后自救，组织修复遭受干旱灾害损坏的水利工程[①]。

（三）地质地震灾害防治法律法规

地质灾害防治单灾种法规，例如《地质灾害防治条例》（2003年11月24日，中华人民共和国国务院令第394号公布）规定：国家实行地质灾害调查制度，编制全国及地方的地质灾害防治规划，其内容包括地质灾害现状和发展趋势预测、地质灾害的防治原则和目标、地质灾害易发区及重点防治区、地质灾害防治项目、地质灾害防治措施等；国家建立地质灾害监测网络和预警信息系统，县级以上地方人民政府依据地质灾害防治规划，拟订年度地质灾害防治方案，其内容包括主要灾害点的分布、地质灾害的威胁对象及范围、重点防范期、地质灾害防治措施、地质灾害的监测及预防责任人；国务院及县级以上地方人民政府拟订全国及地方的突发性地质灾害应急预案，其内容包括应急机构和有关部门的职责分工，抢险救援人员的组织和应急、救助装备、资金、物资的准备，地质灾害的等级与影响分析准备，地质灾害调查、报告和处理程序，发生地质灾害时的预警信号、应急通信保障，人员财产撤离、转移路线、医疗救治、疾病控制等应急行动方案等；因自然因素造成的特大型地质灾害，确需治理的，由国务院国土资源主管部门会同灾害发生地的省、自治区、直辖市人民政府组织治理；因自然因素造成的其他地质灾害，确需治理的，在县级以上地方人民政府的领导下，由本级人民政府国土资源主管部门组织治理[②]。

地震灾害防治单灾种法律，例如《中华人民共和国防震减灾法》（1997年12月29日，第八届全国人民代表大会常务委员会第二十九次会议通过；2008年12月27日，第十一届全国人民代表大会常务委员会第六次会议修订）规定：国务院地震工作主管部门会同国务院有关部门组织编制国家防震减灾

---

① 国务院.中华人民共和国抗旱条例[J].中华人民共和国水利部公报，2009（1）：2-5.

② 国务院.地质灾害防治条例[J].中华人民共和国国务院公报，2004（4）：5-8.

规划，县级以上地方人民政府负责管理地震工作的部门或者机构会同同级有关部门，根据上一级防震减灾规划和本行政区域的实际情况，组织编制本行政区域的防震减灾规划；国家加强地震监测预报工作，建立多学科地震监测系统，建构由国家级地震监测台网、省级地震监测台网和市县级地震监测台网组成的全国地震监测台网；国务院地震工作主管部门负责制定全国地震烈度区划图或者地震动参数区划图，其和省、自治区、直辖市人民政府负责管理地震工作的部门，负责审定建设工程的地震安全性评价报告；国务院或者地震灾区的省、自治区、直辖市人民政府及时组织对地震灾害损失进行调查评估，为地震应急救援、灾后过渡性安置和恢复重建提供依据；受灾群众过渡性安置点设置在交通条件便利、方便受灾群众恢复生产和生活的区域，并避开地震活动断层和可能发生严重次生灾害的区域；地震灾后恢复重建，统筹安排交通、铁路、水利、电力、通信、供水、供电等基础设施和市政公用设施，学校、医院、文化、商贸服务、防灾减灾、环境保护等公共服务设施，以及住房和无障碍设施的建设，合理确定建设规模和时序[①]。

（四）海洋灾害防治法律

海洋灾害防治单灾种法律，例如《中华人民共和国海洋环境保护法》（1982年8月23日，第五届全国人民代表大会常务委员会第二十四次会议通过；1999年12月25日，第九届全国人民代表大会常务委员会第十三次会议第一次修订；根据2013年12月28日第十二届全国人民代表大会常务委员会第六次会议《关于修改〈中华人民共和国海洋环境保护法〉等七部法律的决定》第一次修正；根据2016年11月7日第十二届全国人民代表大会常务委员会第二十四次会议《关于修改〈中华人民共和国海洋环境保护法〉的决定》第二次修正；根据2017年11月4日第十二届全国人民代表大会常务委员会第三十次会议《关于修改〈中华人民共和国会计法〉等十一部法律的决定》第三次修

[①] 第十一届全国人民代表大会常务委员会. 中华人民共和国防震减灾法 [J]. 中华人民共和国最高人民法院公报，2009（7）：3-10.

正；2023年10月24日，第十四届全国人民代表大会常务委员会第六次会议第二次修订）规定：国务院和沿海省、自治区、直辖市人民政府及其有关部门根据保护海洋的需要，依法将重要的海洋生态系统、珍稀濒危海洋生物的天然集中分布区、海洋自然遗迹和自然景观集中分布区等区域纳入国家公园、自然保护区或者自然公园等自然保护地；开发利用海洋和海岸带资源，应当对重要海洋生态系统、生物物种、生物遗传资源实施有效保护，维护海洋生物多样性；国务院自然资源主管部门负责开展全国海洋生态灾害预防、风险评估和隐患排查治理；沿海县级以上地方人民政府负责其管理海域的海洋生态灾害应对工作，采取必要的灾害预防、处置和灾后恢复措施，防止和减轻灾害影响；企业事业单位和其他生产经营者应当采取必要应对措施，防止海洋生态灾害扩大[1]。

（五）生物灾害防治法律

生物灾害防治单灾种法律，例如2020年10月17日第十三届全国人民代表大会常务委员会第二十二次会议通过的《中华人民共和国生物安全法》规定，国务院卫生健康、农业农村、林业草原、海关、生态环境主管部门建立新发突发传染病、重大新发突发动物疫情、重大新发突发植物疫情[2]安全监测网络，组织监测站点布局、建设，完善监测信息报告系统；疾病预防控制机构、动物疫病预防控制机构、植物病虫害预防控制机构对传染病、动植物

---

[1] 第十四届全国人民代表大会常务委员会. 中华人民共和国海洋环境保护法 [J]. 中华人民共和国最高人民法院公报, 2024（7）：7-8.

[2] 新发突发传染病是指我国境内首次出现或者已经宣布消灭再次发生，或者突然发生，造成或者可能对公众健康和生命安全造成严重损害，引起社会恐慌，影响社会稳定的传染病；重大新发突发动物疫情是指我国境内首次发生或者已经宣布消灭的动物疫病再次发生，或者发病率、死亡率较高的潜伏动物疫病突然发生并迅速传播，给养殖业生产安全造成严重威胁、危害，以及可能对公众健康和生命安全造成危害的情形；重大新发突发植物疫情是指我国境内首次发生或者已经宣布消灭的严重危害植物的真菌、细菌、病毒、昆虫、线虫、杂草、害鼠、软体动物等再次引发病虫害，或者本地有害生物突然大范围发生并迅速传播，对农作物、林木等植物造成严重危害的情形。

疫病开展监测活动，收集、分析监测信息，预测新发突发传染病、动植物疫病的发生、流行趋势；国家建立重大新发突发传染病、动植物疫情联防联控机制，发生重大新发突发传染病、动植物疫情时，各级人民政府依照有关法律法规和应急预案的规定及时采取控制措施[①]；国家加强对外来物种入侵的防范和应对，加强对外来入侵物种的调查、监测、预警、控制、评估、清除以及生态修复等工作[②]。

生物灾害防治单灾种法律，例如《中华人民共和国森林法》（1984年9月20日，第六届全国人民代表大会常务委员会第七次会议通过；根据1998年4月29日第九届全国人民代表大会常务委员会第二次会议《关于修改〈中华人民共和国森林法〉的决定》第一次修正；根据2009年8月27日第十一届全国人民代表大会常务委员会第十次会议《关于修改部分法律的决定》第二次修正；2019年12月28日第十三届全国人民代表大会常务委员会第十五次会议修订）规定：国家加强森林资源保护，发挥森林蓄水保土、调节气候、改善环境、维护生物多样性和提供林产品等多种功能；县级以上人民政府组织领导应急管理、林业、公安等部门按照职责分工密切配合做好森林火灾的科学预防、扑救和处置工作，国家综合性消防救援队伍承担国家规定的森林火灾扑救任务和预防工作；县级以上人民政府林业主管部门负责本行政区域的林业有害生物的监测、检疫和防治[③]。

生物灾害防治单灾种法律，例如《中华人民共和国草原法》（1985年6月18日，第六届全国人民代表大会常务委员会第十一次会议通过；2002年12月28日，第九届全国人民代表大会常务委员会第三十一次会议修订；根据2009年8月27日第十一届全国人民代表大会常务委员会第十次会议《关于修

---

① 第十三届全国人民代表大会常务委员会. 中华人民共和国生物安全法 [J]. 中华人民共和国全国人民代表大会常务委员会公报, 2020 (5) : 736-737.

② 第十三届全国人民代表大会常务委员会. 中华人民共和国生物安全法 [J]. 中华人民共和国全国人民代表大会常务委员会公报, 2020 (5) : 740.

③ 第十三届全国人民代表大会常务委员会. 中华人民共和国森林法 [J]. 中华人民共和国全国人民代表大会常务委员会公报, 2020 (1) : 75.

改部分法律的决定》第一次修正；根据2013年6月29日第十二届全国人民代表大会常务委员会第三次会议《关于修改〈中华人民共和国文物保护法〉等十二部法律的决定》第二次修正，根据2021年4月29日第十三届全国人民代表大会常务委员会第二十八次会议《关于修改〈中华人民共和国道路交通安全法〉等八部法律的决定》第三次修正）规定：县级以上人民政府有计划地进行火情监测、防火物资储备、防火隔离带等草原防火设施的建设，确保防火需要；对退化、沙化、盐碱化、石漠化和水土流失的草原，地方各级人民政府按照草原保护、建设、利用规划，划定治理区，组织专项治理，大规模的草原综合治理，列入国家国土整治计划；禁止开垦草原，对水土流失严重、有沙化趋势、需要改善生态环境的已垦草原，应当有计划、有步骤地退耕还草；对严重退化、沙化、盐碱化、石漠化的草原和生态脆弱区的草原，实行禁牧、休牧制度；禁止在荒漠、半荒漠和严重退化、沙化、盐碱化、石漠化、水土流失的草原以及生态脆弱区的草原上采挖植物和从事破坏草原植被的其他活动；县级以上地方人民政府应当做好草原鼠害、病虫害和毒害草防治的组织管理工作[①]。

（六）生态环境灾害防治法律

生态环境灾害防治单灾种法律，例如《中华人民共和国防沙治沙法》（2001年8月31日，第九届全国人民代表大会常务委员会第二十三次会议通过；根据2018年10月26日第十三届全国人民代表大会常务委员会第六次会议《关于修改〈中华人民共和国野生动物保护法〉等十五部法律的决定》修正）规定：沙化土地所在地区的县级以上地方人民政府应当按照防沙治沙规划，因地制宜地营造防风固沙林网、林带，种植多年生灌木和草本植物，禁止在沙化土地上砍挖灌木、药材及其他固沙植物；草原地区的地方各级人民政府指导、组织农牧民建设人工草场，控制载畜量，推行牲畜圈养和草场轮

---

① 第十三届全国人民代表大会常务委员会. 中华人民共和国草原法[EB/OL]. （2021-04-29）[2021-04-29]. https://www.forestry.gov.cn/main/3949/20180918/114120127762082.html.

牧，消灭草原鼠害、虫害，保护草原植被，防止草原退化和沙化；在沙化土地封禁保护区范围内，禁止一切破坏植被的活动，禁止在沙化土地封禁保护区范围内安置移民；对沙化土地封禁保护区范围内的农牧民，县级以上地方人民政府有计划地组织迁出，并妥善安置；沙化土地所在地区的地方各级人民政府，因地制宜地采取人工造林种草、飞机播种造林种草、封沙育林育草和合理调配生态用水等措施，恢复和增加植被，治理已经沙化的土地；已经沙化的土地范围内的铁路、公路、河流和水渠两侧，城镇、村庄、厂矿和水库周围，实行单位治理责任制①。

生态环境灾害防治单灾种法律，例如《中华人民共和国水土保持法》（1991年6月29日，第七届全国人民代表大会常务委员会第二十次会议通过；2010年12月25日，第十一届全国人民代表大会常务委员会第十八次会议修订；2010年12月25日，中华人民共和国主席令第39号公布）规定：各级地方人民政府组织农业集体经济组织和国营农、林、牧场，种植薪炭林和饲草、绿肥植物，有计划地进行封山育林育草、轮封轮牧、防风固沙，保护植被；禁止毁林开荒、烧山开荒和在陡坡地、干旱地区铲草皮、挖树兜，禁止在二十五度以上陡坡地开垦种植农作物；修建铁路、公路和水工程，尽量减少破坏植被；在铁路、公路两侧地界以内的山坡地，必须修建护坡或者采取其他土地整治措施；工程竣工后，取土场、开挖面和废弃的砂、石、土存放地的裸露土地，必须植树种草，防止水土流失；各级地方人民政府加强对采矿、取土、挖砂、采石等生产活动的管理，防止水土流失；在崩塌滑坡危险区和泥石流易发区禁止取土、挖砂、采石；在水力侵蚀地区，以天然沟壑及其两侧山坡地形成的小流域为单元，实行全面规划，综合治理，建立水土流失综合防治体系；在风力侵蚀地区，采取开发水源、引水拉沙、植树种草、设置人工沙障和网格林带等措施，建立防风固沙防护体系，控制风沙危害②。

① 第十三届全国人民代表大会常务委员会. 中华人民共和国防沙治沙法 [EB/OL]. （2018-10-26）[2018-11-05]. http://www.npc.gov.cn/zgrdw/npc/xinwen/2018-11/05/content_2065660.htm.

② 第十一届全国人民代表大会常务委员会. 中华人民共和国水土保持法 [EB/OL]. （2010-12-25）[2010-12-25]. http://www.npc.gov.cn/zgrdw/huiyi/cwh/1118/2010-12/25/content_1612840.htm.

三、树立自然灾害防治的法治思维

依法治国的基本要求是有法可依、有法必依、执法必严、违法必究。依法防治自然灾害必然要弘扬法治精神，运用法治思维破解问题，树立有法可依、有法必依、执法必严、违法必究的法治思维。

（一）树立有法可依思维

在新时代，我国以《中华人民共和国突发事件应对法》为基础，制定和修订了《中华人民共和国防洪法》《中华人民共和国防震减灾法》以及有关防汛、抗旱、自然灾害救助、地质灾害防治、气象灾害防御、森林防火、草原防火等方面的多项法律法规。同时，实施了《中华人民共和国减灾规划（1998—2010年）》《国家综合减灾"十一五"规划》《国家综合防灾减灾规划（2011—2015年）》《国家综合防灾减灾规划（2016—2020年）》和《"十四五"国家综合防灾减灾规划》，建立健全了《国家突发公共事件总体应急预案》以及自然灾害救助、防汛抗旱、抗震救灾、森林草原防火等国家专项应急预案体系，使防灾减灾救灾工作有法可依。

（二）树立有法必依思维

自然灾害防治必须依法开展。自然灾害防治的各个环节，包括方法、手段和过程，均需遵循法律规范，并在法律框架内进行操作。尽管自然灾害应对通常涉及非常规决策，但为了维护社会秩序和公共利益，政府在紧急状态下可以依据宪法或法律授权采取必要的应急措施，此时政府行为的合法性尤为重要。因此，法律规定在自然灾害发生后，事发地的县级人民政府需立即采取措施控制事态，组织应急救援和处置，并迅速向上级政府报告，必要时可以越级上报。

（三）树立执法必严思维

执法必严要求人民政府在自然灾害预防准备、监测预警、信息报告、决策指挥、危机沟通、社会管理与动员、恢复与重建等各环节严格执行相关法律规定，确保程序合法规范，实现依法行政、依法决策、依法管理。严格执法不仅要求政府在危机中行使应急权力带领民众战胜灾难，还要求在法律允许的范围内，将损失降至最低，确保公民的基本权利不被侵犯，如生命权等基本人权得到保障。因此，法律对政府的应急权力做出明确规定，这些规定具有不可逾越性。

（四）树立违法必究思维

在自然灾害防治过程中，一旦构成责任事故，必须依法追究相关责任人的责任。除了追究其在自然灾害应急管理中的失职、渎职行为外，涉嫌犯罪的行为也需依法处置。同时，还要追究其在应对自然灾害过程中的决策责任，对于决策严重失误或者依法应及时做出决策但久拖不决导致重大损失、恶劣影响的情况，严格追究行政首长、负有责任的其他领导人员和相关责任人员的法律责任。有效防止玩忽职守、不当履职、逃避责任等现象的发生，并加大法律问责力度。

以气象水文灾害防治为例，树立法治思维的基本要求是坚持依法管控气象水文灾害风险，加强气象水文灾害风险防范法规标准建设应用，确保气象水文灾害预警信息能及时有效传播，增强气象水文灾害风险化解能力。

1. 强化法治意识，坚持依法管控气象水文灾害风险。《中华人民共和国气象法》《气象灾害防御条例》对灾害性天气的监测、预报、预警和灾害评估都有相应条款界定，要加强监测、预报、预警能力建设，完善气象水文灾害风险评估制度，进一步推动气象水文灾害预报预警向气象水文灾害风险评估延伸。按照智能化、专业化的要求，深化气象大数据与各行各业的跨界融合，强化大数据等信息技术应用，提高预报准确率，延长预报期，为人民群众提供更加智能、精准、普惠的气象服务，实现气象水文灾害风险防范的全覆盖①。

2. 提高法治能力，加强气象水文灾害风险防范法规标准建设应用。运用法治的方式推动气象水文灾害风险防范工作，严格按法律办事，把法律赋予的各项职责履行好。加快出台气象水文灾害防御法，强化气象部门组织开展气象水文灾害风险评估的主导地位，明确各部门、单位、企业在气象水文灾害防御工作中的积极行为和消极行为，明确监督这些行为的责任主体，规范高级别预警信号发布规定以及"人员强制转移""媒体和企业强制服从"等行为②。

3. 加大法律执行力度，确保气象水文灾害预警信息能及时有效传播。《气象灾害防御条例》《关于加强气象灾害监测预警及信息发布工作的实施意见》对气象水文灾害预警信息传播都有明确的规定，应按照法律法规要求做好气象水文灾害预报预警信息的传播工作。要加强气象水文灾害信息传播体系建设，打造气象水文灾害信息传播的全媒体矩阵，建设专业化应急频道，为权威信息传播开设绿色通道、实现无障碍传播，提升气象水文灾害风险管理能力③。

4. 坚持法治思维，增强气象水文灾害风险化解能力。《中华人民共和国气象法》《气象灾害防御条例》对气象水文灾害应对处置有相应要求，气象部门一方面要依法做好气象水文灾害风险区划、气候可行性论证、气象灾害防御规划非工程措施等工作，另一方面要加强气象水文灾害风险防范科普宣传教育，把气象水文灾害风险防范科普教育纳入国民素质教育，多层次完善科普教育与培训体系，多手段创新气象科普载体，全方位推动气象科普社会化，增强公众应用气象信息、化解重大风险的能力④。

---

① 于波. 坚持法治思维当好气象灾害风险防范先手[N]. 中国气象报，2019-06-24.
② 于波. 坚持法治思维当好气象灾害风险防范先手[N]. 中国气象报，2019-06-24.
③ 于波. 坚持法治思维当好气象灾害风险防范先手[N]. 中国气象报，2019-06-24.
④ 于波. 坚持法治思维当好气象灾害风险防范先手[N]. 中国气象报，2019-06-24.

四、着力构建新时代自然灾害防治法治体系

目前，我国在自然灾害应急管理方面的法律法规主要存在法律综合性、系统性不强，专项立法分散，单行法结构不完整，重事中处置、轻事前预防等问题。为此，必须着力构建新时代自然灾害防治法治体系，即以自然灾害防治综合性法律为基础，以专项法律法规为骨干、应急预案和技术标准相配套的法治体系。

以往，我国自然灾害防治立法采取的是单灾种专项法的立法模式，反映了特定灾种应对的基本经验和该部门、行业工作的基本特点，能够有效应对单一灾种。但是在应对新的灾害情况尤其是复合型自然灾害、极端自然灾害时，存在一些法律空白。为统筹应对多发、并发、转化、衍生的自然灾害，亟须制定一部综合性灾害防治法。自然灾害防治综合法与单灾种专项法各有定位、互不替代、有机衔接，共同构成完整的新时代中国特色自然灾害防治法律体系①。

自然灾害防治综合立法的总体思路是：立足于综合性法律的定位，确立自然灾害防治的基本方针、基本制度、保障措施，建立各级各有关部门"统与分""综与专""防与救"分工协作及运行机制，构建涵盖风险防控、监测预警、抢险救灾、灾后救助与恢复重建全过程全方位的自然灾害防治工作体系。（1）强化政府统筹协调。把自然灾害防治工作中综合协调、指挥调度、信息发布进行整合，明确"四个统一"，即统一组织指导协调自然灾害防治工作、统一建设自然灾害综合监测系统及灾情报告系统、统一调度应急救援力量和抢险救灾物资、统一发布预警信息和灾害信息。（2）突出风险防范治理。把自然灾害防治关口前移，从注重灾后救助向注重灾前预防转

---

① 应急管理部政策法规司. 关于《中华人民共和国自然灾害防治法（征求意见稿）》的起草说明［Z］.2022-07-04：3. https://www. mem. gov. cn/gk/zfxxgkpt/fdzdgknr/202207/t20220704_417563. shtml.

变，坚持灾害风险源头预防，变消极被动的应急避灾为积极主动的防灾减灾，注重"十个强化"，即强化综合规划编制、强化综合风险普查、强化风险评估与区划、强化区域协同、强化城乡设防、强化预案编制及演练、强化监测预警、强化会商研判、强化信息共享、强化教育科普。（3）注重社会协同参与。自然灾害涉及社会活动的各个领域、环节，坚持党委领导、政府负责的同时，强调社会主体的"五个参与"，即参与应急预案编制及演练、参与建设社会应急救援队伍、参与收集灾害信息、参与自救互救、参与恢复重建①。

新时代，自然灾害的突发性、异常性和复杂性凸显，必须准确把握灾害衍生次生规律，综合运用各类资源和多种手段，实现综合减灾。强调综合减灾，是因为许多自然灾害发生之后，常常会诱发出一连串的次生灾害和衍生灾害，直接灾害引发的次生灾害和衍生灾害同样值得关注。因此，亟须对现有自然灾害防治法律法规和各种应急预案进行系统梳理，及时进行修订和完善，以满足综合减灾的客观需要。

积极推进制、修订自然灾害防治领域的技术标准，这有利于提高自然灾害防治的效能。所谓标准是指农业、工业、服务业以及社会事业等领域需要统一的技术要求。标准包括国家标准、行业标准、地方标准和团体标准、企业标准。例如，2024年4月25日发布的《救灾帐篷　通用技术要求》国家标准（GB/T 44010—2024）明确了救灾帐篷的分类，规定了救灾帐篷的样式、构造、规格尺寸、质量性能、标志、包装、储存和运输等技术要求及检验方法，适用于框架式救灾帐篷的生产、验收和使用。该标准的发布实施，有助于统一全国救灾帐篷的生产技术要求和试验方法，提升救灾帐篷的产品质量，保障受灾人员得到更安全、更舒适的临时安置。2024年4月25日发布的《自然灾害综合风险评估技术规范 第1部分：房屋建筑》国家标准（GB/

---

① 应急管理部政策法规司. 关于《中华人民共和国自然灾害防治法（征求意见稿）》的起草说明［Z］.2022-07-04:3-4. https://www. mem. gov. cn/gk/zfxxgkpt/fdzdgknr/202207/t20220704_417563. shtml.

T44011.1—2024）确立了县级以上行政区域房屋建筑自然灾害综合风险评估的技术流程，规定了房屋建筑自然灾害综合风险评估的范围、对象、内容和基本单元，描述了评估数据准备与评估方法。该标准的发布实施，有助于提高我国房屋建筑综合风险评估工作的规范性和科学性，为房屋建筑风险治理工作提供技术支撑。2024年4月25日发布的《基层减灾能力评估技术规范》国家标准（GB/T43981—2024）确立了乡镇（街道）和村（社区）减灾能力评估的技术流程，规定了评估数据准备、评估指标赋值、能力指数计算、能力指数分级和评估报告编制的要求。该标准的发布实施，有效规范了基层减灾能力评估的技术流程、评估指标、评估方法和结果分级，为开展基层综合减灾能力评估、提升基层风险治理水平提供了科学依据。2023年10月31日发布的《地质灾害气象风险预警规范》行业标准（DZ/T0449—2023）适用于各级地质灾害气象风险预警业务工作，对工作组织、技术方法、产品制作发布、预警效果评价等作出了详细规定，对象为降水引发的区域群发性崩塌、滑坡、泥石流等地质灾害。为有效应对自然灾害，提高自然灾害防治能力和水平，必须加快制、修订灾害监测预报预警、风险普查评估、灾害信息共享、灾情统计、应急物资保障、灾后恢复重建等领域国家标准及相关行业标准，强化各层级标准的应用实施和宣传培训。

第三章

新时代我国自然灾害防减规划体系

本章阐释了自然灾害防减规划类别、自然灾害防减规划编制、自然灾害防减规划框架、增强新时代自然灾害防减规划协同衔接等问题，强调编制和实施自然灾害防灾减灾规划是全面推进自然灾害防治体系和防治能力现代化建设、提高防范应对自然灾害水平的迫切需要，对于保障人民群众生命财产安全和维护社会稳定、促进经济社会全面协调可持续发展具有重要意义。

一、自然灾害防减规划类别

自然灾害防灾减灾规划类别主要包括国家和地方综合防灾减灾规划，以及国家和地方单灾种防灾减灾规划。这些防减规划为应对全国性和区域性、全灾种和单灾种的自然灾害提供了基本依据，指明了实践方向。

（一）国家综合防灾减灾规划

《中华人民共和国减灾规划（1998—2010年）》《国家综合减灾"十一五"规划》《国家综合防灾减灾规划（2011—2015年）》《国家综合防灾减灾规划（2016—2020年）》《"十四五"国家综合防灾减灾规划》等都属于国家综合防灾减灾规划。

1998年4月29日，国务院批转的中国国际减灾十年委员会制定的《中华人民共和国减灾规划（1998—2010年）》（以下简称《规划》）分析了我国自然灾害的主要特点、区域分布，以及以往减灾工作的成就、经验、不足等问题，明确了今后一个时期减灾工作的指导方针、主要目标、任务和措施，提出了减灾工作的重要行动，这包括农业和农村减灾、工业和城市减灾、区域减灾、社会减灾、减灾国际合作等[①]。该《规划》是我国第一部关于防灾减灾的综合规划。

该《规划》的颁布实施，使中国减灾事业第一次有了一个较为宏观的指导意见，促进了减灾工作的进步，但其也存在着不少问题。（1）该《规划》完成于1997年12月，当时的减灾事业刚刚从开始阶段步入正轨，实践经验的积累尚存在欠缺；1998—2007年中国发生了几次重大的突发性自然灾害，暴露了减灾方面存在的不足，其已经明显跟不上形势的变化。（2）该《规划》不是一种综合立体性的减灾规划，其重点讲的是预防性的、一般

---

① 中国国际减灾十年委员会. 中华人民共和国减灾规划（1998—2010年）[J]. 中华人民共和国国务院公报，1998（12）：527-536.

性的减灾问题，多是原则，没有具体行动措施。（3）该《规划》没有突出减灾能力建设的重要性，在能力建设方面规划不具体，而从后来的实践过程来看，必须加强减灾能力建设[①]。鉴于此，2007年8月5日，国务院办公厅在《关于印发国家综合减灾"十一五"规划的通知》中明确指出：经国务院批准，自《规划》印发之日起，《国务院关于批转〈中华人民共和国减灾规划（1998—2010年）〉的通知》停止执行，即提前终止了对《中华人民共和国减灾规划（1998—2010年）》的贯彻执行[②]。

2007年8月5日，国务院办公厅印发的《国家综合减灾"十一五"规划》（以下简称《规划》）明确了"十一五"时期综合减灾的指导思想、基本原则、规划目标，规定了综合减灾的主要任务、重大项目、保障措施等问题。该《规划》规定的重大项目包括全国重点区域综合灾害风险和减灾能力调查工程、国家四级灾害应急救助指挥系统建设工程、中央级救灾物资储备体系建设工程、卫星减灾建设工程、亚洲区域巨灾研究中心建设工程、社区减灾能力建设示范工程、减灾科普宣传教育工程、减灾科技创新与成果转化工程[③]。该《规划》为"十一五"时期全面加强综合减灾能力建设，提高防范应对自然灾害能力提供了基本依据、指明了方向。

2011年11月26日，国务院办公厅印发的《国家综合防灾减灾规划（2011—2015年）》（以下简称《规则》）明确了"十二五"时期防灾减灾工作的指导思想、基本原则、规划目标、主要任务、重大项目、保障措施等问题。该《规划》规定的重大项目包括全国自然灾害综合风险调查工程、国家综合减灾与风险管理信息化建设工程、国家自然灾害应急救助指挥系统建设工程、国家救灾物资储备工程、环境减灾卫星星座建设工程、国家重特大自然灾害防范仿真系统建设工程、综合减灾示范社区和避难场所建设工程、

---

① 蒋积伟.1978年以来中国救灾减灾工作研究［M］.北京：中国社会科学出版社，2014：134.
② 国务院办公厅.国家综合减灾"十一五"规划［J］.江西政报，2007（18）：14.
③ 国务院办公厅.国家综合减灾"十一五"规划［J］.江西政报，2007（18）：15-18.

防灾减灾宣传教育和科普工程[①]。该《规划》为"十二五"时期推进综合防灾减灾事业发展、构建综合防灾减灾体系、全面增强综合防灾减灾能力提供了基本依据、指明了方向。

2016年12月29日，国务院办公厅印发的《国家综合防灾减灾规划（2016—2020年）》（以下简称《规则》）明确了"十三五"时期防灾减灾工作的指导思想、基本原则、规划目标、主要任务、重大项目、保障措施等问题。该《规划》规定的重大项目包括自然灾害综合评估业务平台建设工程、民用空间基础设施减灾应用系统工程、全国自然灾害救助物资储备体系建设工程、应急避难场所建设工程、防灾减灾科普工程[②]。该《规划》为"十三五"时期提高全社会抵御自然灾害的综合防范能力，切实维护人民群众生命财产安全，提供了基本依据、指明了方向。

2022年6月19日，国家减灾委员会印发的《"十四五"国家综合防灾减灾规划》（以下简称《规划》）明确了"十四五"时期防灾减灾工作的指导思想、基本原则、规划目标、主要任务、重点工程、保障措施等问题。其规定的重点工程包括自然灾害综合监测预警能力提升工程、抢险救援能力提升工程、自然灾害应急综合保障能力提升工程[③]。该《规划》对于指导新时代国家防灾减灾救灾事业发展，防范应对重大自然灾害风险，推进自然灾害防治体系和防治能力现代化具有重大意义。

（二）地方综合防灾减灾规划

2021年9月10日，江苏省人民政府办公厅印发的《江苏省"十四五"综合防灾减灾规划》（以下简称《规划》）属十地方综合防灾减灾规划。该

---

① 国务院办公厅. 国家综合防灾减灾规划（2011—2015年）[J]. 中华人民共和国国务院公报, 2011（35）：34-36.

② 国务院办公厅. 国家综合防灾减灾规划（2016—2020年）[J]. 中华人民共和国国务院公报, 2017（4）：29-31.

③ 国家减灾委员会. "十四五"国家综合防灾减灾规划[EB/OL].（2022-06-19）[2022-07-21]. https://www.mem.gov.cn/gk/zfxxgkpt/fdzdgknr/202207/t20220721_418698.shtml.

《规划》明确了"十四五"时期江苏省综合防灾减灾的指导思想、基本原则、发展目标、主要任务、重点工程、保障措施等问题。该《规划》规定的主要任务是逐步健全自然灾害防治体系，这包括健全防灾减灾救灾领导机制、健全防灾减灾救灾法规制度、健全灾害信息共享发布管理、健全社会力量共建共治路径、健全科普宣传教育长效机制、健全防灾减灾救灾合作平台；着力提升自然灾害防治能力，这包括提升灾害综合监测预警能力、提升灾害工程防御治理能力、提升灾害应急救援救助能力、提升应急物资综合保障能力、提升灾害应对科技支撑能力、提升基层防灾减灾救灾能力。该《规划》规定的重点工程包括自然灾害综合监测预警工程、气象衍生灾害预警预报工程、城乡防灾减灾水平提升工程、重点区域防震减灾示范工程、综合减灾技术支撑强化工程、防灾减灾救灾数字赋能工程、灾害救援救助基础夯实工程、全民防灾减灾能力建设工程①。

2022年11月16日，红河州人民政府办公室印发的《红河州"十四五"综合防灾减灾救灾规划》（以下简称《规划》）属于地方综合防灾减灾救灾规划。该《规划》明确了"十四五"时期红河州综合防灾减灾救灾的指导思想、基本原则、发展目标、主要任务、重点工程、保障措施等问题。该《规划》规定的主要任务是建立健全综合防灾减灾救灾体制机制，加强自然灾害监测预报预警能力建设，增强自然灾害综合防范抵御能力，提升自然灾害应急处置能力，增强救灾过渡安置和恢复重建能力，增强城乡基层防灾减灾救灾能力，支持引导社会力量参与防灾减灾救灾，加强防灾减灾科技支撑能力建设，健全防灾减灾资金物资保障体系。该《规划》规定的重点工程包括实施灾害综合监测预警工程、实施重点灾害隐患治理工程、实施应急救灾物资和装备统筹保障提升工程、实施应急指挥与救援能力提升工程、实施综合防

---

① 江苏省人民政府办公厅.江苏省"十四五"综合防灾减灾规划［J］.江苏省人民政府公报，2021（17）：135-141.

灾减灾能力示范工程和实施灾害应急预案体系提升工程[①]。

2021年12月18日，金寨县人民政府办公室印发的《金寨县"十四五"综合防灾减灾规划（2021—2025年）》（以下简称《规划》）属于地方综合防灾减灾规划。该《规划》明确了"十四五"时期金寨县防灾减灾的指导思想、基本原则、总体目标、主要任务、重点工程、创新举措、保障措施等问题。该《规划》规定的重点工程包括应急物资储备体系建设工程、防灾减灾救灾技术支撑力量建设工程、地震易发区房屋设施加固工程、自然灾害抢险救援队伍建设工程、自然灾害应急救援基地建设工程、应急避难场所示范工程、防灾减灾宣传教育与科普工程、农村住房保险工程[②]。

（三）国家单灾种防灾减灾规划

2022年4月7日，应急管理部、中国地震局联合印发的《"十四五"国家防震减灾规划》（以下简称《规划》）属于国家单灾种防灾减灾规划。该《规划》明确了"十四五"时期防震减灾事业发展的指导思想、基本原则、主要目标、主要任务、重点工程项目、保障措施等问题。该《规划》规定的"十四五"时期防震减灾事业发展的主要任务包括提升地震监测预报预警能力、提升地震灾害风险防治能力、提升地震应急救援能力、提升防震减灾公共服务能力、加强地震科技支撑、加强数字技术赋能、加强防震减灾科普宣传、加强防震减灾法治建设。该《规划》规定的"十四五"时期防震减灾事业发展的重点工程项目包括中国地震科学实验场建设工程、国家地震监测台（站）网改扩建工程、第六代地震灾害风险区划工程、特大城市和城市群大震灾害情景构建及风险防控工程、防震减灾公共服务信息化工程、"一带一

[①] 红河州人民政府办公室. 红河州"十四五"综合防灾减灾救灾规划[EB/OL]. （2022-11-16）[2022-12-14]. http://www.hh.gov.cn/zfxxgk/fdzdgknr/zfwj/zfwj/hzbf/202301/t20230112_623269.html.

[②] 金寨县人民政府办公室. 金寨县综合"十四五"防灾减灾规划（2021—2025年）[EB/OL]. （2021-12-18）[2021-12-18]. https://www.ahjinzhai.gov.cn/public/6617541/34793079.html.

路"建设地震安全保障工程、新疆西藏防震减灾基础能力提升工程、地震应急救援能力提升工程[①]。

2022年12月7日，自然资源部印发的《全国地质灾害防治"十四五"规划》（以下简称《规划》）属于国家单灾种防灾减灾规划。该《规划》明确了地质灾害防治的指导思想、规划原则、规划目标，确定了地质灾害易发区和重点防治区，以及地质灾害防治任务。

1. 地质灾害重点防治区。该《规划》规定的地质灾害重点防治区包括西藏喜马拉雅重点地区高位远程滑坡及链式灾害重点防治区、滇西川西藏东横断山区高山峡谷滑坡崩塌泥石流重点防治区、川南滇东北黔东黔西高山峡谷区滑坡崩塌泥石流重点防治区、桂北黔南粤西北中山区岩溶崩塌地面塌陷重点防治区、湘东南赣西中低山区群发性滑坡崩塌重点防治区、浙闽粤赣皖低山丘陵区台风暴雨型滑坡崩塌重点防治区、长江中上游三峡库区滑坡崩塌重点防治区、陇南陕南川北秦岭大巴山区滑坡崩塌泥石流重点防治区、青东陇中陕北晋西北黄土滑坡崩塌泥石流重点防治区、新疆南部滑坡崩塌泥石流重点防治区、新疆伊犁地区滑坡泥石流重点防治区、辽东低山丘陵区泥石流重点防治区、华北平原地面沉降重点防治区、长江三角洲地面沉降重点防治区、汾渭盆地地面沉降地裂缝重点防治区、珠江三角洲地面塌陷地面沉降重点防治区[②]。

2. 地质灾害防治任务。该《规划》规定的地质灾害防治任务是聚焦"隐患在哪里"和"结构是什么"，开展调查评价，掌握隐患风险底数，即加强地质灾害隐患综合遥感识别、继续开展1∶50 000地质灾害风险调查、开展1∶10 000地质灾害调查；聚焦地质灾害"什么时候发生"，完善监测预警体系，提高预警能力，即提升地质灾害气象风险预警预报精度、提升地质灾害群测群防能力、提高普适型地质灾害监测预警设备布设覆盖面；稳步推进地

---

① 应急管理部, 中国地震局. "十四五"国家防震减灾规划 [EB/OL]. （2022-04-07）[2022-04-22]. https://www.mem.gov.cn/gk/zfxxgkpt/fdzdgknr/202205/t20220525_414288.shtml.

② 自然资源部. 全国地质灾害防治"十四五"规划 [J]. 自然资源通讯, 2023（1）: 37-40.

质灾害工程治理，提升工程标准；积极推进地质灾害避险搬迁；提升风险防控能力，推动全民防灾，即创新地质灾害风险管理方法、健全地质灾害防御技术支撑体系、加强地质灾害防御技术装备现代化、推动全民防灾减灾；强化数据信息建设，提升智慧防灾水平，即动态完善地质灾害风险数据库、提升地质灾害风险防控信息服务水平[①]。

2016年12月19日，国家林业局、国家发展改革委、财政部联合印发的《全国森林防火规划（2016—2025年）》（以下简称《规划》）属于国家单灾种防灾减灾规划。该《规划》分析了全国森林防火一期规划[②]建设成效，以及面临的形势和问题，明确了全国森林防火的指导思想、基本原则、规划范围与期限、规划目标、建设分区与布局，规定了全国森林防火重点建设任务、建立健全森林防火长效机制、投资测算与资金筹措、规划组织实施等问题。该《规划》规定全国森林防火重点建设任务是预警监测系统建设，包括森林火险预警系统、卫星林火监测系统、林火视频监控系统、瞭望塔建设；森林防火通信和信息指挥系统建设，包括综合通信系统、综合管控系统、综合指挥系统、综合保障系统；森林消防队伍能力建设，包括森林消防专业队设施设备建设、森林公安执法队伍装备建设、武警部队装备建设；森林航空消防能力建设，包括增加森林航空消防机源、加强航站建设、火场侦察系统、森林航空飞行调度管理系统、森林航空消防训练设施、新技术推广应用；林火阻隔系统建设；森林防火应急道路建设[③]。

该《规划》确定的林火阻隔系统建设包括：（1）大别山森林防火重点区生物阻隔带建设项目，包括河南南部、安徽西南部、湖北东北部等，新建生物防火林带4 500千米。（2）武陵山森林防火重点区生物阻隔带建设项

---

① 自然资源部.全国地质灾害防治"十四五"规划[J].自然资源通讯，2023（1）：40-44.
② 全国森林防火一期规划是指2009年9月开始实施的《全国森林防火中长期发展规划（2009—2015年）》，这是我国第一个由国务院批准的全国性森林防火规划。
③ 国家林业局，国家发展改革委，财政部.全国森林防火规划（2016—2025年）[Z].2016-12-19：21-42. https://www.gov.cn/xinwen/2016-12/29/content_5154054.htm.

目，包括湖南西部、贵州部分、湖北西南部、重庆南部等，新建生物防火林带6 500千米。（3）武夷山森林防火重点区生物阻隔带建设项目，包括福建西北部、江西东南部等，新建生物防火林带7 000千米。（4）南岭森林防火重点区生物阻隔带建设项目，包括广东北部、广西东部、湖南南部、江西南部等，新建生物防火林带8 500千米。（5）大小兴安岭森林防火重点区改造生物防火林带建设项目：包括内蒙古、黑龙江，改造生物防火林带3 500千米[①]。森林防火应急道路建设包括：（1）大小兴安岭森林防火重点区防火应急道路建设项目，包括黑龙江大兴安岭、内蒙古大兴安岭、黑龙江森工，新建道路1 400千米，改建4 600千米。（2）长白山完达山森林防火重点区防火应急道路建设项目，包括吉林森工、长白山森工，新建300千米，改建1 500千米。（3）横断山脉森林防火重点区防火应急道路建设项目，包括云南、四川重点国有林区，新建250千米，改建400千米[②]。

2022年10月12日，国家林业和草原局、应急管理部印发的《“十四五”全国草原防灭火规划》（以下简称《规划》）属于国家单灾种防灾减灾规划。该《规划》明确了“十四五”期间全国草原防灭火的指导思想、基本原则、规划范围、规划目标、建设布局、建设任务、组织实施等问题。该《规划》规定的“十四五”期间全国草原防灭火的建设任务是风险防范系统建设，包括防灭火宣传体系、火源管理系统；预警监测系统建设，包括火险预警系统、卫星火灾监测系统、草原火情视频监控系统；预防控制系统建设，包括草原防灭火站、草原防灭火物资储备库、草原防火阻隔系统；通信指挥系统建设，包括草原防灭火日常通信指挥系统、草原防灭火机动应急通信系统、草原防灭火业务应用平台；消防队伍能力建设，包括草原消防队伍装备

① 国家林业局，国家发展改革委，财政部. 全国森林防火规划（2016—2025年）[Z].2016-12-19: 40. https://www. gov. cn/xinwen/2016-12/29/content_5154054. htm.

② 国家林业局，国家发展改革委，财政部. 全国森林防火规划（2016—2025年）[Z].2016-12-19: 42. https://www. gov. cn/xinwen/2016-12/29/content_5154054. htm.

建设、草原消防队伍配套设施建设①。

2022年12月5日，国家林业和草原局、自然资源部、生态环境部、水利部、农业农村部联合印发的《互花米草防治专项行动计划（2022—2025年）》（以下简称《计划》）属于国家单灾种防灾减灾规划。该《计划》分析了互花米草②入侵的危害，强调互花米草的入侵，不仅挤压其他植物生存空间、破坏底栖生物、鱼类和鸟类栖息环境，改变沿海滩涂生态系统结构，导致滨海湿地生态系统退化、生物多样性降低，严重威胁我国滨海湿地生态系统安全，而且还阻碍潮水的正常流动，降低江河入海口泄洪能力，影响人民群众的生产生活，制约沿海地区经济社会可持续发展③。该《计划》明确了互花米草防治专项行动的指导思想、基本原则、防治区域范围、行动目标，以及重点行动等问题。该《计划》规定的互花米草防治专项重点行动包括开展互花米草调查、科学开展互花米草综合治理、加强互花米草监测与评估、加强互花米草潜在分布区域防控、强化互花米草防治科技支撑、完善互花米草防治法律法规和制度体系④。

2015年12月15日，水利部、国家发展改革委等7部门联合印发的《全国水土保持规划（2015—2030年）》（以下简称《规划》）属于国家单灾种防灾减灾规划。该《规划》分析了我国水土流失及其防治现状，系统总结了水土保持经验和成效，拟定了我国预防和治理水土流失、保护和合理利用水土资源的总体部署，明确了水土保持的目标、任务、布局和对策措施等问题。

---

① 国家林业和草原局，应急管理部. "十四五"全国草原防灭火规划［Z］.2022-10-12: 13-19. https://www.gov.cn/zhengce/zhengceku/2023-01/10/content_5736078.htm.

② 互花米草是禾本科米草属多年生草本植物，原产于北美东海岸及墨西哥湾，具有根系发达、耐盐耐淹、繁殖力强、种群扩散快和入侵力强等特性，现已成为全球滨海湿地生态系统中最严重的入侵植物。互花米草自20世纪70年代被我国引种以来，在我国沿海地区迅速扩张，已成为我国沿海滩涂危害最大的外来入侵植物。

③ 国家林业和草原局，等. 互花米草防治专项行动计划（2022—2025年）［Z］.2022-12-05: 1. https://www.gov.cn/xinwen/2023-03/16/content_5747029.htm.

④ 国家林业和草原局，等. 互花米草防治专项行动计划（2022—2025年）［Z］.2022-12-05: 3-8. https://www.gov.cn/xinwen/2023-03/16/content_5747029.htm.

该《规划》划定的水土流失预防保护范围包括江河源头区、重要水源地，河流两岸以及湖泊和水库周边，侵蚀沟的沟坡和沟岸；全国水土保持区划中水土保持功能为水源涵养、生态维护、水质维护的区域；水土流失严重、生态脆弱的地区；山区、丘陵区、风沙区及其以外的容易产生水土流失的其他区域，以及其他需要预防的区域[①]。该《规划》划定的水土流失综合治理范围主要包括对大江大河干流、重要支流和湖库淤积影响较大的水土流失区域；造成土地生产力下降，直接影响农业生产和农村生活，需开展土地资源抢救性、保护性治理的区域；涉及革命老区、边疆地区、贫困地区、少数民族聚居区等特定区域；直接威胁生产生活的山洪、滑坡、泥石流潜在危害区域[②]。

（四）地方单灾种防灾减灾规划

2021年6月24日，浙江省自然资源厅印发的《浙江省海洋灾害防御"十四五"规划》（以下简称《规划》）属于地方单灾种防灾减灾规划。该《规划》明确了浙江省海洋灾害防御的指导思想、基本原则、主要目标、主要任务、重大工程、保障措施等问题。海洋灾害防御的主要任务包括健全海洋灾害防灾减灾救灾体制机制、完善海洋灾害防御制度与标准体系、加强海洋观测监测与预警预报能力建设、强化海洋灾害风险闭环管控措施、提升海洋防灾减灾公共服务水平。海洋灾害防御的重大工程包括海洋灾害防治"两网一区"建设工程、海洋灾害整体智治提升工程、生态减灾协同增效工程[③]。

2021年10月9日，河南省人民政府办公厅印发的《河南省"十四五"防

---

① 水利部,等. 全国水土保持规划（2015—2030年）[Z].2015-12: 26-28. http://slt. zj. gov. cn/art/2016/1/21/art_1229225331_1891544. html.

② 水利部,等. 全国水土保持规划（2015—2030年）[Z].2015-12: 34-35. http://slt. zj. gov. cn/art/2016/1/21/art_1229225331_1891544. html.

③ 浙江省自然资源厅. 浙江省海洋灾害防御"十四五"规划[Z].2021-06: 7-14. https://zrzyt. zj. gov. cn/art/2021/6/28/art_1660178_58942448. html.

震减灾规划》（以下简称《规划》）属于地方单灾种防灾减灾规划。该《规划》明确了河南省"十四五"时期防震减灾的指导思想、基本原则、主要目标、主要任务、重大项目、保障措施等问题。防震减灾的主要任务是提升地震灾害风险防治能力，包括摸清全省地震灾害风险底数、开展黄河流域（河南段）地震灾害风险治理、强化抗震设防管理、提升地震应急响应服务能力；提升地震监测预测预警能力，包括提高地震监测预警能力、加强非天然地震监控、提升地震预测水平；提升防震减灾科技支撑能力，包括构建地震灾害损失快速评估模型、地震数值预测、地震对古建筑影响等；提升防震减灾公共服务能力，包括强化地震应急保障决策服务、丰富公共服务产品供给、提升防震减灾公共服务水平；提升防震减灾社会治理能力，包括完善防震减灾管理体制机制、加强防震减灾法治建设；提升防震减灾信息化水平，包括加强大数据、人工智能、物联网、互联网等新技术与防震减灾业务的深度融合和应用等；提升公民防震减灾科学素养，包括实施公民防震减灾科学素养提升工程，构建功能完备的科普传播平台和科普产品体系等[1]。

2023年10月11日，福建省人民政府发布的《福建省气象灾害防御办法》（以下简称《办法》）属于地方单灾种防灾减灾规划。该《办法》明确了福建省气象灾害的预防、监测预报和预警、应急处置等问题，强调县级以上人民政府应组织气象主管机构、应急管理等部门根据地理位置、气候背景、工作特性等，将可能遭受气象灾害较大影响的单位列入气象灾害防御重点单位目录，并向社会公布；县级以上人民政府及其有关部门和气象主管机构应当建立健全以气象灾害预警为先导的联动机制[2]。

---

① 河南省人民政府办公厅. 河南省"十四五"防震减灾规划[J]. 河南省人民政府公报，2021（21）：24-28.

② 福建省人民政府. 福建省气象灾害防御办法[J]. 福建省人民政府公报，2023（11）：4-7.

二、自然灾害防减规划编制

编制自然灾害防灾减灾规划不仅要对防灾减灾的指导思想、基本原则、规划目标、主要任务、重点工程、保障措施等问题作出规定，也要明晰防灾减灾规划编制的客观背景、总体思路，更要突出规划的时代性、引领性、基础性、综合性、前瞻性。

（一）明确防灾减灾规划编制的客观背景

严峻的灾害形势是编制综合防灾减灾规划的现实需要，编制实施规划是建设综合防灾减灾能力的客观要求。因此，编制防灾减灾规划首先要明确规划编制的客观背景，即分析以往防灾减灾工作所取得的成就、面临的形势，以及挑战及机遇等问题。

以《"十四五"国家综合防灾减灾规划》（以下简称《规划》）为例，其在"现状与形势"部分明确了该《规划》编制的客观背景，指出："十三五"时期，我国自然灾害管理体系不断优化、自然灾害防治能力明显增强、救灾救助能力显著提升、科普宣传教育成效明显、国际交流合作成果丰硕。随着各类承灾体暴露度、集中度、脆弱性不断增加，多灾种集聚和灾害链特征日益突出，灾害风险的系统性、复杂性持续加剧，我国防灾减灾救灾体系暴露出一些短板，例如统筹协调机制有待健全、抗灾设防水平有待提升、救援救灾能力有待强化、全社会防灾减灾意识有待增强。我国防灾减灾救灾工作面临新形势新挑战，同时也面临前所未有的新机遇，即全面加强党的领导为防灾减灾救灾提供了根本保证，中国特色社会主义进入新阶段开启新征程为防灾减灾救灾工作提供了强大动力，全面贯彻落实总体国家安全观为防灾减灾救灾工作提供了重大契机，防灾减灾救灾工作迈入高质量发展新阶段[①]。

---

① 国家减灾委员会. "十四五"国家综合防灾减灾规划［EB/OL］.（2022-06-19）［2022-06-19］. https://www.gov.cn/zhengce/zhengceku/2022-07/22/content_5702154.htm.

（二）明确防灾减灾规划编制的总体思路

编制防灾减灾规划，要着眼国家防灾减灾全局，注重与相关规划的衔接与协调，重点加强多灾种应对、多部门协同、跨区域合作、全社会参与的防灾减灾能力建设，突出对国家、区域、地方综合防灾减灾工作的引领与指导。

以《国家综合防灾减灾规划（2016—2020年）》为例，其编制的总体思路是：（1）防灾减灾规划与国家总体规划相衔接，加快提升国家综合防灾减灾能力。按照国家总体规划有关"提升防灾减灾能力"的要求，统筹协调区域防灾减灾能力建设，提升灾害风险区域、重要基础设施和基本公共服务设施的设防水平。（2）以深化改革为动力，不断完善防灾减灾体制机制。突出问题导向，加快推进防灾减灾体制改革，明确中央与地方灾害管理事权划分，落实地方政府主体责任；充分发挥各级减灾委的统筹协调作用，强化成员单位之间的协调联动。（3）以减轻灾害风险为重点，增强综合风险防范能力。实施防灾减灾工程，尽快改变一些城市高风险、农村不设防的状况，完善社会各界力量参与防灾减灾的政策措施、工作机制、法律法规，加快建立巨灾保险制度。（4）以基层能力建设为落脚点，夯实综合减灾工作基础。广泛开展防灾减灾科普宣传教育，提升全民防灾减灾意识；统筹利用公园、体育场、学校等公共场所，建设或改造应急避难场所；加大对自然灾害严重的革命老区、民族地区、边疆地区和贫困地区防灾减灾能力建设的支持力度。（5）以科技创新为支撑，强化防灾减灾科技服务水平。加快高新技术在防灾减灾中的广泛应用，开展新材料、新产品和新装备研发，完善技术标准体系；加强防灾减灾学科建设，建立防灾减灾领域国家实验室和工程技术中心等科研平台[1]。

---

[1] 杨思全. 国家综合防灾减灾规划（2016—2020年）编制情况介绍[J]. 中国减灾，2017（1）：22.

（三）突出防灾减灾规划的时代性、引领性、基础性、综合性、前瞻性

以《"十四五"国家综合防灾减灾规划》（以下简称《规划》）为例，其是根据《中华人民共和国突发事件应对法》《中华人民共和国国民经济和社会发展第十四个五年规划和2035年远景目标纲要》《"十四五"国家应急体系规划》等法律法规和文件而制定的，国家减灾委员会在主持编制《规划》过程中，突出了《规划》的时代性、引领性、基础性、综合性、前瞻性。

1. 突出时代性。在编制《规划》过程中，贯穿了中央对防灾减灾救灾工作的新定位、新理念、新要求，总结了2018年国家应急管理体制机制改革以来取得的成就和经验，坚持人民至上、生命至上，坚持底线思维、极限思维，把党的集中统一领导的政治优势和社会主义集中力量办大事的制度优势转化为发展优势，加快补齐防灾减灾基础设施短板不足，构建与国家治理体系和治理能力现代化相协调的自然灾害防治体系[①]。

2. 突出引领性。在编制《规划》过程中，落实了"两个坚持、三个转变"要求，在体制机制、抗灾设防、监测预警、风险评估、基层减灾、救灾救助等方面设定目标，引领各地各有关部门聚焦目标、突出重点，统筹谋划主要任务和重点工程，实现全国一盘棋，提高全国防灾减灾救灾整体能力和水平[②]。

3. 突出基础性。在编制《规划》过程中，坚持了立足实际、强基固本、防治结合、综合施策，提高城乡自然灾害设防水平，夯实全社会防范应对基础。《规划》与已部署实施的自然灾害防治工程相衔接，推进实施病险水库除险加固、山洪灾害防治、抗旱供水保障、城市防洪和内涝治理、地质灾害

---

① 应急管理部.2022年7月例行新闻发布会［EB/OL］.（2022-07-21）［2022-07-21］. https://www.mem. gov. cn/xw/xwfbh/2022n7y21rxwfbh/wzsl_4260/202207/t20220721_418792. shtml.

② 应急管理部.2022年7月例行新闻发布会［EB/OL］.（2022-07-21）［2022-07-21］. https://www.mem. gov. cn/xw/xwfbh/2022n7y21rxwfbh/wzsl_4260/202207/t20220721_418792. shtml.

综合治理、农村危房改造、地震易发区房屋设施加固、重点林区防火应急道路等工程。同时，实施基层应急能力提升计划，推广灾害风险网格化管理，推进基层社区应急能力标准化建设，提升全民防灾减灾意识和自救互救能力，筑牢防灾减灾人民防线①。

4. 突出综合性。鉴于一些地区和部门反映风险隐患排查治理、各方统筹协调、综合应急保障、社会深度参与等方面亟待提高，对此，《规划》提出了编制自然灾害综合风险图和防治区划图、建设灾害综合监测预警系统、强化灾害预警和应急响应联动机制、加强应急力量建设和物资装备保障、强化自然灾害保险服务等主要任务和重点工程，着力解决地方和部门关心的薄弱环节和共性问题②。

5. 突出前瞻性。在全球气候变化背景下，《规划》把握灾害孕育、发生和演变规律等特点，统筹谋划加强防灾减灾科研和技术攻关、推动学科和专业建设、建设国家防灾科学城、建设科普宣教基地等主要任务和重点工程，为适应新形势新要求提供防灾减灾人才储备和技术储备，增强发展后劲，提高极端情况下大震大汛等大灾防范应对能力③。

自然灾害防灾减灾规划编制的具体步骤，一般是经过规划编制准备与工作方案制定、规划立项申报与专题论证研究、规划草案起草与征求修改意见、规划专家论证与定稿报送审批等4个阶段。以《国家综合防灾减灾规划（2016—2020年）》为例，其编制过程如下。

1. 规划编制准备与工作方案制定。2014年9月22日，国家减灾委办公室印发《关于征求〈国家综合防灾减灾规划（2016—2020年）〉编制工作意见的函》，正式启动编制工作。2014年12月5日，国家减灾委办公室向各成员

---

① 应急管理部.2022年7月例行新闻发布会［EB/OL］.（2022-07-21）［2022-07-21］. https://www. mem. gov. cn/xw/xwfbh/2022n7y21rxwfbh/wzsl_4260/202207/t20220721_418792. shtml.

② 应急管理部.2022年7月例行新闻发布会［EB/OL］.（2022-07-21）［2022-07-21］. https://www. mem. gov. cn/xw/xwfbh/2022n7y21rxwfbh/wzsl_4260/202207/t20220721_418792. shtml.

③ 应急管理部.2022年7月例行新闻发布会［EB/OL］.（2022-07-21）［2022-07-21］. https://www. mem. gov. cn/xw/xwfbh/2022n7y21rxwfbh/wzsl_4260/202207/t20220721_418792. shtml.

单位印发了规划编制工作方案，成立了规划编制领导小组，下设协调组、专家组和编写组，分别负责规划编制的沟通协调、咨询论证和文本起草工作，方案提出了开展规划编制重大专题研究方向，明确了规划文本起草的基本要求和时间进度安排①。

2. 规划立项申报与专题论证研究。2015年1月，受国家减灾委办公室委托，国家减灾委专家委开展《国家综合防灾减灾规划（2011—2015年）》（以下简称《规划》）实施情况评估，并针对防灾减灾现状与形势、规划目标和主要任务等开展专题研究和论证。2月和3月，向国家发展改革委分别报送了《拟报国务院审批的国家级专项规划编制工作方案》和《拟纳入国家总体规划纲要的指标研究测算报告》。5月，在"第六届国家综合防灾减灾与可持续发展论坛"上，广泛听取专家学者们对《规划》编制的意见和建议。9月和10月，国家减灾委办公室组织有关部门赴广西、云南和贵州等地就《规划》编制工作开展专项调研，专家委组织三个专题调研组分别赴宁夏、山东、上海开展专题调研②。

3. 规划草案起草与征求修改意见。通过认真学习领会党中央、国务院关于防灾减灾救灾战略部署，深入开展专题研究与实地调研，广泛征求各方意见和建议，提出了"十三五"时期的发展目标和任务，形成了规划基本思路，先后编制完成规划思路草案和规划初稿。2016年2月22日，完成规划征求意见稿的编制，并以国家减灾委办公室名义发各成员单位和各地减灾委征求意见，后续又根据各方反馈的意见和建议对规划文本进行了多轮修改完善。其间，先后正式征求意见4次、召开规划编制工作领导小组会议1次、减灾委联络员会议1次、专家委全体会议1次、专家委分委会及专家研讨会4次、协调组（民政部救灾司）和编写组（民政部国家减灾中心）联席会议多次③。

---

① 杨思全. 国家综合防灾减灾规划（2016—2020年）编制情况介绍［J］. 中国减灾, 2017（1）: 21.
② 杨思全. 国家综合防灾减灾规划（2016—2020年）编制情况介绍［J］. 中国减灾, 2017（1）: 21-22.
③ 杨思全. 国家综合防灾减灾规划（2016—2020年）编制情况介绍［J］. 中国减灾, 2017（1）: 22.

4. 规划专家论证与定稿报送审批。2016年5月19日，国家减灾委办公室组织召开了《规划》专家论证会，形成了论证意见。专家组一致同意通过对《规划》的论证，建议根据会议意见进一步修改完善后，尽快按程序上报。7月28日，民政部、国家发展改革委共同向国务院报送了《国家综合防灾减灾规划（2016—2020年）》（送审稿）[①]。

三、自然灾害防减规划内容

自然灾害防灾减灾规划内容除了要分析防灾减灾的现状与形势外，主要是明确防灾减灾的指导思想、基本原则、规划目标、主要任务、重点工程、保障措施等问题。

（一）防灾减灾规划指导思想

以《"十四五"国家综合防灾减灾规划》为例，其明确规定"十四五"时期我国综合防灾减灾工作的指导思想是：以习近平新时代中国特色社会主义思想为指导，立足新发展阶段，完整、准确、全面贯彻新发展理念，统筹发展和安全，以防范化解重大安全风险为主题，加快补齐短板不足，与经济社会高质量发展相适应，与国家治理体系和治理能力现代化相协调，构建高效科学的自然灾害防治体系，全面提高防灾减灾救灾现代化水平，切实保障人民群众生命财产安全[②]。

再如《"十四五"国家防震减灾规划》明确规定"十四五"时期我国防震减灾工作的指导思想是：以习近平新时代中国特色社会主义思想为指导，深入落实习近平总书记关于防灾减灾救灾重要论述和防震减灾重要指示精神，紧紧围绕统筹推进"五位一体"总体布局和协调推进"四个全面"战

---

① 杨思全. 国家综合防灾减灾规划（2016—2020年）编制情况介绍［J］. 中国减灾，2017（1）：22.

② 国家减灾委员会. "十四五"国家综合防灾减灾规划［EB/OL］.（2022-06-19）［2022-06-19］. https://www.gov.cn/zhengce/zhengceku/2022-07/22/content_5702154. htm.

略布局，立足新发展阶段，完整、准确、全面贯彻新发展理念，服务和融入新发展格局，坚持人民至上、生命至上，坚持总体国家安全观，更好统筹发展和安全，坚持以防为主、防抗救相结合，坚持常态减灾和非常态救灾相统一，推动防震减灾事业高质量发展，夯实监测基础、加强预报预警，摸清风险底数、强化抗震设防，保障应急响应、加强公共服务，创新地震科技、推进现代化建设，为全面建设社会主义现代化国家提供地震安全保障[①]。

（二）防灾减灾规划基本原则

以《"十四五"国家综合防灾减灾规划》为例，其明确规定"十四五"时期我国综合防灾减灾工作的基本原则是：（1）坚持党的全面领导。充分发挥地方各级党委和政府的组织领导、统筹协调、提供保障等重要作用，把党的集中统一领导的政治优势、组织优势和社会主义集中力量办大事的体制优势转化为发展优势，形成各方齐抓共管、协同配合的工作格局。（2）坚持以人民为中心。强化全灾种全链条防范应对，保障受灾群众基本生活，增强全民防灾减灾意识，提升公众安全知识普及和自救互救技能水平。（3）坚持主动预防为主。完善防灾减灾救灾法规标准预案体系，将自然灾害防治融入重大战略、重大规划、重大工程，强化常态综合减灾，增强全社会抵御和应对灾害能力。（4）坚持科学精准。科学把握全球气候变化背景下灾害孕育、发生和演变规律特点，有针对性实施精准治理，实现预警发布精准、预案实施精准、风险管控精准、抢险救援精准、恢复重建精准。（5）坚持群防群治。充分发挥群团组织作用，积极发动城乡社区组织和居民群众广泛参与，筑牢防灾减灾救灾人民防线[②]。

再如《"十四五"国家防震减灾规划》明确"十四五"时期我国防震

---

① 应急管理部,中国地震局."十四五"国家防震减灾规划［EB/OL］.（2022-04-07）［2022-04-22］. https://www.mem.gov.cn/gk/zfxxgkpt/fdzdgknr/202205/t20220525_414288.shtml.

② 国家减灾委员会."十四五"国家综合防灾减灾规划［EB/OL］.（2022-06-19）［2022-06-19］. https://www.gov.cn/zhengce/zhengceku/2022-07/22/content_5702154.htm.

减灾工作的基本原则是：（1）坚持党的全面领导，全面贯彻党的基本理论、基本路线、基本方略，以防震减灾高质量发展成效践行"两个维护"。（2）坚持以人民为中心，始终把保护人民群众生命财产安全放在首位，着力提升防震减灾服务能力。（3）坚持预防为主，牢固树立地震灾害风险防治理念，科学认识和把握地震灾害规律，坚持底线思维，注重防御重大地震灾害，坚持关口前移，主动防御，最大限度减轻地震灾害风险和损失。（4）坚持系统观念，提升防震减灾高质量发展的整体性和协同性，推动科技创新、业务建设和公共服务等各环节有效衔接和高效协同；发挥中央、地方和各方面积极性，统筹推进资源合理配置和高效利用，推进区域防震减灾协调发展。（5）坚持依法治理，加快构建系统完备、科学规范、运行有效的防震减灾体制机制，推进地震科技创新，持续增强事业发展活力和动力；运用法治思维和法治方式，持续完善法律法规和标准体系，全面提高全社会防御地震灾害能力和水平。（6）坚持融合发展，坚持防震减灾工作与经济社会融合发展，动员全社会力量积极参与防震减灾工作，完善风险防控机制，不断推进新时代防震减灾事业现代化；积极开展全方位、宽领域、多层次的国际交流合作，着力在构建人类命运共同体的实践中展现新作为[①]。

（三）防灾减灾规划目标

以《"十四五"国家综合防灾减灾规划》为例，其明确规定"十四五"时期我国综合防灾减灾工作的总体目标是：到2025年，自然灾害防治体系和防治能力现代化取得重大进展，基本建立统筹高效、职责明确、防治结合、社会参与、与经济社会高质量发展相协调的自然灾害防治体系；到2035年，自然灾害防治体系和防治能力现代化基本实现，重特大灾害防范应对更加有力有序有效。分项目标是：（1）各级各类防灾减灾救灾议事协调机构的统筹指导和综合协调作用充分发挥，自然灾害防治综合立法取得积极进展。

---

① 应急管理部，中国地震局. "十四五"国家防震减灾规划［EB/OL］.（2022-04-07）［2022-04-22］. https://www.mem.gov.cn/gk/zfxxgkpt/fdzdgknr/202205/t20220525_414288.shtml.

（2）救灾救助更加有力高效，灾害发生10小时之内受灾群众基本生活得到有效救助。（3）抗震减灾、防汛抗旱、地质灾害防治、生态修复等重点防灾减灾工程体系更加完善、作用更加突出。（4）灾害综合监测预警平台基本建立，灾害综合监测预警信息报送共享、联合会商研判、预警响应联动等机制更加完善。（5）建成分类型、分区域的国家自然灾害综合风险基础数据库，编制国家、省、市、县级自然灾害综合风险图和防治区划图。（6）防灾减灾救灾的基层组织体系有效夯实，综合减灾示范创建标准体系更加完善、管理更加规范，防灾减灾科普宣教广泛开展[①]。

再如《"十四五"国家防震减灾规划》明确"十四五"时期我国防震减灾工作的规划目标是：到2025年，初步形成防震减灾事业现代化体系，体制机制逐步完善，地震监测预报预警、地震灾害风险防治、地震应急响应服务能力显著提高，地震科技水平进入国际先进行列，地震预报预警取得新突破，地震灾害防御水平明显增强，防震减灾公共服务体系基本建成，社会公众防震减灾素质进一步提高，大震巨灾风险防范能力不断提升，保障国家经济社会发展和人民群众生命财产安全更加有力；到2035年，基本实现防震减灾事业现代化，基本建成具有中国特色的防震减灾事业现代化体系，关键领域核心技术实现重点突破，基本实现防治精细、监测智能、服务高效、科技先进、管理科学的现代智慧防震减灾[②]。

（四）防灾减灾规划主要任务

以《"十四五"国家综合防灾减灾规划》为例，其明确规定"十四五"时期我国综合防灾减灾工作的主要任务是：（1）推进自然灾害防治体系现代化，这包括健全防灾减灾救灾管理机制，健全法律法规和预案标准体系，

---

① 国家减灾委员会. "十四五"国家综合防灾减灾规划［EB/OL］.（2022-06-19）［2022-06-19］. https://www.gov.cn/zhengce/zhengceku/2022-07/22/content_5702154.htm.

② 应急管理部,中国地震局. "十四五"国家防震减灾规划［EB/OL］.（2022-04-07）［2022-04-22］. https://www.mem.gov.cn/gk/zfxxgkpt/fdzdgknr/202205/t20220525_414288.shtml.

健全防灾减灾规划保障机制，健全社会力量和市场参与机制，健全防灾减灾科普宣传教育长效机制，健全国际减灾交流合作机制。（2）推进自然灾害防治能力现代化，这包括提升城乡工程设防能力，强化气象灾害预警和应急响应联动机制，提升救援救助能力，提升救灾物资保障能力，提升防灾减灾科技支撑能力，提升基层综合减灾能力[①]。

再如《西藏自治区"十四五"时期防震减灾规划》明确西藏自治区"十四五"时期防震减灾工作的主要任务是：（1）提高地震监测预报预警能力，包括加强地震监测站网建设，提升地震监测预报能力，提升地震预警能力建设，建立健全群测群防工作体系；（2）提高抗御地震灾害的能力，包括加强建设工程抗震设防监管，提升重大工程、生命线工程的抗震能力，提高学校、医院等人员相对密集场所建设工程的抗震能力，提升农牧民居住建筑抗震能力，开展震害防御基础性工作；（3）提高应对地震灾害的能力，包括加强"一案三制"建设，提升应急技术保障能力，强化应急救援队伍建设，强化应急准备落实；（4）加强地震知识宣传教育，增强社会防震减灾意识，包括加强防震减灾知识的宣传普及，加快防震减灾科普教育基地建设，编写具有藏民族特色的、适合村镇和农牧民聚居地开展防震减灾科普宣传的材料[②]。

（五）防灾减灾规划重点工程

以《"十四五"国家综合防灾减灾规划》为例，其明确规定"十四五"时期我国综合防灾减灾的重点工程是：（1）自然灾害综合监测预警能力提升工程，包括灾害综合监测预警系统建设、应急卫星星座应用系统建设。

---

① 国家减灾委员会. "十四五"国家综合防灾减灾规划［EB/OL］.（2022—06—19）［2022—06—19］. https://www.gov.cn/zhengce/zhengceku/2022/07/22/content_5702154.htm.

② 西藏自治区地震局. 西藏自治区"十四五"时期防震减灾规划［EB/OL］.（2021—12—06）［2023—11—29］. https://www.xizdzj.gov.cn/a/xi-zang-zi-zhi-qu-shi-si-wu-shi-qi-fang-zhen-jian-zai-gui-hua.html.

（2）抢险救援能力提升工程，包括灾害抢险救援队伍建设、灾害抢险救援技术装备建设、灾害抢险救援物资保障建设、应急资源综合管理信息化建设。（3）自然灾害应急综合保障能力提升工程，包括自然灾害应急科技支撑力量建设、防灾减灾科普宣教基地建设、自然灾害保险服务能力建设①。

再如《西藏自治区"十四五"时期防震减灾规划》明确西藏自治区"十四五"时期防震减灾的重点项目包括拉萨市及川藏铁路沿线地震灾害监测预警工程项目、西藏地震监测能力提升项目、地震灾害风险调查和重点隐患排查工程项目、区域房屋抗震设防能力初判项目、城市地震活动断层探测项目、西藏自治区地震应急处置能力提升项目、第二次青藏高原科考地球物理学分项项目②。

（六）防灾减灾规划保障措施

以《"十四五"国家综合防灾减灾规划》为例，其明确规定"十四五"时期我国综合防灾减灾的保障措施是：（1）强化组织领导。各地区、各有关部门要把实施本规划作为防范化解重大安全风险的重要任务，结合实际编制本地区和本行业的防灾减灾规划或实施方案，细化任务分工和阶段目标，明确责任主体，加强与年度计划的衔接。（2）强化资金保障。完善政府投入、分级分类负责的防灾减灾救灾经费保障机制和应急征用补偿机制；基本建设、设备购置、信息化建设等资金，按照中央与地方财政事权和支出责任划分原则，在充分利用现有资源的基础上合理安排。（3）强化考核评估。建立规划实施的管理、监测和评估制度，将规划任务落实情况作为对地方和部门工作督查的重要内容；国家减灾委员会办公室组织开展规划实施评估，

---

① 国家减灾委员会. "十四五"国家综合防灾减灾规划［EB/OL］.（2022-06-19）［2022-06-19］. https://www.gov.cn/zhengce/zhengceku/2022-07/22/content_5702154.htm.

② 西藏自治区地震局. 西藏自治区"十四五"时期防震减灾规划［EB/OL］.（2021-12-06）［2023-11-29］. https://www.xizdzj.gov.cn/a/xi-zang-zi-zhi-qu-shi-si-wu-shi-qi-fang-zhen-jian-zai-gui-hua.html.

分析实施进展情况并提出改进措施^①。

四、增强新时代自然灾害防减规划协同衔接

以往我国自然灾害防灾减灾规划之间存在着衔接不够的问题。鉴于此，我国在制定自然灾害防灾减灾规划时，强调要注重各种自然灾害防灾减灾规划之间的协同与衔接。

2019年10月25日，国家综合防灾减灾"十四五"规划编制领导小组第一次会议强调，编制国家综合防灾减灾"十四五"规划，要注重与之前的规划有效衔接，体现规划的延续性、时代性、创新性；要与自然灾害防治9项重点工程^②有效衔接，体现中央推进防灾减灾救灾体制机制改革意见的精神；要与部门专项规划和地方专项规划有效衔接，推动建立定位准确、边界清晰、功能互补、统一衔接的综合防灾减灾规划体系^③。

根据国家综合防灾减灾"十四五"规划编制领导小组第一次会议精神要求，国家减灾委员会在制定防灾减灾规划时高度重视各类规划的协同与衔接问题。例如国家减灾委员会印发的《"十四五"国家综合防灾减灾规划》强调要加强防灾减灾各类规划之间的协同与衔接，将安全和韧性、灾害风险评估等纳入国土空间规划编制要求，划示灾害风险区，统筹划定雨洪风险控制线等重要控制线；统筹城乡和区域（流域）防洪排涝等基础设施建设和公

---

① 国家减灾委员会. "十四五"国家综合防灾减灾规划［EB/OL］. （2022-06-19）［2022-06 19］. https://www. gov. cn/zhengce/zhengceku/2022-07/22/content_5702154. htm.

② 自然灾害防治9项重点工程是指灾害风险调查和重点隐患排查工程、重点生态功能区生态修复工程、海岸带保护修复工程、地震易发区房屋设施加固工程、防汛抗旱水利提升工程、地质灾害综合治理和避险移民搬迁工程、应急救援中心建设工程、自然灾害监测预警信息化工程、自然灾害防治技术装备现代化工程。

③ 应急管理部风险监测和综合减灾司. 国家综合防灾减灾"十四五"规划编制工作启动［EB/OL］. （2019-10-25）［2019-10-25］. http://www. mem. gov. cn/xw/bndt/201910/t20191025_339613. shtml.

共服务布局，结合区域生态网络布局城市生态廊道，形成连续、完整、系统的生态保护格局。中国气象局、国家发展改革委印发的《全国气象发展"十四五"规划》强调要做好与《中华人民共和国国民经济和社会发展第十四个五年规划和2035年远景目标纲要》的衔接，做好与省级规划、区域规划、专项规划的协调，确保总体要求一致，空间配置和时序安排协调有序。此前，国家林业局、国家发展改革委、财政部联合印发的《全国森林防火规划（2016—2025年）》强调要加强本规划与相关领域专项规划之间的衔接，确保各相关规划目标一致、各有侧重、协调互补；省级森林防火专项规划应与本规划做好衔接。水利部、国家发展改革委、财政部等部门联合印发的《全国水土保持规划（2015—2030年）》强调地方各级政府根据《全国水土保持规划》确定的工作目标和任务，结合地方实际情况，组织编制相应规划并纳入本级国民经济和社会发展规划。

第四章

新时代我国自然灾害应急预案体系

本章阐释了自然灾害应急预案类型、自然灾害应急预案特点、自然灾害应急预案框架、完善新时代自然灾害应急预案管理等问题，强调制定和实施自然灾害应急预案有助于对自然灾害作出及时响应和处置，避免自然灾害扩大或升级，最大限度地减少自然灾害造成的损失，同时有利于提高全社会居安思危、积极防范灾害的风险意识。

一、自然灾害应急预案类型

自然灾害应急预案是指各级人民政府及其部门、基层组织、企事业单位等为依法、迅速、科学、有序应对自然灾害，最大程度减少自然灾害及其造成的损害而预先制定的方案。自然灾害应急预案大体可以划分为国家自然灾害总体应急预案、专项应急预案、部门应急预案，地方自然灾害总体应急预案、专项应急预案、部门应急预案等类型。

（一）国家自然灾害总体应急预案

2024年1月20日，国务院办公厅印发的《国家自然灾害救助应急预案》（以下简称《预案》）属于国家自然灾害总体应急预案。该《预案》是全国自然灾害应急预案体系的总纲，适用于跨省级行政区域，或超出事发地省级人民政府处置能力的，或者需要由国务院负责处置的重特大自然灾害的应对工作。该《预案》对国家层面自然灾害救助工作的组织指挥体系[1]进行了明确规定，即规定了新整合设立的国家防灾减灾救灾委员会职责，规定了国家防灾减灾救灾委员会办公室的职责。该组织指挥体系的特点如下。

1. 突出防灾减灾救灾一体化。《预案》中关于国家防灾减灾救灾委员会的职能，除了明确其"负责统筹指导全国的灾害救助工作，协调开展重特大自然灾害救助活动"，还规定了"贯彻落实党中央、国务院决策部署，统筹指导、协调和监督全国防灾减灾救灾工作，研究审议国家防灾减灾救灾的重大政策、重大规划、重要制度以及防御灾害方案并负责组织实施，指导建立自然灾害防治体系"等内容。其主要考虑的是，灾害救助工作要靠防灾减灾救灾全链条能力提升来综合支撑，要系统推进防灾减灾救灾重大政策、规划和制度机制创新，进一步有效发挥减少灾害风险、妥善应对重特大灾害、有

---

① 自然灾害救助组织指挥体系是指负责统筹协调救灾救助工作的一个整体性组织指挥架构和运行机制。

序推进灾后恢复重建等灾害防范应对全流程的作用。

2. 发挥国家防灾减灾救灾委员会牵头抓总作用。《预案》明确国家防灾减灾救灾委员会职能，充分发挥国家防灾减灾救灾委员会对全国防灾减灾救灾工作的牵头抓总、综合统筹、指导督促作用，推动有关指挥部和成员单位发挥专业优势、行业优势，落实会商研判、响应启动等职责任务，切实提高"统"的综合性、权威性，构建统一指挥、统筹协调、各涉灾部门协调联动、协同应对的指挥机制，明确了其在防灾减灾救灾工作中的统筹指导、协调和监督作用以及在相关政策制度、法律法规、体系建设、科普培训、国际交流等工作中的具体职责。

3. 强调国家防灾减灾救灾委员会办公室组织协调职能。《预案》规定了国家防灾减灾救灾委员会办公室的职责，其主要考虑的是确保国家防灾减灾救灾委员会各项决策顺利实施，在推动防灾减灾救灾工作有效落实中起到桥梁和纽带作用。《预案》对国家防灾减灾救灾委员会办公室的主要职能定位是沟通联络、政策协调、信息通报，具体包括组织开展灾情会商评估、灾害救助等5个方面职责内容，这有利于提高国家防灾减灾救灾委员会的执行力和决策效率[1]。

（二）国家自然灾害专项应急预案

2022年5月30日，国务院办公厅印发的《国家防汛抗旱应急预案》（以下简称《预案》）属于国家自然灾害专项应急预案。该《预案》明确了国家防汛抗旱应急预案编制的指导思想、基本依据、适用范围，以及应对防汛抗旱的工作原则等问题。该《预案》规定：（1）国家防汛抗旱应急的组织指挥体系包括国家防汛抗旱总指挥部、流域防汛抗旱总指挥部、地方各级人民政府防汛抗旱指挥部、其他防汛抗旱指挥机构；（2）国家防汛抗旱应急的预防和预警机制包括预防预警信息、预防预警行动、预警支持系统、预警响

---

[1] 王一鸣,连巧玉,李群,等.《国家自然灾害救助应急预案》修订解读[J].中国应急管理,2024(5)：38.

应衔接；（3）国家防汛抗旱应急的响应机制包括应急响应的总体要求、一级至四级应急响应的条件及行动、不同灾害的应急响应措施、信息报送和处理、指挥和调度、抢险救灾、安全防护和医疗救护、社会力量动员与参与、信息发布、应急终止；（4）国家防汛抗旱应急的保障机制包括通信与信息保障、应急支援与装备保障、技术保障、宣传、培训和演练；（5）国家防汛抗旱应急的善后工作，包括救灾、防汛抗旱物资补充、水毁工程修复、蓄滞洪区运用补偿、灾后重建、工作评价与灾害评估①。

2012年9月21日，国务院应急管理办公室发布的《国家地震应急预案》（以下简称《预案》）属于国家自然灾害专项应急预案。该《预案》明确了国家地震应急预案的编制目的、编制依据、适用范围，以及应对地震灾害的工作原则、组织体系、监测报告、恢复重建等问题。该《预案》规定：（1）国家地震应急响应内容包括搜救人员、开展医疗救治和卫生防疫、安置受灾群众、抢修基础设施、加强现场监测、防御次生灾害、维护社会治安、开展社会动员、加强涉外事务管理、发布信息、开展灾害调查与评估、应急结束；（2）国家地震应急响应指挥与协调内容包括特别重大地震灾害、重大地震灾害、较大地震灾害、一般地震灾害发生后地方和国家的应急处置措施；（3）国家地震应急响应保障内容包括队伍保障、指挥平台保障、物资与资金保障、避难场所保障、基础设施保障、宣传培训与演练。该《预案》还规定了对港澳台地震灾害应急、海域地震事件应急、火山灾害事件应急、对国外地震及火山灾害事件应急等问题②。

2020年10月26日，国务院办公厅印发的《国家森林草原火灾应急预案》（以下简称《预案》）属于国家自然灾害专项应急预案。该《预案》明确了国家森林草原火灾应急预案编制的指导思想、编制依据、适用范围，以及应对森林草原火灾的工作原则、组织指挥体系、处置力量、预警和信息报告、

---

① 国务院办公厅. 国家防汛抗旱应急预案［EB/OL］.（2022-05-30）［2022-05-30］. https://www.gov. cn/gongbao/content/2022/content_5701571. htm.

② 国务院应急管理办公室. 国家地震应急预案［J］. 中华人民共和国国务院公报，2012（28）：17-23.

综合保障、后期处置、主要任务、应急响应等问题。该《预案》的"附件"规定了国家森林草原防灭火指挥部火场前线指挥部组成及任务分工，具体如下。

1. 综合协调组。综合协调组主要职责是传达贯彻党中央、国务院、中央军委指示；密切跟踪汇总森林草原火情和扑救进展，及时向中央报告，并通报国家森林草原防灭火指挥部各成员单位；综合协调内部日常事务，督办重要工作；视情协调国际救援队伍现场行动。

2. 抢险救援组。抢险救援组主要职责是指导灾区制定现场抢险救援方案和组织实施工作；根据灾情变化，适时提出调整抢险救援力量的建议；协调调度应急救援队伍和物资参加抢险救援；指导社会救援力量参与抢险救援；组织协调现场应急处置有关工作；视情组织国际救援队伍开展现场行动。

3. 医疗救治组。医疗救治组主要职责是组织指导灾区医疗救助和卫生防疫工作；统筹协调医疗救护队伍和医疗器械、药品支援灾区；组织指导灾区转运救治伤员、做好伤亡统计；指导灾区、安置点防范和控制各种传染病等疫情暴发流行。

4. 火灾监测组。火灾监测组主要职责是组织火灾风险监测，指导次生衍生灾害防范；调度相关技术力量和设备，监视灾情发展；指导灾害防御和灾害隐患监测预警。

5. 通信保障组。通信保障组主要职责是协调做好指挥机构在灾区时的通信和信息化组网工作；建立灾害现场指挥机构、应急救援队伍与应急部指挥中心以及其他指挥机构之间的通信联络；指导修复受损通信设施，恢复灾区通信。

6. 交通保障组。交通保障组主要职责是统筹协调做好应急救援力量赴灾区和撤离时的交通保障工作；指导灾区道路抢通抢修；协调抢险救灾物资、救援装备以及基本生活物资等交通保障。

7. 军队工作组。军队工作组主要职责是参加国家层面军地联合指挥，加强现地协调指导，保障军委联合指挥作战中心与国家森林草原防灭火指挥部建立直接对接。

8. 专家支持组。专家支持组主要职责是组织现场灾情会商研判，提供技术支持；指导现场监测预警和隐患排查工作；指导地方开展灾情调查和灾损评估；参与制定抢险救援方案。

9. 灾情评估组。灾情评估组主要职责是指导开展灾情调查和灾时跟踪评估，为抢险救灾决策提供信息支持；参与制定救援救灾方案。

10. 群众生活组。群众生活组主要职责是制定受灾群众救助工作方案；下拨中央救灾款物并指导发放；统筹灾区生活必需品市场供应，指导灾区油、电、气等重要基础设施抢修；指导做好受灾群众紧急转移安置、过渡期救助和因灾遇难人员家属抚慰等工作；组织国内捐赠、国际援助接收等工作。

11. 社会治安组。社会治安组主要职责是做好森林草原火灾有关违法犯罪案件查处工作；指导协助灾区加强现场管控和治安管理工作；维护社会治安和道路交通秩序，预防和处置群体性事件，维护社会稳定；协调做好火场前线指挥部在灾区时的安全保卫工作。

12. 宣传报道组。宣传报道组主要职责是统筹新闻宣传报道工作；指导做好现场发布会和新闻媒体服务管理；组织开展舆情监测研判，加强舆情管控；指导做好科普宣传；协调做好党和国家领导同志在灾区现场指导处置工作的新闻报道[①]。

（三）国家自然灾害部门应急预案

2022年8月30日，自然资源部办公厅印发的《海洋灾害应急预案》（以下简称《预案》）属于国家自然灾害部门应急预案。该《预案》明确了应对海洋灾害的组织机构包括自然资源部办公厅、自然资源部海洋预警监测司、自然资源部国际合作司、自然资源部海区局、国家海洋环境预报中心、自然

---

① 国务院办公厅. 国家森林草原火灾应急预案 [J]. 中华人民共和国国务院公报，2020（34）：37-38.

资源部海洋减灾中心、国家卫星海洋应用中心。该《预案》把海洋灾害应急响应划分为Ⅰ级、Ⅱ级、Ⅲ级、Ⅳ级4个级别，明确海洋灾害应急响应级别主要依据海洋灾害警报级别确定，海洋灾害警报分为蓝、黄、橙、红四色，分别对应最低至最高警报级别。该《预案》规定海洋灾害应急响应程序包括形势预判、提前部署、应急响应（签发应急响应命令、加强组织管理、加密观测、应急会商与警报发布）、应急响应终止、信息公开、工作总结与评估等步骤①。

（四）地方自然灾害总体应急预案

山西省人民政府办公厅于2021年7月7日印发的《山西省自然灾害救助应急预案》、陕西省人民政府办公厅于2022年10月3日印发的《陕西省自然灾害救助应急预案》、河南省人民政府办公厅于2023年10月7日印发的《河南省自然灾害救助应急预案》（以上文件均简称为《预案》）都属于地方自然灾害总体应急预案。上述《预案》都明确了自然灾害救助应急预案的编制目的、编制依据、适用范围，以及应对自然灾害的工作原则、组织指挥体系、救援救助准备、灾情信息报告和发布、省级应急响应、灾后救助与恢复重建、保障措施等问题。三者的区别在于，《河南省自然灾害救助应急预案》（以下简称《预案》）不仅明确规定了应对自然灾害的组织指挥体系由省减灾委员会、救灾工作组、专家委员会构成，而且详细规定了救灾工作组的构成及职责。该《预案》规定：当发生重大、特别重大自然灾害时，在省减灾委统一领导下，适时启动省级自然灾害救助应急响应，由省减灾委视情成立综合协调、灾情管理、生活救助、物资保障、救灾捐赠、安全维稳、医疗防疫、新闻宣传、倒房重建等救灾工作组，具体开展自然灾害救灾救助工作。

1. 综合协调组。综合协调组的主要职责是与相关部门和地方党委、政府衔接自然灾害救助工作；统筹协调各工作组工作；发出自然灾害救助应急

---

① 自然资源部办公厅. 海洋灾害应急预案［Z］.2022-08-30：1-12. https://www. gov. cn/zhengce/zhengceku/2022-09/04/content_5708229. htm.

响应启动和终止通知；研究制定灾害救助相关政策措施和工作建议；汇总上报救灾措施及工作动态；依法依规对外发布灾情信息；督导检查救灾工作。综合协调组的牵头单位是省应急厅，成员单位包括省委宣传部、省发展改革委、公安厅、民政厅、财政厅、自然资源厅、住房城乡建设厅、水利厅、农业农村厅、气象局、地震局、省军区战备建设局、武警河南总队、省消防救援总队。

2. 灾情管理组。灾情管理组的主要职责是统计调查、核查评估、分析报送灾情信息；派出有专家参与的灾情核查工作组，现场核查评估灾区人员伤亡、财产损失及各类设施损毁情况；准备灾区地理信息数据，开展灾情监测和空间分析，提供灾区现场影像等应急测绘保障。灾情管理组的牵头单位是省应急厅，成员单位包括省工业和信息化厅、自然资源厅、生态环境厅、住房城乡建设厅、交通运输厅、水利厅、农业农村厅、统计局、林业局、气象局、地震局。

3. 生活救助组。生活救助组的主要职责是指导灾区政府做好受灾人员转移安置工作；制定落实受灾人员生活救助相关政策措施；拟定应急期、过渡期等救灾救助资金分配方案；按照程序申请和下拨救灾救助资金；指导灾区及时规范发放救灾救助资金。生活救助组的牵头单位是省应急厅，成员单位包括省发展改革委、民政厅、财政厅、住房城乡建设厅、商务厅。

4. 物资保障组。物资保障组的主要职责是收集灾区救灾物资需求信息；向灾区调运省级救灾物资；视情组织开展省级救灾物资紧急采购；申请和分拨中央救灾物资；指导灾区救灾物资发放和使用管理工作。物资保障组的牵头单位是省应急厅，成员单位包括省工业和信息化厅、民政厅、财政厅、交通运输厅、农业农村厅、商务厅、市场监管局、粮食和储备局、中国铁路郑州局集团、省机场集团。

5. 救灾捐赠组。救灾捐赠组的主要职责是根据需要启动救灾捐赠工作；指导协调社会公益组织开展救灾捐赠活动；统一接收和分配省内外救灾捐赠款物；指导灾区救灾捐赠款物发放工作。救灾捐赠组的牵头单位是省应急厅、民政厅，成员单位包括省财政厅、交通运输厅、农业农村厅、商务厅、市场监管局、红十字会、中国铁路郑州局集团、省机场集团。

6. 安全维稳组。安全维稳组的主要职责是组织调集警力驰援灾区；指导并协同灾区加强治安管理和安全保卫工作；依法打击各类违法犯罪活动；维护现场、周边社会治安和道路交通秩序。安全维稳组的牵头单位是省公安厅，成员单位包括省交通运输厅、应急厅、武警河南总队。

7. 医疗防疫组。医疗防疫组的主要职责是组织卫生救援队伍抢救伤员；帮助灾区采取措施防止和控制传染病暴发流行；向灾区紧急调拨必要的医疗器械和药品；检查、监测灾区和安置点的饮用水源、食品等基本生活必需品。医疗防疫组的牵头单位是省卫生健康委，成员单位包括省工业和信息化厅、应急厅、市场监管局、红十字会。

8. 新闻宣传组。新闻宣传组的主要职责是按照规定通过新闻媒体报道灾情和救灾工作，做好救灾宣传、舆论引导和管控工作。新闻宣传组的牵头单位是省委宣传部，成员单位包括省应急厅、广电局。

9. 倒房重建组。倒房重建组的主要职责是制定灾区因灾倒损住房恢复重建方案；按照程序确定补助对象，申请和下拨因灾倒损住房恢复重建补助资金；指导灾区规范使用补助资金。倒房重建组的牵头单位是省住房城乡建设厅、应急厅，成员单位包括省发展改革委、财政厅、自然资源厅、水利厅、农业农村厅[①]。

（五）地方自然灾害专项应急预案

2010年6月21日，海南省人民政府办公厅印发的《海南省风暴潮海浪和海啸灾害应急预案》（以下简称《预案》）属于地方自然灾害专项应急预案。该《预案》明确了风暴潮、海浪和海啸灾害应急预案的编制目的、编制依据、适用范围，以及应对风暴潮、海浪和海啸灾害的工作原则，应急组织

---

① 河南省人民政府办公厅. 河南省自然灾害救助应急预案 [J]. 河南省人民政府公报, 2024（1）: 5-6.

体系和职责，风暴潮、海浪和海啸应急响应标准，风暴潮、海浪和海啸灾害应急响应程序，灾后调查评估和总结，保障措施等问题。该《预案》规定：（1）特别重大海洋灾害，是指风暴潮、海浪、海啸等造成30人以上死亡，或者100人以上重伤，或者1亿元以上经济损失，对沿海重要城市或者50平方千米以上较大区域经济、社会和群众生产、生活等造成特别严重影响的。（2）重大海洋灾害，是指风暴潮、海浪、海啸等造成10人以上30人以下死亡，或者50人以上100人以下重伤，或者5 000万元以上1亿元以下经济损失，对沿海经济、社会和群众生产、生活等造成严重影响，对大型海上工程设施等造成重大损坏，或严重破坏海洋生态环境的。（3）较大海洋灾害，是指风暴潮、海浪、海啸等造成3人以上10人以下死亡，或者10人以上50人以下重伤，或者1 000万以上5 000万元以下经济损失，对沿海经济、社会和群众生产、生活等造成较大影响，对大型海上工程设施等造成较大损坏，或严重影响海洋生态环境的。（4）一般海洋灾害，是指风暴潮、海浪、海啸等造成3人以下死亡，或者10人以下重伤，或者1 000万以下经济损失，对沿海经济、社会和群众生产、生活以及对大型海上工程设施和海洋生态环境造成一定影响的[①]。

　　2021年12月18日，四川省人民政府办公厅印发的《四川省地震应急预案（试行）》（以下简称《预案》）属于地方自然灾害专项应急预案。该《预案》明确了四川省地震应急预案（试行）的编制目的、编制依据、适用范围，以及应对地震灾害的工作原则、组织指挥体系及主要职责、地震灾害分级应对、监测预报与预警、信息报告、先期处置、应急准备与支持等问题。该《预案》规定：按照破坏程度将地震灾害划分为特别重大、重大、较大、一般4个等级。（1）特别重大地震灾害。特别重大地震灾害是指造成300人以上死亡（含失踪），或者直接经济损失占全省上年地区生产总值1%以上的

---

① 海南省人民政府办公厅. 海南省风暴潮海浪和海啸灾害应急预案 [J]. 海南省人民政府公报, 2010（12）: 40.

地震灾害。特别重大地震灾害的初判指标是：人口密集地区[①]发生7级以上地震，或其他地区发生7.5级以上地震。（2）重大地震灾害。重大地震灾害是指造成50人以上、300人以下死亡（含失踪）或者造成严重经济损失的地震灾害。重大地震灾害的初判指标是：人口密集地区发生6.0～6.9级地震，或其他地区发生6.5～7.4级地震。（3）较大地震灾害。较大地震灾害是指造成10人以上、50人以下死亡（含失踪）或者造成较重经济损失的地震灾害。较大地震灾害的初判指标是：人口密集地区发生5.0～5.9级地震，或其他地区发生5.5～6.4级地震。（4）一般地震灾害。一般地震灾害是指造成10人以下死亡（含失踪）或者造成一定经济损失的地震灾害。一般地震灾害的初判指标是：人口密集地区发生4.0～4.9级地震，或其他地区发生4.5～5.4级地震[②]。

2023年8月9日，青海省人民政府办公厅印发的《青海省突发地质灾害应急预案》（以下简称《预案》）属于地方自然灾害专项应急预案。该《预案》明确了青海省突发地质灾害应急预案的编制目的、编制依据、适用范围，以及应对地质灾害的工作原则、组织指挥体系、监测与预警、应急处置与救援、恢复与重建、应急保障、预案管理等问题。该《预案》规定：突发地质灾害按照人员伤亡、经济损失的大小分为特别重大、重大、较大、一般等4个等级。（1）特别重大突发地质灾害。因灾死亡30人以上或因灾造成直接经济损失3 000万元以上的地质灾害。（2）重大突发地质灾害。因灾死亡10人以上、30人以下，或因灾造成直接经济损失500万元以上、3 000万元以下的地质灾害。（3）较大突发地质灾害。因灾死亡3人以上、10人以下，或因灾造成直接经济损失100万元以上、500万元以下的地质灾害。（4）一般突发地质灾害。因灾死亡3人以下，或因灾造成直接经济损失100万元以下的地质灾害[③]。

---

① 人口密集地区是指震中所在县市区人口平均密度高于200人/平方千米的地区，其他地区是指震中所在县市区人口平均密度低于200人/平方千米的地区。

② 四川省人民政府办公厅. 四川省地震应急预案（试行）[J]. 四川省人民政府公报，2022（2）：46.

③ 青海省人民政府办公厅. 青海省突发地质灾害应急预案 [J]. 青海省人民政府公报（汉文版），2023（15）：45-46.

（六）地方自然灾害部门应急预案

2023年9月22日，广东省自然资源厅印发的《广东省自然资源厅海洋灾害应急预案》（以下简称《预案》）属于地方自然灾害部门应急预案。该《预案》明确了广东省海洋灾害应急预案的编制依据与目的、适用范围，以及应对海洋灾害的组织机构及职责、应急响应启动及标准、应急响应程序、保障措施等问题。该《预案》的"附录"规定了海洋灾害警报发布标准，具体如下。

1. 风暴潮警报发布标准。（1）风暴潮蓝色警报。受热带气旋或温带天气系统影响，预计未来受影响区域内有一个或一个以上有代表性的验潮站的高潮位达到蓝色警戒潮位，应发布风暴潮蓝色警报。预计未来24小时内热带气旋将登陆广东省沿海地区，或在离岸100千米以内（指热带气旋中心位置），即使受影响区域内有代表性的验潮站的高潮位低于蓝色警戒潮位，也应发布风暴潮蓝色警报。（2）风暴潮黄色警报。受热带气旋或温带天气系统影响，预计未来受影响区域内有一个或一个以上有代表性的验潮站的高潮位达到黄色警戒潮位，应发布风暴潮黄色警报。（3）风暴潮橙色警报。受热带气旋或温带天气系统影响，预计未来受影响区域内有一个或一个以上有代表性的验潮站的高潮位达到橙色警戒潮位，应发布风暴潮橙色警报。（4）风暴潮红色警报。受热带气旋或温带天气系统影响，预计未来受影响区域内有一个或一个以上有代表性的验潮站的高潮位达到红色警戒潮位，应发布风暴潮红色警报。

2. 海浪警报发布标准。（1）海浪蓝色警报。受热带气旋或温带天气系统影响，预计未来24小时受影响近岸海域出现2.5～3.5（不含）米有效波高时，应发布海浪蓝色警报。（2）海浪黄色警报。受热带气旋或温带天气系统影响，预计未来24小时受影响近岸海域出现3.5～4.5（不含）米有效波高，或者近海预报海域出现6.0～9（不含）米有效波高时，应发布海浪黄色警报。（3）海浪橙色警报。受热带气旋或温带天气系统影响，预计未来24

小时受影响近岸海域出现4.5～6（不含）米有效波高，或者近海预报海域出现9.0～14（不含）米有效波高时，应发布海浪橙色警报。（4）海浪红色警报。受热带气旋或温带天气系统影响，预计未来24小时受影响近岸海域出现达到或超过6.0米有效波高，或者近海预报海域出现达到或超过14米有效波高时，应发布海浪红色警报。

3. 海啸警报发布标准。（1）海啸黄色警报。受地震或其他因素影响，预计海啸波将会在广东省沿岸产生0.3（含）～1米的海啸波幅，发布海啸黄色警报。（2）海啸橙色警报。受地震或其他因素影响，预计海啸波将会在广东省沿岸产生1（含）～3米的海啸波幅，发布海啸橙色警报。（3）海啸红色警报。受地震或其他因素影响，预计海啸波将会在广东省沿岸产生3.0（含）米以上的海啸波幅，发布海啸红色警报[①]。

二、自然灾害应急预案特点

自然灾害应急预案作为自然灾害的应对方案，要求其在体系上具有完整性，在内涵上具有科学性，在对象上具有针对性，在应用上具有操作性，在制定上具有规范性。

（一）自然灾害应急预案体系的完整性

自然灾害具有种类多、分布广、损失大等特点，应急预案体系必须覆盖影响各领域、各行业的各种类型的自然灾害，具有完整性的特点。

1. 自然灾害应急预案要纵向到底。《中华人民共和国突发事件应对法》规定：国家建立健全突发事件应急预案体系，即国务院制定国家突发事件总体应急预案，组织制定国家突发事件专项应急预案；国务院有关部门根据各自的职责和国务院相关应急预案，制定国家突发事件部门应急预案并报国务

---

① 广东省自然资源厅. 广东省自然资源厅海洋灾害应急预案[EB/OL].（2023-09-22）[2023-09-25]. https://nr.gd.gov.cn/zwgknew/tzgg/tz/content/post_4258467.html.

院备案；地方各级人民政府和县级以上地方人民政府有关部门根据有关法律、法规、规章、上级人民政府及其有关部门的应急预案以及本地区、本部门的实际情况，制定相应的突发事件应急预案并按国务院有关规定备案。《自然灾害救助条例》规定：县级以上地方人民政府及其有关部门应当根据有关法律、法规、规章，上级人民政府及其有关部门的应急预案以及本行政区域的自然灾害风险调查情况，制定相应的自然灾害救助应急预案。《中华人民共和国防震减灾法》规定：国务院地震工作主管部门会同国务院有关部门制定国家地震应急预案，国务院有关部门制定本部门的地震应急预案，县级以上地方人民政府及其有关部门和乡、镇人民政府制定本行政区域的地震应急预案和本部门的地震应急预案。

2. 自然灾害应急预案要横向到边。《中华人民共和国防震减灾法》规定：交通、铁路、水利、电力、通信等基础设施和学校、医院等人员密集场所的经营管理单位，以及可能发生次生灾害的核电、矿山、危险物品等生产经营单位，制定地震应急预案。

3. 自然灾害应急预案要外延到点。城镇社区和农村居民点是自然灾害应对处置的前沿，也是自然灾害应急能力最薄弱的地方。只有将自然灾害应急预案覆盖到这些节点，才能将自然灾害应急管理延伸到每一户、每一个人。城镇社区和农村居民点可以在上级政府的指导下，针对可能出现的自然灾害，制定简明扼要、简便易行的应急预案，做到应急有预案、救援有队伍、联动有机制、善后有措施[1]。

（二）自然灾害应急预案内涵的科学性

自然灾害应急预案是应对和处置自然灾害的行动指南，其内涵必须具有相当的科学性，表述清晰准确，逻辑系统严密，措施权威科学。

1. 自然灾害应急预案的系统性。应急预案应当完整包括灾前、灾发、

---

① 湖南省生态环境厅. 应急管理概论（五）应急预案［EB/OL］.（2011-12-28）［2011-12-28］. http://sthjt.hunan.gov.cn/xxgk/zdly/yjgl/zyzs/201112/t20111228_4667219.html.

灾中、灾后各个环节，明确每个环节所要做的工作，谁来做、怎样做、何时做、做什么，逻辑结构要严密，层层递进，让人一看就懂。各级各类自然灾害应急预案相互之间也应有序衔接，构成一个完整体系。起草自然灾害应急预案时，各级各部门各单位一定要密切联系沟通，注意预案的严密性和系统性。

2. 自然灾害应急预案的权威性。应急预案应当符合党和国家的方针政策，体现新时代中国特色社会主义要求和习近平总书记关于防灾减灾救灾重要论述精神，符合有关法律、法规、规章，依法规范，具有权威性；明确自然灾害应急管理体系、组织机构以及职责任务等一系列行政性管理规定，以保证自然灾害防治应急工作的统一指挥。

3. 自然灾害应急预案的科学性。应对和处置自然灾害是一项复杂的系统工程，不同类型的自然灾害涉及不同门类的专业知识，同一类型自然灾害由于时空等具体条件的不同，处置的措施也有不同。因此，必须在全面调查研究的基础上，开展系统分析和论证，制定出科学的处置方案，使自然灾害应急预案建立在科学的基础上，严密统一、协调有序、高效快捷地应对自然灾害[①]。

（三）自然灾害应急预案对象的针对性

各级各类自然灾害应急预案的作用和功能是不尽相同的。编制应急预案应注重针对性，有的放矢，针对具体情况及所要达到的目的和功能来组织编制应急预案，如果照搬照抄，依葫芦画瓢，所制定的应急预案必然是流于形式，一纸空文。

1. 自然灾害应急预案要切合实际。一旦发生自然灾害，应急预案必须既能用，又管用。因此，一定要符合实际情况，反映自身特点，切忌生搬硬套。各地各部门各单位在编制自然灾害应急预案时，在具体内容、操作程

---

① 湖南省生态环境厅. 应急管理概论（五）应急预案 [EB/OL]. （2011-12-28）[2011-12-28]. http://sthjt.hunan.gov.cn/xxgk/zdly/yjgl/zyzs/201112/t20111228_4667219.html.

序、行动方案上一般不作统一规定，要针对本地区自然灾害的现状和趋势进行深入细致的调查研究，发现自然灾害的特点和规律，明确重点，研究制定应急预案。

2.自然灾害应急预案要衔接互鉴。一方面，研究国家自然灾害应急预案精神和要点，吸收其精华，尽量在框架体系、主要内容上与国家预案对接，做到上下相衔接；学习各地各部门应急预案，吸收其成功经验，有条件的还可以吸取和借鉴国外的有益做法和经验。另一方面，研究过去应对自然灾害的案例，分析比较成功经验或失败教训，从中归纳出符合实际、行之有效的做法，把经过实践检验的好做法，包括经验习惯提炼上升为科学、规范的应急预案，使之更具针对性、实效性。

3.自然灾害应急预案要有所侧重。不同类别应急预案的作用和功能不同，在编制原则上也应有所侧重，避免"千篇一律"。一般来说，政府总体应急预案应体现在"原则指导"上；专项应急预案应体现在"专业应对"上；部门应急预案应体现在"部门职能"上；基层单位应急预案应体现在"具体行动"上；重大活动应急预案应体现在"预防措施"上[1]。

（四）自然灾害应急预案应用的操作性

自然灾害应急预案不是用来应付检查的，更不是管理者用来推卸责任的，而是在关键时候用来救人性命、解决问题的。因此，应急预案必须能用、管用，在提高质量上下功夫，使之具有很强的现实可操作性。

1.自然灾害应急预案的明确性。应急预案内容一般都涉及预防应对、善后处理、责任奖惩等具体问题，文本必须准确无误、表述清楚，对自然灾害事前、事发、事中、事后的各个环节都有明确、充分的阐述，不能模棱两可，产生歧义。每个应急预案的分类分级标准尽可能量化，职能职责定位要尽可能具体，避免在应急预案应用中出现职责不清、推诿扯皮等情况。自然

---

[1]　湖南省生态环境厅.应急管理概论（五）应急预案［EB/OL］.（2011-12-28）［2011-12-28］. http://sthjt.hunan.gov.cn/xxgk/zdly/yjgl/zyzs/201112/t20111228_4667219.html.

灾害的发展扩散往往瞬息万变，如果因为应急预案规定不清楚而造成应急救援行动无法协调一致，延误了最佳处置时机，后果可能相当严重。

2. 自然灾害应急预案的实用性。切实可用是应急预案的根本所在。编制应急预案就是要实事求是、实际管用，要始终把握关键环节，例如只写以现有能力和资源为基础能做到的，不写未来建设目标和规划内容等做不到的；从实际出发设置组织指挥体系，与应急处置工作相适应，不强求千篇一律；根据实际情况确定应急响应级别，不强求上下一致等。

3. 自然灾害应急预案的精练性。编制应急预案在篇幅上要坚持"少而精"的原则，内容上不面面俱到，文字上不贪多求全，力求主题鲜明、内容翔实、结构严谨、文字简练。凡是与应急预案主题无关的内容不写，一切官话、套话、空话、废话统统去掉，做到短小精悍、言简意赅[1]。

（五）自然灾害应急预案制定的规范性

自然灾害应急预案本身就是规范性文件，因此应急预案的编制程序、体例格式等方面应力求规范、标准。

1. 自然灾害应急预案编制程序规范。应急预案的编制要有一定的程序，特别是由各级政府及其组成部门制定的各类总体、专项和部门应急预案，在应急预案体系中占有主体地位，更应规范编制程序。一般应先行出台编制方案，对各类应急预案从立项、起草、审批、印发、发布、备案等编制程序作出明确规定，对应急预案发布实施后的更新、修订提出要求，对应急预案的宣传、培训和演练等动态管理内容提出指导性意见。

2. 自然灾害应急预案内容结构规范。虽然应急预案文本没有固定格式，但基本内容无外乎总则、组织指挥体系、预警预防机制、应急响应、善后工作、应急保障、监督管理、附则等8个方面。因此，应急预案编制还是要对结构框架、呈报手续、体例格式、字体字形、相关附件等作出基本规定。在

---

① 湖南省生态环境厅. 应急管理概论（五）应急预案［EB/OL］.（2011-12-28）［2011-12-28］. http://sthjt.hunan.gov.cn/xxgk/zdly/yjgl/zyzs/201112/t20111228_4667219.html.

预案拟写方面，从预案内容、政策规定、部门协调、行文规范等提出严格要求；在呈报手续方面，规定预案需附主办部门请示、部门专家意见、上级机关相关预案以及有关资料等。这样，编制预案既确保体系内容的完整性，又提高编制效率。

3. 自然灾害应急预案体例格式规范。在各地各部门编制的应急预案中经常出现名称前后不统一，提法前后矛盾，附件过多过长，序号排列混乱等体例格式问题，影响了应急预案的严肃性和权威性，因此应基本统一应急预案编制标准，从格式、字体、用纸等作出相应规范①。

三、自然灾害应急预案框架

自然灾害应急预案一般由总则、组织指挥体系、灾害救助准备、灾情信息报告和发布、国家应急响应、灾后救助、保障措施、附则等内容构成。以《国家自然灾害救助应急预案》为例，说明各级各类自然灾害救助应急预案的框架结构。

（一）总则

自然灾害应急预案总则包括应急预案的编制目的（编制应急预案的重要意义）、编制依据（相关法律法规、政策规定等）、适用范围（应急预案只在制定单位管辖地域和职责范围适用，要级别明确）、工作原则（要求明确具体）等内容。例如《国家自然灾害救助应急预案》规定其编制目的是，以习近平新时代中国特色社会主义思想为指导，深入贯彻落实习近平总书记关于防灾减灾救灾工作的重要指示批示精神，加强党中央对防灾减灾救灾工作的集中统一领导，按照党中央、国务院决策部署，建立健全自然灾害救助体系和运行机制，提升救灾救助工作法治化、规范化、现代化水平，提高防灾

① 湖南省生态环境厅. 应急管理概论（五）应急预案［EB/OL］.（2011-12-28）［2011-12-28］. http://sthjt. hunan. gov. cn/xxgk/zdly/yjgl/zyzs/201112/t20111228_4667219. html.

减灾救灾和灾害处置保障能力，最大程度减少人员伤亡和财产损失，保障受灾群众基本生活，维护受灾地区社会稳定。《国家自然灾害救助应急预案》规定其编制依据是，《中华人民共和国防洪法》《中华人民共和国防震减灾法》《中华人民共和国气象法》《中华人民共和国森林法》《中华人民共和国草原法》《中华人民共和国防沙治沙法》《中华人民共和国红十字会法》《自然灾害救助条例》以及突发事件总体应急预案、突发事件应对有关法律法规等。《国家自然灾害救助应急预案》规定其适用范围是，我国境内遭受重特大自然灾害时国家层面开展的灾害救助等工作。《国家自然灾害救助应急预案》规定其工作原则是，坚持人民至上、生命至上，切实把确保人民生命财产安全放在第一位落到实处；坚持统一指挥、综合协调、分级负责、属地管理为主；坚持党委领导、政府负责、社会参与、群众自救，充分发挥基层群众性自治组织和公益性社会组织的作用；坚持安全第一、预防为主，推动防范救援救灾一体化，实现高效有序衔接，强化灾害防抗救全过程管理①。

（二）组织指挥体系

自然灾害应急预案组织指挥体系是应急预案的重点内容，应急预案的主要功能就是建立统一、有序、高效的指挥和运行机制，要明确各级应急组织机构的职责、权利和义务。例如《国家自然灾害救助应急预案》规定：国家自然灾害救助应急组织指挥体系由国家防灾减灾救灾委员会、国家防灾减灾救灾委员会办公室、专家委员会构成，并明确了各自的职责。其中，国家防灾减灾救灾委员会办公室的职责是负责与相关部门、地方的沟通联络、政策协调、信息通报等，组织开展灾情会商评估、灾害救助等工作，协调落实相关支持政策和措施，即组织开展灾情会商核定、灾情趋势研判及救灾需求评估；协调解决灾害救助重大问题，并研究提出支持措施，推动相关成员单位加强与受灾地区的工作沟通；调度灾情和救灾工作进展动态，按照有关规定

---

① 国务院办公厅. 国家自然灾害救助应急预案[J]. 中华人民共和国国务院公报，2024（6）：48-49.

统一发布灾情以及受灾地区需求，并向各成员单位通报；组织指导开展重特大自然灾害损失综合评估，督促做好倒损住房恢复重建工作；跟踪督促灾害救助重大决策部署的贯彻落实，推动重要支持措施落地见效，做好中央救灾款物监督和管理，完善救灾捐赠款物管理制度①。

（三）灾害救助准备

自然灾害应急预案灾害救助准备是根据灾害预警预报信息，对可能出现的灾情进行预评估，并提前采取应对措施。例如《国家自然灾害救助应急预案》规定：国家防灾减灾救灾委员会办公室根据灾害预警预报信息，结合可能受影响地区的自然条件、人口和经济社会发展状况，对可能出现的灾情进行预评估，当可能威胁人民生命财产安全、影响基本生活，需要提前采取应对措施时，视情采取以下一项或多项措施：向可能受影响的省区市防灾减灾救灾委员会或应急管理部门通报预警预报信息，提出灾害救助准备工作要求；加强应急值守，密切跟踪灾害风险变化和发展趋势，对灾害可能造成的损失进行动态评估，及时调整相关措施；做好救灾物资准备，紧急情况下提前调拨，启动与交通运输、铁路、民航等部门和单位的应急联动机制，做好救灾物资调运准备；提前派出工作组，实地了解灾害风险，检查指导各项灾害救助准备工作；根据工作需要，向国家防灾减灾救灾委员会成员单位通报灾害救助准备工作情况，重要情况及时向党中央、国务院报告；向社会发布预警及相关工作开展情况②。

（四）灾情信息报告和发布

自然灾害应急预案中的灾情信息报告和发布是县级以上应急管理部门按照党中央、国务院关于突发灾害事件信息报送的要求，以及《自然灾害情况统计调查制度》《特别重大自然灾害损失统计调查制度》等有关规定，做好

---

① 国务院办公厅. 国家自然灾害救助应急预案［J］. 中华人民共和国国务院公报，2024（6）：49.
② 国务院办公厅. 国家自然灾害救助应急预案［J］. 中华人民共和国国务院公报，2024（6）：49-50.

灾情信息统计报送、核查评估、会商核定、信息共享、信息发布等工作。例如《国家自然灾害救助应急预案》关于灾情信息报告的规定如下。

1. 地方各级应急管理部门应严格落实灾情信息报告责任，健全工作制度，规范工作流程，确保灾情信息报告及时、准确、全面，坚决杜绝迟报、瞒报、漏报、虚报灾情信息等情况。

2. 地方各级应急管理部门在接到灾害事件报告后，应在规定时限内向本级党委和政府以及上级应急管理部门报告。县级人民政府有关涉灾部门应及时将本行业灾情通报同级应急管理部门。接到重特大自然灾害事件报告后，地方各级应急管理部门应第一时间向本级党委和政府以及上级应急管理部门报告，同时通过电话或国家应急指挥综合业务系统及时向应急管理部报告。

3. 通过国家自然灾害灾情管理系统汇总上报的灾情信息，要按照《自然灾害情况统计调查制度》和《特别重大自然灾害损失统计调查制度》等规定报送，首报要快，核报要准。特殊紧急情况下（如断电、断路、断网等），可先通过卫星电话、传真等方式报告，后续及时通过系统补报。

4. 地震、山洪、地质灾害等突发性灾害发生后，遇有死亡和失踪人员相关信息认定困难的情况，受灾地区应急管理部门应按照因灾死亡和失踪人员信息"先报后核"的原则，第一时间先上报信息，后续根据认定结果进行核报。

5. 受灾地区应急管理部门要建立因灾死亡和失踪人员信息比对机制，主动与公安、自然资源、交通运输、水利、农业农村、卫生健康等部门沟通协调；对造成重大人员伤亡的灾害事件，及时开展信息比对和跨地区、跨部门会商。部门间数据不一致或定性存在争议的，会同相关部门联合开展调查并出具调查报告，向本级党委和政府报告，同时抄报上一级应急管理部门。

6. 重特大自然灾害灾情稳定前，相关地方各级应急管理部门执行灾情24小时零报告制度，逐级上报上级应急管理部门。灾情稳定后，受灾地区应急管理部门要及时组织相关部门和专家开展灾情核查，客观准确核定各类灾害损失，并及时组织上报。

7. 对于干旱灾害，地方各级应急管理部门应在旱情初显、群众生产生活受到一定影响时，初报灾情；在旱情发展过程中，每10日至少续报一次灾情，直至灾情解除；灾情解除后及时核报。

8. 县级以上人民政府要建立健全灾情会商制度，由县级以上人民政府防灾减灾救灾委员会或应急管理部门针对重特大自然灾害过程、年度灾情等，及时组织相关涉灾部门开展灾情会商，通报灾情信息，全面客观评估、核定灾情，确保各部门灾情数据口径一致。灾害损失等灾情信息要及时通报本级防灾减灾救灾委员会有关成员单位①。

（五）国家应急响应

自然灾害应急预案应急响应是应急预案的核心内容，即应急组织指挥体系应用反馈机制，合理应用应急力量和资源，把握时机强化控制力度，防止事态恶化；对已发生的事件，将其破坏力和影响范围控制在最低级别。一般包括应急响应级别、启动条件、启动程序、响应措施、响应联动、响应终止等内容。例如《国家自然灾害救助应急预案》规定：根据自然灾害的危害程度、灾害救助工作需要等因素，国家自然灾害救助应急响应分为一级、二级、三级、四级，其中一级响应级别最高。以"一级响应"为例，其启动条件是：发生重特大自然灾害，一次灾害过程出现或经会商研判可能出现下列情况之一的，可启动一级响应，即（1）一省区市死亡和失踪200人以上可启动响应，其相邻省区市死亡和失踪160人以上200人以下的可联动启动；（2）一省区市紧急转移安置和需紧急生活救助200万人以上；（3）一省区市倒塌和严重损坏房屋30万间或10万户以上；（4）干旱灾害造成缺粮或缺水等生活困难，需政府救助人数占该省区市农牧业人口30%以上或400万人以上。"一级响应"的启动程序是：灾害发生后，国家防灾减灾救灾委员会办公室经分析评估，认定灾情达到启动条件，向国家防灾减灾救灾委员会提出

①　国务院办公厅.国家自然灾害救助应急预案[J].中华人民共和国国务院公报,2024（6）：50-51.

启动一级响应的建议，国家防灾减灾救灾委员会报党中央、国务院决定。必要时，党中央、国务院直接决定启动一级响应[①]。

"一级响应"的响应措施是国家防灾减灾救灾委员会主任组织协调国家层面灾害救助工作，指导支持受灾省区市灾害救助工作。国家防灾减灾救灾委员会及其成员单位采取以下措施。

1. 会商研判灾情和救灾形势，研究部署灾害救助工作，对指导支持受灾地区救灾重大事项作出决定，有关情况及时向党中央、国务院报告。

2. 派出由有关部门组成的工作组，赴受灾地区指导灾害救助工作，核查灾情，慰问受灾群众。根据灾情和救灾工作需要，应急管理部可派出先期工作组，赴受灾地区指导开展灾害救助工作。

3. 汇总统计灾情。国家防灾减灾救灾委员会办公室及时掌握灾情和救灾工作动态信息，按照有关规定统一发布灾情，及时发布受灾地区需求。国家防灾减灾救灾委员会有关成员单位做好灾情、受灾地区需求、救灾工作动态等信息共享，每日向国家防灾减灾救灾委员会办公室报告有关情况。必要时，国家防灾减灾救灾委员会专家委员会组织专家开展灾情发展趋势及受灾地区需求评估。

4. 下拨救灾款物。财政部会同应急管理部迅速启动中央救灾资金快速核拨机制，根据初步判断的灾情及时预拨中央自然灾害救灾资金。灾情稳定后，根据地方申请和应急管理部会同有关部门对灾情的核定情况进行清算，支持做好灾害救助工作。国家发展改革委及时下达灾后应急恢复重建中央预算内投资。应急管理部会同国家粮食和储备局紧急调拨中央生活类救灾物资，指导、监督基层救灾应急措施落实和救灾款物发放。交通运输、铁路、民航等部门和单位协调指导开展救灾物资、人员运输与重要通道快速修复等工作，充分发挥物流保通保畅工作机制作用，保障各类救灾物资运输畅通和人员及时转运。

---

① 国务院办公厅. 国家自然灾害救助应急预案 [J]. 中华人民共和国国务院公报，2024 (6)：51-52.

5. 投入救灾力量。应急管理部迅速调派国家综合性消防救援队伍、专业救援队伍投入救灾工作，积极帮助受灾地区转移受灾群众、运送发放救灾物资等。国务院国资委督促中央企业积极参与抢险救援、基础设施抢修恢复等工作，全力支援救灾工作。中央社会工作部统筹指导有关部门和单位，协调组织志愿服务力量参与灾害救助工作。军队有关单位根据国家有关部门和地方人民政府请求，组织协调解放军、武警部队、民兵参与救灾，协助受灾地区人民政府做好灾害救助工作。

6. 安置受灾群众。应急管理部会同有关部门指导受灾地区统筹安置受灾群众，加强集中安置点管理服务，保障受灾群众基本生活。国家卫生健康委、国家疾控局及时组织医疗卫生队伍赴受灾地区协助开展医疗救治、灾后防疫和心理援助等卫生应急工作。

7. 恢复受灾地区秩序。公安部指导加强受灾地区社会治安和道路交通应急管理。国家发展改革委、农业农村部、商务部、市场监管总局、国家粮食和储备局等有关部门做好保障市场供应工作，防止价格大幅波动。应急管理部、国家发展改革委、工业和信息化部组织协调救灾物资装备、防护和消杀用品、药品和医疗器械等生产供应工作。金融监管总局指导做好受灾地区保险理赔和金融支持服务。

8. 抢修基础设施。住房城乡建设部指导灾后房屋建筑和市政基础设施工程的安全应急评估等工作。水利部指导受灾地区水利水电工程设施修复、蓄滞洪区运用及补偿、水利行业供水和村镇应急供水工作。国家能源局指导监管范围内的水电工程修复及电力应急保障等工作。

9. 提供技术支撑。工业和信息化部组织做好受灾地区应急通信保障工作。自然资源部及时提供受灾地区地理信息数据，组织受灾地区现场影像获取等应急测绘，开展灾情监测和空间分析，提供应急测绘保障服务。生态环境部及时监测因灾害导致的生态环境破坏、污染、变化等情况，开展受灾地区生态环境状况调查评估。

10. 启动救灾捐赠。应急管理部会同民政部组织开展全国性救灾捐赠活动，指导具有救灾宗旨的社会组织加强捐赠款物管理、分配和使用；会同外交部、海关总署等有关部门和单位办理外国政府、国际组织等对我中央政府的国际援助事宜。中国红十字会总会依法开展相关救灾工作，开展救灾募捐等活动。

11. 加强新闻宣传。中央宣传部统筹负责新闻宣传和舆论引导工作，指导有关部门和地方建立新闻发布与媒体采访服务管理机制，及时组织新闻发布会，协调指导各级媒体做好新闻宣传。中央网信办、广电总局等按职责组织做好新闻报道和舆论引导工作。

12. 开展损失评估。灾情稳定后，根据党中央、国务院关于灾害评估和恢复重建工作的统一部署，应急管理部会同国务院有关部门，指导受灾省（自治区、直辖市）人民政府组织开展灾害损失综合评估工作，按有关规定统一发布灾害损失情况。

13. 国家防灾减灾救灾委员会其他成员单位按照职责分工，做好有关工作。

14. 国家防灾减灾救灾委员会办公室及时汇总各部门开展灾害救助等工作情况并按程序向党中央、国务院报告[①]。

（六）灾后救助

自然灾害应急预案灾后救助就是对过渡期生活救助，倒损住房恢复重建，冬春救助的范围、内容、资金等问题作出规定。例如《国家自然灾害救助应急预案》对过渡期生活救助的规定是：（1）灾害救助应急工作结束后，受灾地区应急管理部门及时组织将因灾房屋倒塌或严重损坏需恢复重建无房可住人员、因次生灾害威胁在外安置无法返家人员、因灾损失严重缺少生活来源人员等纳入过渡期生活救助范围。（2）对启动国家自然灾害救助应急响应的灾害，国家防灾减灾救灾委员会办公室、应急管理部要指导受灾地区应急管理部门统计摸排受灾群众过渡期生活救助需求情况，明确需救助

---

① 国务院办公厅. 国家自然灾害救助应急预案[J]. 中华人民共和国国务院公报，2024（6）：52-53.

人员规模，及时建立台账，并统计生活救助物资等需求。（3）根据省级财政、应急管理部门的资金申请以及需救助人员规模，财政部会同应急管理部按相关政策规定下达过渡期生活救助资金。应急管理部指导做好过渡期生活救助的人员核定、资金发放等工作，督促做好受灾群众过渡期基本生活保障工作。（4）国家防灾减灾救灾委员会办公室、应急管理部、财政部监督检查受灾地区过渡期生活救助政策和措施的落实情况，视情通报救助工作开展情况[①]。

（七）保障措施

自然灾害应急预案保障措施就是对自然灾害救助的资金保障、物资保障、通信和信息保障、装备和设施保障、人力资源保障、社会动员保障、科技保障、宣传和培训等问题作出规定。例如《国家自然灾害救助应急预案》对自然灾害救助科技保障的规定是：（1）建立健全应急减灾卫星、气象卫星、海洋卫星、资源卫星、航空遥感等对地监测系统，发展地面应用系统和航空平台系统，建立基于遥感、地理信息系统、模拟仿真、计算机网络等技术的"天地空"一体化灾害监测预警、分析评估和应急决策支持系统。开展地方空间技术减灾应用示范和培训工作。（2）组织应急管理、自然资源、生态环境、交通运输、水利、农业农村、卫生健康、林草、地震、消防救援、气象等方面专家开展自然灾害综合风险普查，及时完善全国自然灾害风险和防治区划图，制定相关技术和管理标准。（3）支持鼓励高等院校、科研院所、企事业单位和社会组织开展灾害相关领域的科学研究，加强对全球先进应急装备的跟踪研究，加大技术装备开发、推广应用力度，建立合作机制，鼓励防灾减灾救灾政策理论研究。（4）利用空间与重大灾害国际宪章、联合国灾害管理与应急反应天基信息平台等国际合作机制，拓展灾害遥感信息资源渠道，加强国际合作。（5）开展国家应急广播相关技术、标准

---

① 国务院办公厅. 国家自然灾害救助应急预案 [J]. 中华人民共和国国务院公报, 2024 (6)：58.

研究，建立健全国家应急广播体系，实现灾情预警预报和减灾救灾信息全面立体覆盖。通过国家突发事件预警信息发布系统及时向公众发布灾害预警信息，综合运用各类手段确保直达基层一线[①]。

（八）附则

自然灾害应急预案附则包括术语解释、责任与奖惩、预案管理、参照情形、预案实施时间等内容。例如《国家自然灾害救助应急预案》对预案管理的规定是：（1）本预案由应急管理部负责组织编制，报国务院批准后实施。预案实施过程中，应急管理部应结合重特大自然灾害应对处置情况，适时召集有关部门和专家开展复盘、评估，并根据灾害救助工作需要及时修订完善。（2）有关部门和单位可根据实际制定落实本预案任务的工作手册、行动方案等，确保责任落实到位。（3）地方各级党委和政府的防灾减灾救灾综合协调机构，应根据本预案修订本级自然灾害救助应急预案，省级预案报应急管理部备案。应急管理部加强对地方各级自然灾害救助应急预案的指导检查，督促地方动态完善预案。（4）国家防灾减灾救灾委员会办公室协调国家防灾减灾救灾委员会成员单位制定本预案宣传培训和演练计划，并定期组织演练。（5）本预案由国家防灾减灾救灾委员会办公室负责解释[②]。

四、完善新时代自然灾害应急预案管理

完善新时代自然灾害应急预案管理，就是要加强新时代自然灾害应急预案的建设与管理工作，加强新时代自然灾害应急预案的规划与编制工作，加强新时代自然灾害应急预案的审批与发布工作，加强新时代自然灾害应急预案的评估与修订工作。

加强新时代自然灾害应急预案的建设与管理工作，即国务院统一领导全

---

① 国务院办公厅. 国家自然灾害救助应急预案[J]. 中华人民共和国国务院公报，2024（6）：62.

② 国务院办公厅. 国家自然灾害救助应急预案[J]. 中华人民共和国国务院公报，2024（6）：63.

国应急预案体系建设和管理工作，县级以上地方人民政府负责领导本行政区域内应急预案体系建设和管理工作；自然灾害应对有关部门在各自职责范围内，负责本部门（行业、领域）应急预案管理工作；县级以上人民政府应急管理部门负责指导应急预案管理工作，综合协调应急预案衔接工作；国务院应急管理部门统筹协调各地区各部门应急预案数据库管理，推动实现应急预案数据共享共用；各地区各部门负责本行政区域、本部门（行业、领域）应急预案数据管理；县级以上人民政府及其有关部门要注重运用信息化数字化智能化技术，推进应急预案管理理念、模式、手段、方法等创新，充分发挥应急预案牵引应急准备、指导处置救援的作用[①]。

　　加强新时代自然灾害应急预案的规划与编制工作，即应急预案编制规划要根据国民经济和社会发展规划、自然灾害应对工作实际，适时予以调整。（1）编制应急预案要依据有关法律、法规、规章和标准，紧密结合实际，在开展风险评估、资源调查、案例分析的基础上进行。（2）政府及其有关部门在应急预案编制过程中，应当广泛听取意见，组织专家论证，做好与相关应急预案及国防动员实施预案的衔接。涉及其他单位职责的，应当书面征求意见。必要时，向社会公开征求意见。（3）单位和基层组织在应急预案编制过程中，应根据法律法规要求或实际需要，征求相关公民、法人或其他组织的意见[②]。

　　加强新时代自然灾害应急预案的审批与发布工作，即应急预案编制工作小组或牵头单位要将应急预案送审稿、征求意见情况、编制说明等有关材料报送应急预案审批单位。（1）国家总体应急预案按程序报党中央、国务院审批，以党中央、国务院名义印发。专项应急预案由预案编制牵头部门送应急管理部衔接协调后，报国务院审批，以国务院办公厅或者有关应急指挥机构名义印发。部门应急预案由部门会议审议决定、以部门名义印发，涉及其他部门职责的可与有关部门联合印发；必要时，可以由国务院办公厅转

---

①　国务院办公厅.突发事件应急预案管理办法 [J].中华人民共和国国务院公报，2024（6）：30.

②　国务院办公厅.突发事件应急预案管理办法 [J].中华人民共和国国务院公报，2024（6）：32-33.

发。（2）地方各级人民政府总体应急预案按程序报本级党委和政府审批，以本级党委和政府名义印发。专项应急预案按程序送本级应急管理部门衔接协调，报本级人民政府审批，以本级人民政府办公厅（室）或者有关应急指挥机构名义印发。部门应急预案审批印发程序按照本级人民政府和上级有关部门的应急预案管理规定执行。（3）重大活动保障应急预案、巨灾应急预案由本级人民政府或其部门审批，跨行政区域联合应急预案审批由相关人民政府或其授权的部门协商确定，并参照专项应急预案或部门应急预案管理。（4）单位和基层组织应急预案须经本单位或基层组织主要负责人签发，以本单位或基层组织名义印发，审批方式根据所在地人民政府及有关行业管理部门规定和实际情况确定①。

加强新时代自然灾害应急预案的评估与修订工作，即应急预案编制单位要建立应急预案定期评估制度，分析应急预案内容的针对性、实用性和可操作性等，实现应急预案的动态优化和科学规范管理。有下列情形之一的，应当及时修订应急预案：（1）有关法律、法规、规章、标准、上位预案中的有关规定发生重大变化的；（2）应急指挥机构及其职责发生重大调整的；（3）面临的风险发生重大变化的；（4）重要应急资源发生重大变化的；（5）在突发事件实际应对和应急演练中发现问题需要作出重大调整的；（6）应急预案制定单位认为应当修订的其他情况②。

---

① 国务院办公厅. 突发事件应急预案管理办法［J］. 中华人民共和国国务院公报，2024（6）：33-34.
② 国务院办公厅. 突发事件应急预案管理办法［J］. 中华人民共和国国务院公报，2024（6）：35-36.

第五章

新时代我国自然灾害监测预警体系

本章阐释了气象水文灾害监测预警、地质地震灾害监测预警、海洋灾害观测监测预警、生物灾害监测预警、生态环境灾害监测预警、强化新时代自然灾害综合监测预警系统建设等问题，强调要针对多灾种集聚和灾害链特征日益凸显的现实，加快推进卫星遥感、大数据、云计算、物联网等技术融合创新应用，提高灾害预报预警的时效性和准确性。

一、气象水文灾害监测预警

新中国成立初期，我国气象灾害监测预警体系基础十分薄弱。在百废待兴中，中央人民政府将气象工作纳入重要议程。1949年12月，中央军委气象局[①]成立并确定了"建设、统一、服务"的方针，开始推进气象台站网络的建设。1953年，中央决定将气象部门由军委系统转为政府系统建制，从中央到地方设立气象业务管理机构，并根据生产建设需要加速了气象台站和高空气象探测业务的建设。从此，气象服务兼顾国防建设和经济建设，并逐渐以保障国民经济生产为主要任务，气象台站的建设进入了新阶段。到1957年底，全国共建成1 653个气象台站，69个探空站，65个高空测风站[②]，初步建成了地面气象观测、高空气象观测、气象通信、气象预报服务网络。

20世纪60—70年代，受"文化大革命"影响，我国气象事业遭到严重破坏。然而，在党中央、国务院的支持下，我国在天气雷达、气象卫星研发等一些领域仍然取得了进展。711和713天气雷达网络开始建设并逐渐成型，气象卫星事业也进入起步阶段，卫星云图在各气象台站得到广泛应用，气象通信能力随之提升。同时，统计预报领域也有所发展，数值预报进入起步期。

1979年底至1980年初召开的全国气象局长会议明确提出要把气象工作的重点转移到以提高气象服务经济效益为中心的轨道上来，转移到气象现代化建设上来。1980年3月，中央气象局召开加速气象现代化建设座谈会，并决定成立气象事业长期规划领导小组和专业组以推进此项工作。1982年，国务院批准的新时期我国气象工作的方针是：积极推进气象科学技术现代化，提高灾害性天气的监测预报能力，准确及时地为经济建设和国防建设服务，以

---

① 1953年，中央军委气象局转制更名为中央气象局；1982年，中央气象局更名为国家气象局；1993年，国家气象局更名为中国气象局。

② 中国气象局. 新中国气象事业60年主要成就和基本经验[EB/OL]. （2009-09-25）[2009-09-25]. https://www.gov.cn/gzdt/2009-09/25/content_1426343.htm.

农业服务为重点，不断提高服务的经济效益[①]。

1984年1月，全国气象局长会议审议通过的《气象现代化建设发展纲要》提出要建设符合中国国情、布局合理、协调发展且具备一定现代化水平的多种探测方式有机结合的大气综合探测系统、多层次和多种通信手段并存的综合气象电信系统、基于计算机的气象数据自动处理和信息检索系统、以数值预报为基础并结合多种预报方法的天气预报业务系统，以及综合利用多种气象服务手段和现代传播工具的气象服务系统，这明确了新时期气象业务发展的任务和方向，加快了气象业务现代化的进程。

1985年，"中期数值天气预报业务系统"被确定为"七五"计划的重点工程项目，国产银河巨型计算机在数值天气预报业务中展现了强大动能。1988年9月7日，我国发射第一颗极轨气象卫星风云一号A星。这是我国自行研制和发射的第一颗极地轨道气象卫星，也是我国第一颗传输型极轨遥感卫星，标志着我国已跻身世界少数几个有能力自行研制、发射和运行气象卫星国家的行列。

1991年，我国首个"中期数值天气预报业务系统"正式建成并投入业务运行，我国天气预报时效从3天延长至7天，预报产品数量持续增加，预报准确率逐步提升。此后，气象卫星综合应用业务系统工程、气象卫星工程、新一代多普勒雷达工程、大气监测自动化系统工程和短期气候预测业务系统等一批核心工程相继启动，中尺度自动气象站网的建设进展顺利，第二代中期数值预报业务系统全球谱模式（T63和T106）以及新一代天气预报人机交互处理系统（MICAPS）相继投入业务使用。1997年6月10日，我国成功发射了首颗静止气象卫星风云二号A星，该卫星在监测台风和海洋天气、暴雨预报、防汛服务、青藏高原上空天气系统分析、航空气象保障及气候变化等方面发挥了重要作用。

进入21世纪，我国开启了大气监测自动化系统工程的建设，建设内容主

---

① 中共中国气象局党组. 党领导新中国气象事业发展的历史经验与启示[EB/OL]. （2021-09-13）[2021-09-13]. http://he. cma. gov. cn/xwdt/ttxw/202109/t20210913_3812849. html.

要包括地面自动气象观测网、高空自动气象观测网、特种气象观测网和技术支持保障等4部分。到2008年底，2 259个国家级地面气象观测站实现了基本气象要素的自动化观测，建设了25 420个区域气象观测站，实现了每小时甚至每10分钟实时资料上传、下发，全国资料共享[①]。

2006年1月12日，国务院印发的《关于加快气象事业发展的若干意见》强调要加快建设综合气象观测系统，加强气候观测系统、气象卫星系统和天气雷达、雷电监测网、农村和重点林区及海域气象站网等基础设施建设，提高综合气象观测能力和水平；完善气象预报预测系统，以提高天气、气候预报预测准确率为核心，完善气象预报预测业务系统，提高预报预测水平；建立气象灾害预警应急体系，增强对农林业病虫害、地质灾害、沙尘暴灾害、森林草原火灾等自然灾害的气象预警能力[②]。

2010年1月，国家发展改革委和中国气象局联合印发的《国家气象灾害防御规划（2009—2020年）》强调要提高气象灾害综合探测能力，建成由地基、空基、天基观测系统组成的气象灾害立体观测网，实现对气象灾害的全天候、高时空分辨率、高精度的综合立体性连续监测；完善气象灾害信息网络，推进气象通信网络的升级换代，使实时探测资料的收集、传输和分发时效达到分钟级，建成国际先进的分布式气象信息存储与共享系统，信息提取和共享能力达到同期国际先进水平；提高气象灾害预警能力，加强数值预报业务系统建设，建设千万亿次/秒量级高性能计算机系统，自主研发国际先进水平的精细化数值预报模式；加强气象灾害预警信息发布，综合运用多种手段、多种渠道使气象灾害预警信息及时有效传递给公众，尤其是人员密集场所的群众[③]。

---

① 李黄. 大气探测：从人工、地面到自动、三度空间的飞跃[EB/OL].（2013-03-13）[2013-03-13]. http://www. weather. com. cn/zt/kpzt/1820087. shtml.

② 国务院. 关于加快气象事业发展的若干意见[J]. 中华人民共和国国务院公报，2007（25）：8.

③ 国家发展改革委，中国气象局. 国家气象灾害防御规划[Z].2010-01：12-14. https://www. ndrc. gov. cn.

与此同时，我国水文灾害监测预警体系建设也在同步推进。据国务院新闻办2009年5月发布的《中国的减灾行动》白皮书显示：我国水文和洪水监测预警预报体系建设成果显著，已完成了由3 171个水文站、1 244个水位站、14 602个雨量站、61个水文实验站和12 683眼地下水测井组成的水文监测网的建设，并构建了洪水预警预报系统、地下水监测系统、水资源管理系统和水文水资源数据系统[①]。"十二五"期间，我国水文部门贯彻落实"大水文"的发展理念，推进山洪灾害易发区和重点防治区的水文监测预警体系建设，提升雨量和水位数据采集的自动化水平，把雷达、卫星和遥感等新技术广泛应用于水文监测预警；依托水文巡测基地和水质监测中心，强化应急监测设备配置，提高巡测及应急监测的能力，持续提高水文灾害预测预报预警能力。

为实现气象水文监测预警体系的高质量发展，国务院及其所属部委发布了一系列重要政策文件，形成了新时代气象水文灾害监测预警体系建设的顶层设计。例如2013年11月18日，国家发展改革委、财政部、住房城乡建设部等9个部门联合印发的《国家适应气候变化战略》强调要建立和完善保障重大基础设施正常运行的灾害监测预警体系，向大中型水利工程提供暴雨、旱涝、风暴潮和海浪等预警，向通信及输电系统提供高温、冰雪、山洪、滑坡、泥石流等灾害的预警，向城市生命线系统提供内涝、高温、冰冻的动态信息和温度剧变的预警，向交通运输等部门提供大风、雷电、浓雾、暴雨、洪水、冰雪、风暴潮、海浪、海冰等灾害的预警，构建系统完备的灾害监测预警体系，为提高国家适应气候变化能力提供了保障[②]。

2015年8月19日，中国气象局印发了《全国气象现代化发展纲要（2015—2030年）》（以下简称《纲要》）。该《纲要》强调要强化综合气象观测能力，推进综合观测业务，发展天地空相结合的网格化、立体综合观测技术，

---

① 国务院新闻办. 中国的减灾行动 [N]. 人民日报, 2009-05-12.

② 国家发展改革委, 财政部, 住房城乡建设部, 等. 国家适应气候变化战略 [EB/OL]. （2013-11-18）[2013-11-18]. https://www.ndrc.gov.cn/xxgk/zcfb/tz/201312/W020190905508233311675.pdf.

研制新型观测设备与方法，实现自动观测、设备自检定和数据流传输；完善天气观测网功能，建成稳定运行的高精度基本气候变量观测站网；优化和完善气象雷达观测网和风云卫星组网观测，完善海洋气象综合观测系统，基本消除气象灾害监测盲区[①]。该《纲要》强调要提高气象预报预测水平，推进数值预报模式，发展全球/区域数值模式动力框架等核心技术，改进全球和区域高分辨率资料同化业务系统，完善高分辨率数值天气预报业务系统；建立面向次季节—季节—年尺度的海—陆—冰—气耦合的高分辨率气候预测模式；建立耦合物理、化学、生态等多种过程的地球系统模式；发展建立天气气候一体化模式[②]。

2021年11月24日，中国气象局、国家发展改革委联合印发了《全国气象发展"十四五"规划》（以下简称《规划》）。该《规划》强调要构建"陆海空天"一体化综合立体观测网络，发展精密气象监测。

1. 提升气象卫星观测能力。继续发展第二代风云气象卫星，形成风云三号黎明星、上午星、下午星和降水测量星组网观测、风云四号光学星"组网观测、在轨备份"的业务格局；发展风云四号微波星。

2. 完善天气雷达观测。补充S波段和X波段双偏振天气雷达，完善气象雷达网，开展新一代天气雷达技术升级和双偏振技术改造；发展大型相控阵天气雷达技术；发展多波段天气雷达，推进技术发展和业务应用；提升雷达应用、保障、培训、新技术研究和试验能力。

3. 优化自动站网布局。建立自动气象站、垂直探空等观测装备迭代升级机制；在重点易发灾地区、人口聚居地区监测盲区和天气系统上游地区加密地面气象观测、探空观测、地基垂直遥感观测等，发展空基移动气象观测；加强全球气候变暖对我国承受力脆弱地区影响的观测，完善气候观象台及大气

[①] 中国气象局. 全国气象现代化发展纲要（2015—2030年）[EB/OL].（2015-08-19）[2015-08-19]. https://www.gov.cn/gongbao/content/2016/content_5036290.htm.

[②] 中国气象局. 全国气象现代化发展纲要（2015—2030年）[EB/OL].（2015-08-19）[2015-08-19]. https://www.gov.cn/gongbao/content/2016/content_5036290.htm.

本底站布局，强化温室气体及碳观测等；加强农业、雷电、交通、能源、生态等专业气象观测能力；完善空间气象观测[1]。

2021年，中国气象局启动了气象监测预警补短板工程。工程旨在提高气象要素的垂直监测水平，提升雷达观测覆盖率，增强突发性和灾害性天气的监测预警能力，重点围绕观测系统和数值预报应用的观测资料处理等任务，在全国27个省级气象局、国家气象中心、国家气象信息中心等单位展开。工程建设主要内容包括在长江流域等地更新1 500套超期服役自动气象站，新建500套自动气象站于重点防汛区域；在中西部等地区新建20套地基遥感垂直观测系统；在西南地区、长江流域等地新建60套X波段天气雷达系统。同时，推进地基遥感观测资料和雷达资料的同化应用预处理，提升数值预报能力[2]。

通过两年的建设，完善了气象监测系统，首次在全国大范围建设具备北斗通信传输能力的六要素智能自动气象观测站，大幅提升了青藏高原东部边坡地带、地形复杂的偏远乡村、七大流域的重点防汛河段等重点地区的防汛减灾能力；新建垂直观测系统观测要素时间分辨率达到分钟级，有效弥补了传统探空观测的不足，提升了中小尺度天气过程的捕获能力；首次大规模部署的X波段天气雷达增强了1千米以下低空探测能力，实现了"大雷达警戒、小雷达精细化观测"的协同效果。在实际应用中，新建的X波段天气雷达对暴雨、大风等灾害性天气的预警提前量显著提升，例如湛江徐闻县的暴雨预警提前量达95分钟，武汉荆门的强对流天气预警提前量达35分钟，为突发性气象灾害的预警提供了有力支持[3]。

新时代，我国气象观测业务取得了显著进展，已基本建成全球最大的

---

[1] 中国气象局,国家发展改革委.全国气象发展"十四五"规划 [Z].2021-11-24: 21. http://gs. cma. gov. cn/zfxxgk/zwgk/ghjh/202112/t20211208_4295610. html.

[2] 王亮.中国气象局推进监测预警补短板工程建设 [N].中国气象报,2021-08-04.

[3] 闫辰宇,刘倩,梁丽,等.织密织牢安全网——气象监测预警补短板工程建设效益凸显 [EB/OL].（2024-09-23）[2024-09-23]. https://www.cma. gov. cn/2011xwzx/ywfw/202409/t20240923_6600470. html.

综合气象观测系统。截至2022年，在综合监测网络上，已建成由7个大气本底站、25个气候观象台、超7万个地面自动气象观测站、120个高空气象观测站、236部新一代天气雷达和7颗在轨运行风云气象卫星构成的综合气象观测系统，实现乡镇地面气象观测站100%覆盖；在地面监测能力上，全面进入自动化观测时代，观测频次提高4至8倍，数据量增加5倍以上，数据传输速度优化至秒级，观测数据输送完整率达99%以上；在雷达监测能力上，已建成世界上规模最大、最有影响力的气象雷达网，近地面1千米覆盖范围超220万平方千米，雷达数据传输时效从8分钟缩短到50秒，并基本实现了软硬件设施国产化；在卫星监测能力上，7颗在轨风云气象卫星已实现高低轨组网观测，使我国成为同时运行黎明、上午、下午、倾斜4条近地轨道气象卫星的国家，产品服务于全球124个国家和地区[①]。截至2024年，我国已建成由7.6万余个地面自动气象观测站、409个海岛站、120个高空气象观测站、2架高空大型无人机、546部天气雷达、9颗在轨风云气象卫星等组成的综合气象观测系统，风云卫星为全球132个国家和地区提供高质量气象服务[②]。

　　新时代，我国加快推进现代化雨水情监测预报体系建设，推动水文灾害监测预警体系高质量发展。该体系建设聚焦"两项重点"，即现代化水文信息感知与监测设备、基于现代化水文信息感知与监测数据的分析计算数学模型。在硬件方面，通过部署卫星遥感、无人机、雷达等技术，实现"天空地水工"一体化监测；在软件方面，开发基于现代监测数据的分析计算模型，提供多层次预报服务。同时，以流域为单元构建雨水情监测预报"三道防线"：第一道防线由气象卫星和测雨雷达加降雨预报模型等组成，实现"云中雨"监测预报；第二道防线由雨量站加产汇流水文模型等组成，实现"落

① 李悦，文科，简菊芳，等. 我国基本建成全球最大综合气象观测系统［EB/OL］.（2022-09-14）［2022-09-14］. https://www.cma.gov.cn/ztbd/2022zt/20220929/2022092605/202209/t20220929_5113153.html.

② 高雅丽. 超7.6万个地面气象观测站！我国综合气象观测体系更完善［EB/OL］.（2024-09-30）［2024-09-30］. https://www.cma.gov.cn/2011xwzx/2011xmtjj/202409/t20240930_6622340.html.

地雨"监测；第三道防线由水文站加洪水演进水动力学模型组成，实现本站洪水测报。通过不断提升预报、预警、预演、预案的"四预"能力，为洪水灾害防御提供科学精准的决策支持[①]。在2024年珠江流域北江特大洪水期间，水利部门通过"第一道防线"提前2天预报可能发生50年一遇的特大洪水，利用"第二道防线"提前1天更新预报洪水重现期为100年一遇，并在主要支流出现洪峰后通过"第三道防线"进行下游洪水演进预报，为北江洪水调度提供了超前精准的决策支持[②]。

二、地质地震灾害监测预警

地质地震灾害监测预警体系主要包括地质灾害监测预警和地震灾害监测预警，地质灾害监测预警体系始建于1999年，地震灾害监测预警体系始建于1957年。

（一）地质灾害监测预警

1999年，国土资源部开展了全国地质灾害严重地区灾害隐患的调查——全国县（市）地质灾害调查与区划。这项旨在"摸清家底"的全国地质灾害隐患调查项目，为后续我国建设地质灾害监测预警体系奠定了坚实基础。全国县（市）地质灾害调查与区划项目的主要内容包括在各调查县（市）划定地质灾害易发区，建立地质灾害群测群防网络；编制重大地质灾害防治预案，并建立县级地质灾害信息系统；在编制县级地质灾害防治规划建议的基础上，建立全国地质灾害信息系统。该项目历时7年，调查了全国700多个县（市），完成11万处地质灾害点的调查，确定地质灾害隐患点10.4万处。在此基础上，首次在全国范围内建立了统一的地质灾害调查信息平台——县

① 刘诗平. 我国加快建设现代化雨水情监测预报体系［EB/OL］.（2024-06-05）［2024-06-05］. https://www.gov.cn/lianbo/bumen/202406/content_6955508.htm.

② 李国英. 推进我国防洪安全体系和能力现代化［J］. 求是，2024（17）：71-72.

（市）地质灾害调查综合研究与信息系统，建立了从野外调查数据录入、数据检验、数据入库、数据库管理、成果演示的信息化工作流程，实现了地质灾害群测群防信息的网上浏览和动态更新，为各级政府开展地质灾害防治提供了有力支撑[①]。

2003年11月24日，中华人民共和国国务院令第394号发布的《地质灾害防治条例》规定：国家建立地质灾害监测网络和预警信息系统；地质灾害易发区的县、乡、村要加强地质灾害的群测群防工作；国家保护地质灾害监测设施；国家实行地质灾害预报制度[②]。随后，中国地质环境监测院制定了《2004年地质灾害气象预报预警实施方案》（以下简称《方案》）。该《方案》对地质灾害气象预报预警模型方法进行了改良：（1）通过采用最新的全国县（市）地质灾害调查结果，将灾害统计样本从原来的700多个增加到3 863个；（2）对2003年划分的全国28个地质灾害预警区进行了细化，重新划定为74个预警区，并为每个预警区建立了相应的预报预警判据；（3）开发了预报预警软件，实现数据的自动分析和预警等级的自动生成；（4）改善了数据传输方式，加快了数据传输速度；（5）推动了地质灾害气象预报预警会商制度和地质灾害信息反馈制度的建设[③]。

2007年12月7日，国土资源部印发了我国第一部关于地质灾害防治工作的规划——《全国地质灾害防治"十一五"规划》（以下简称《规划》），这标志着我国进入了地质灾害防治规划引领驱动监测预警体系建设的发展阶段。该《规划》强调在山区丘陵区建设突发性地质灾害监测网和在平原区建设缓变性地质灾害专业监测网，并要求三峡库区、西气东输、南水北调等重大工程的建设单位建立或委托建立专项地质灾害专业监测网[④]。"十一五"

① 范宏喜. 我国700个县市208万平方公里地灾隐患点10.4万处［EB/OL］.（2008-09-05）［2008-09-05］. https://www. gov. cn/gzdt/2008-09/05/content_1088472. htm.

② 国务院. 地质灾害防治条例［J］. 中华人民共和国国务院公报，2004（4）：5-6.

③ 范宏喜. 我国地质灾害气象预报成功率提升［EB/OL］.（2012-05-23）［2012-05-23］. https://www. cgs. gov. cn/ddztt/ddyw/dzzh/dzzf/201603/t20160309_287614. html.

④ 国土资源部. 全国地质灾害防治"十一五"规划［J］. 国土资源通讯，2008（1）：24.

期间，我国共建成1个国家级地质环境监测院、32个省级地质环境监测总站、233个市级监测分站和166个县级监测站；国家、30个省（区、市）、253个市、1 265个县开展了地质灾害气象预警预报；三峡库区建立了滑坡崩塌专业监测网，上海建立了地面沉降专业监测网，兰州、雅安等监测预警示范区发挥了重要作用；全国形成了10多万群测群防监测员组成的地质灾害人工防范监测网络[①]。

2012年4月19日，国土资源部印发的《全国地质灾害防治"十二五"规划》强调要建设突发性地质灾害专业监测预警系统、突发性地质灾害群测群防体系，加强缓变性地质灾害监测预警。"十二五"期间，全国31个省（区、市）、323个市（地、州）、1 880个县（市、区）开展了地质灾害气象预警预报工作；建立了由群测群防员实施的雨前排查、雨中巡查和雨后复查的群测群防"三查"工作制度，全国有29万多名群测群防员，实现地质灾害隐患点全覆盖，群测群防体系进一步完善；在三峡库区等地质灾害重点防治区建立专业监测站（点）近3 000个，建设完善国家级地质灾害监测预警研究示范基地15处[②]。

2016年12月28日，国土资源部印发的《全国地质灾害防治"十三五"规划》强调要构建群专结合的崩塌、滑坡、泥石流灾害监测预警网络，完善地面沉降地裂缝监测网络。

1. 构建群专结合的崩塌、滑坡、泥石流灾害监测预警网络。群专结合的崩塌、滑坡、泥石流灾害监测预警网络建设由地方政府负责，包括气象预警、群测群防和专业监测等三方面内容。（1）在气象预警方面，要求气象预警服务能力覆盖全国所有山地丘陵县（市、区）；（2）在群测群防方面，要求健全完善群测群防制度，实现隐患点群测群防全覆盖；（3）在专业监测方面，要求对威胁城镇、重大工程所在区域、交通干线及其他共3 000处重要地质灾害隐患点进行专业监测。

---

① 国土资源部. 全国地质灾害防治"十二五"规划[J]. 国土资源通讯, 2012（21）：22.
② 国土资源部. 全国地质灾害防治"十三五"规划[J]. 中国应急管理, 2016（12）：40.

2. 完善地面沉降地裂缝监测网络。（1）健全主要地面沉降区的现有监测网络，由地方政府负责；（2）在京津冀协同发展区、海岸带等重大战略区、铁路、高速公路、南水北调、油气管网等重大工程所在区域构建专项监测网，由中央政府和相关企业负责。

"十三五"期间，我国健全完善了县、乡、村、组四级群测群防体系，全国群测群防员达到29.1万名，基本实现了对直接威胁人员安全的重大地质灾害隐患的全面监控；在全国28 914处地质灾害隐患点布设了监测设备，在30个省（区、市）、332个市（地、州）、1 679个县（市、区）开展了汛期地质灾害气象风险预警，共发布国家级地质灾害气象风险预警产品843期；在长江三角洲、华北平原、汾渭盆地等地的13个省（区、市）共建成基岩标177个，分层标199组，水准监测点12 861个，GPS监测点1403个，GPS固定站205个，InSAR监测覆盖范围达75万平方千米[①]。

2019年，中国地质调查局地质环境监测院与20余家企事业单位合作，研发了6种用于监测地表形变与降雨的设备，建立了1个平台和系列标准，并在29处地质灾害隐患点进行了实验。2020年，四川、重庆、贵州、云南、陕西、湖南、甘肃、湖北、广东等9省（市）按照"提高可靠性、提高集成度、降低功耗、降低成本"的研发思路，完成了2 512处地质灾害监测预警实验点的设备安装和并网，滑坡仪I代正式定型，建成了地质灾害智能预警系统V1.0版。该系统成功预警了重庆云阳县团包滑坡、甘肃省陇南泻流坡滑坡等15处地质灾害。2021年，自然资源部开展了新一轮的监测预警实验，实验覆盖山西、浙江等17个省份，重点关注其中具有重大威胁且风险系数较高的2.2万余个隐患区段。5月25日，17个实验省份全部完成了仪器安装和联网工作，实际实施监测22 609处，完成任务数的102.8%，监测预警实验进入试运行阶段。该实验后续成功预警了四川广安、广西河池等地的11起地质灾害险情。历时3年的地质灾害监测预警实验使我国在技术装备、智能化水平、风险预警能力和地质灾害专群结合监测预警覆盖面等方面均取得显著进展，推

---

① 自然资源部. 全国地质灾害防治"十四五"规划［J］. 自然资源通讯，2023（1）：33.

动地质灾害监测预警工作走向科学化、规范化和标准化，这标志着我国已完成了"人防＋技防"①的地质灾害监测预警新格局的初步构建②。

2022年12月7日，自然资源部印发的《全国地质灾害防治"十四五"规划》（以下简称《规划》）强调要完善"人防+技防"地质灾害监测预警体系，提升地质灾害易发区内的市级、县级地质灾害气象风险预警预报能力，建设完成地质灾害隐患普适型监测点6万处，实现易发区县级地质灾害气象风险预警预报覆盖率达到100%。该《规划》坚持"人防"和"技防"并重的防治思路，在"人防"体系建设方面，要求实现地质灾害隐患点群测群防全覆盖，加强群测群防员遴选，并强化监测设备配备和技术培训；在"技防"体系建设方面，要求研究突破微机电、智能图像等新型传感器在地质灾害监测领域应用的共性关键技术，研究构建地质灾害监测预警北斗集成技术、多类型多参数高精度地质灾害预警预报模型和自适应预警技术等一系列地质灾害监测预警关键技术。

目前，我国"人防+技防"的地质灾害监测预警双重防护模式稳定运行。"人防"以基层监测员为主体，构建群测群防网络；"技防"则依托自动化监测预警设备，实现24小时不间断监测。在预警发布方面，采用四级预警机制（红、橙、黄、蓝），并实行72小时、24小时及短临预警的滚动发布机制，不断细化预警单元以提升预警精度。在主汛期，自然资源部要求各地自然资源部门密切关注雨情水情变化，与气象、水利、应急等部门加强滚动会商机制，跨部门协同完成灾情险情研判。同时，设立了地质灾害防治专家汛期分省驻守和机动防御响应制度，确保专业力量及时到位。监测数据则通过全国地质灾害监测预警系统实现快速汇聚和分析，为防灾减灾提供数据支撑③。

---

① "人防+技防"是指将人工防范（人防）与技术防范（技防）相结合所构建的综合性地质灾害防治模式。人工防范工作主要依靠群测群防员和基层组织的巡查、监测和预警；技术防范则利用现代科技手段，如遥感监测、地质勘查、自动化监测设备等，对地质灾害进行实时监测预警。
② 李慧.构建地质灾害监测预警新格局［N］.中国自然资源报，2021-06-21.
③ 常钦.如何提升地质灾害防治能力［N］.人民日报，2024-08-29.

（二）地震灾害监测预警

1969年，国务院成立中央地震工作小组。1971年8月2日，国务院决定撤销中央地震工作小组办公室，成立国家地震局，作为中央地震工作小组的办事机构。1998年，经国务院批准，国家地震局更名为中国地震局，成为管理全国地震工作的国务院直属单位。2004年10月18日，中国地震局所属中国地震台网中心正式成立，其由原中国地震局地震信息中心、分析预报中心技术部及预报部、地球物理研究所九室、地质研究所前兆信息室等4家单位整合组建，其是从事地震监测、预报预警等工作的国家级业务中心，是统一指导省地震台、中心站业务的国家地震台。2018年，国务院机构改革，中国地震局由原国务院直属单位，改为由应急管理部管理。目前，中国地震局作为国家地震工作的主管部门，在地震监测预警方面主要负责管理全国地震监测预报工作；制定全国地震监测预报方案并组织实施；提出全国地震趋势预报意见，确定地震重点监视防御区，报国务院批准后组织实施；对地震震情和灾情进行速报等。

1994年1月10日，国务院发布的《地震监测设施和地震观测环境保护条例》对地震监测设施的保护范围、保护措施、奖励与处罚等作出法律规定，以保障地震监测预报工作顺利进行。1997年12月29日，第八届全国人民代表大会常务委员会第29次会议通过的《中华人民共和国防震减灾法》规定国家对地震监测台网的建设实行统一规划，分级、分类管理，并规范了预报信息发布制度，以及保护监测设施和观测环境等具体措施，构建了一套科学完整的地震监测预报体系管理的法律框架[①]。

2004年6月17日，中华人民共和国国务院令第409号发布的《地震监测管理条例》对地震监测台网的规划、建设、管理以及地震监测设施和地震观测环境保护作出法律规定，明确了各级政府管理部门的职责以及违法行为的

---

① 第八届全国人民代表大会常务委员会. 中华人民共和国防震减灾法 [J]. 中华人民共和国国务院公报，1997（39）：1682-1683.

处罚措施[①]。2008年12月27日，第十一届全国人民代表大会常务委员会第6次会议通过了新修订的《中华人民共和国防震减灾法》，其完善了地震监测台网建设、地震观测环境保护及地震预报统一发布制度，并新增了地震烈度速报、震后监测和余震判定等规定。

2010年6月9日，《国务院关于进一步加强防震减灾工作的意见》对地震监测预报工作进行了部署：（1）增强地震监测能力，建设立体监测网络，为重要设施配备专用地震台网；（2）加强地震预测预报，整合多方资源，完善预测信息会商机制，并大力推进技术创新；（3）推进群测群防，建设"三网一员"[②]体系，充分发挥群众在预报和灾情报告中的作用[③]。2016年11月17日，国家发展改革委、中国地震局联合印发的《防震减灾规划（2016—2020年）》强调要重点构建国家地震烈度速报与预警系统，发展卫星空间技术及其地面应用系统，完善地球物理场观测系统，针对京津冀等重点城市群建设井下地震综合观测系统，建设川滇地震监测预报实验场，完善近海和南海海域地震观测系统，加强火山、水库、大型油气田等专用台网和观测仪器研发，加强震情监视跟踪和分析研判[④]。

2022年4月7日，应急管理部、中国地震局联合印发的《"十四五"国家防震减灾规划》提出了"十四五"时期地震监测预报预警能力方面的主要指标：（1）在地震监测水平方面，京津冀、长三角、珠三角、成渝等特大城市群地区达到1.0级；东部人口稠密地区达到1.5级；西部大部分地区达到2.0级；近海海域地区达到3.0级。（2）在地震速报预警水平方面，1分钟左右实现大陆东部2.0级、西部3.0级、近海海域3.0级以上地震基本参数自动速报；5分钟内完成地震烈度初报，10分钟内完成地震烈度速报；重点地区灾害性地

---

① 国务院. 地震监测管理条例 [J]. 中华人民共和国国务院公报，2004（23）：18-22.

② "三网一员"是指地震宏观测报网、地震灾情速报网、地震知识宣传网和乡镇防震减灾助理员。

③ 国务院. 关于进一步加强防震减灾工作的意见 [J]. 中华人民共和国国务院公报，2010（28）：5-6.

④ 国家发展改革委，中国地震局. 防震减灾规划（2016—2020年）[EB/OL]. （2016-11-17）[2017-01-15]. https://www.scdzj. gov. cn/zwgk/zcfg/bmgz/202112/t20211202_50808. html.

震发生后10秒内发布预警信息，公众覆盖率不低于80%。（3）在地震预报水平方面，夯实地震监测基础，优化测震观测和地球物理站网，推进西部和近海地区监测能力建设，实施地震台站改革，构建"国家地震台、省地震台、中心站、一般监测站"四级监测预报预警业务架构，推动地震台站业务转型升级[①]。

我国地震台网的建设始于20世纪50年代中期。1957年，在昆明、成都、兰州、南京、佘山（上海）、拉萨、广州和北京等地先后建立起8个基本地震台，1958年前后又增设了武汉等基本地震台，这是我国建立的第一批基本地震台。

1966年，邢台地震后，伴随着中国大陆地震活动频发，我国省级行政区相继成立专门的地震监测机构，区域性地震台网建设进入快速扩张期。1966年，北京遥测台网正式建成，包含8个子台，这标志着我国成为全球最早设立遥测地震台网的国家之一[②]。同年，中国科学院地球物理研究所建成了具有里程碑意义的北京地震台网，首次实现了单分向短周期地震信号的实线传输。1975年，在上海等五个重点城市建立了电信传输地震台网，形成了区域性监测网络群。1981年，768工程的电信传输地震台网的所有硬件设备在上海安装完毕，所需软件编制完成。1982年，该工程通过技术鉴定和验收，五个传输台网（北京、沈阳、成都、昆明和兰州）的硬、软件配置齐全并进行了试运行，经过3个月的考核后正式投入观测[③]。

20世纪80年代，我国开始了数字地震台网（CDSN）的建设。1983年，国家地震局与美国地质调查局开展合作，共同规划建设中国数字地震台网。到1986年建成了由北京、佘山、牡丹江、海拉尔、乌鲁木齐、琼中、恩施、

① 应急管理部,中国地震局. "十四五"国家防震减灾规划[EB/OL].（2202-04-07）[2022-04-22]. https://www.mem.gov.cn/gk/zfxxgkpt/fdzdgknr/202205/t20220525_414288.shtml.
② 中国科学院. 艰辛的历程　卓著的成就——发展中的中国地震科技事业[EB/OL].（2007-08-24）[2007-08-24]. https://www.cas.cn/xw/kjsm/gndt/200906/t20090608_651285.shtml.
③ 中国科学院科普云平台. 地震台网的建设[EB/OL]. https://www.kepu.net.cn/gb/earth/quake//study/std201.html.

兰州、昆明等9个数字化地震台站，1991年和1995年又分别增设了拉萨和西安2个地震台站。1993—2001年，中美双方合作实施二期改造工程，使中国数字地震台网的硬件、软件系统均达到全球地震台网（GSN）技术规范要求。

1996年起，国家地震局开始建设"中国数字地震监测系统"，2000年年底建成并投入使用。该监测系统由国家数字地震台网、区域数字地震台网和流动数字地震台网组成。国家数字地震台网配备了48个甚宽频带台站，其中37个采用国产的观测仪器，并改造了由中美合作建设的11个台站；区域数字地震台网由20个台网以及267个数字地震台站组成；流动数字地震台网由100套流动数字地震仪器构成，其仪器配置与区域数字地震台网保持一致。

2003年，中国地震局启动了"中国数字地震观测网络"项目。至2007年底，成功完成我国新一代数字地震观测系统的建设，将原有的监测网络扩展为由国家数字地震台网、区域数字地震台网、火山数字地震台网（全国有6个火山数字地震台网，33个数字地震台站）和流动数字地震台组成的综合地震观测系统[①]。新时代以来，我国数字地震台网的建设持续推进。截至2019年，我国已建设169个国家数字地震台、859个区域数字台，以及一定数量的井下台、火山监测台和海洋观测台，总规模接近1 300个[②]。

2008年汶川大地震后，我国地震工作者开始探索地震烈度速报和预警技术问题。2010年1月，中国地震局开始编制国家地震烈度速报与预警工程（以下简称"预警工程"）项目立项建议书。2015年，该建议书获得国务院批准，经过可行性研究和初步设计后，于2018年7月正式启动建设。预警工程根据我国历史灾害和经济发展的情况，将全国划分为重点区域和一般区域，并设立"国—省"两级处理及"国—省—市"三级发布平台，特别是在华北、南北地震带、东南沿海等重点区域构建完善的预警系统。预警工程包括台站观测系统、通信网络系统、数据处理系统、信息服务系统以及技术支

① 刘瑞丰,高景春,陈运泰,等.中国数字地震台网的建设与发展[J].地震学报,2008(5):533-539.
② 姚亚奇.国家地震台网建设取得历史性跨越[N].光明日报,2019-05-23.

持与保障系统。台站观测系统负责实时采集地震数据；数据处理系统作为核心，实时处理数据并生成预警信息和烈度产品；信息服务系统向用户提供及时、准确的数据和信息；通信网络系统确保数据的实时传输和交换，同时维护网络安全；技术支持与保障系统负责监控整体运行状态，确保系统的正常运作[①]。

2024年7月25日，中国地震局在北京召开预警工程项目竣工验收会。随着预警工程的全面建成，我国拥有了全球最大规模的地震预警网。至2024年，已建成15 899个观测站，国家级中心3个、省级中心31个；服务终端12 082个；台站汇聚节点196个、市级信息发布节点173个[②]。全国大部分地区的地震监测能力已达到2.5级，东部地区达到2.0级，首都圈、长三角等人口密集区域则达到1.0级。在地震预警和烈度速报方面，全国范围内已具备分钟级烈度速报能力，华北、东南沿海、南北地震带、新疆天山中段和西藏拉萨周边等5个重点预警区已实现秒级地震预警能力[③]。

三、海洋灾害观测监测预警

我国早期的海洋灾害预报业务主要由气象部门负责，工作重点是建设沿海地区的水文气象站网，并采用经验方法预测海风和海浪。1964年，我国成立国家海洋局。1965年，国家海洋局组建海洋水文气象预报总台，主要职责是负责我国海洋环境预报、海洋灾害预警报的发布。1983年，国家海洋局海洋水文气象预报总台更名为国家海洋环境预报中心。1985年，国家海洋环境预报中心开始以国家海洋预报台名义对外发布预报。当时，大范围的海洋水

---

① 赵国峰，高楠，杨大克. 国家地震烈度速报与预警工程建设进展［J］. 地震地磁观测与研究，2022（3）：165-171.

② 北京市地震局. 国家地震烈度速报与预警工程［EB/OL］. https://www.bjdzj.gov.cn/bjsdzj/index/ztzl/gjdzldsbyyjgc/index.html.

③ 王聿昊，周圆. 我国建成全球规模最大的地震预警网［EB/OL］.（2024-07-26）［2024-07-26］. https://www.gov.cn/lianbo/bumen/202407/content_6964621.htm.

文预报主要由国家海洋预报台负责发布，区域性或专题性预报则由海洋局下属的各预报区台实施，预报内容涵盖海浪、海冰、潮汐、潮流、风暴潮以及海面水温等。

1993年9月8日，国家海洋局印发的《关于颁发〈海洋环境预报与海洋灾害预报警报发布管理规定〉的通知》明确规定国家对公开发布海洋环境预报与海洋灾害预报警报实行统一发布制度，由国家和地方各级海洋环境预报部门负责发布。国家海洋环境预报部门是指国家海洋预报台，国家区域海洋环境预报部门是指青岛海洋预报台、上海海洋预报台、广州海洋预报台，地方海洋环境预报部门是指各沿海省、自治区、直辖市、计划单列市海洋管理局（处、办）所属的海洋预报台、站；其他组织和个人均不得向社会公开发布各类海洋环境预报与海洋灾害预报警报[①]。

20世纪90年代，我国近海赤潮发生的频率逐年变大，10年间累计发生200余起，平均每年达20起。1997—1999年的3年间，记录到较大规模的赤潮40多起，共造成直接经济损失逾20亿元[②]。鉴于此，1996年，国家海洋局向国家发展计划委员会申报了中国海洋环境监测[③]系统——海洋站和志愿船观测系统建设项目，内容包括合理调整海洋站网布局、海洋环境监测站自动监

---

① 国家海洋局. 关于颁发《海洋环境预报与海洋灾害预报警报发布管理规定》的通知 [EB/OL]. (1993-09-08) [2009-09-17]. https://gc.mnr.gov.cn/201806/t20180615_1796723.html.

② 孙志辉. 中国海洋年鉴 (1999—2000) [M]. 北京: 海洋出版社, 2001: 326.

③ 2007年发布的《海洋监测规范 第1部分: 总则》规定: 海洋监测是指在设计好的时间和空间内，使用统一的、可比的采样和监测手段，获取海洋环境质量要素和陆源性入海物质资料。海洋监测依介质分类，可分为水质监测、生物监测、沉积物监测和大气监测；从监测要素来分，可分为常规项目监测、有机和无机污染物监测；从海区的地理区位来分，可分为近岸海域监测、近海海域监测和远海海域监测等。2018年发布的《海洋观测规范 第1部分: 总则》指出: 海洋观测的目的是获取观测海域的海洋基础数据，为海洋经济建设、海洋权益维护、海洋防灾减灾、应对全球气候变化和促进海洋科学研究提供基础支撑。海洋观测的内容包括海洋水文观测项目，例如潮汐、海浪、海流、海冰、海水温度、盐度深度；海洋气象观测项目，例如风、气压、气温、相对湿度、降水量、海面有效能见度、云、雾、天气现象；海洋其他观测项目，例如海发光、水色、噪声、辐照度、海面照度、海面高度等。按照观测载体的类型，海洋观测可分为海滨观测、浮标潜标观测、雷达观测、卫星遥感观测。比较而言，"海洋观测"的概念更符合本书的主题。

测项目建设、志愿船观测系统建设、数据通信网建设、自动监测仪器设备配置，配套设施建设等①。该项目于1999年9月开始实施，2002年6月通过验收。中国海洋环境监测系统——海洋站和志愿船观测系统的建成，实现了近岸海域潮汐、波浪、海水温度、盐度和海洋气象要素的自动监测与数据自动传输，推进了海洋环境监测自动化和数据安全及时传输。该项目还带动了地方海洋环境监测体系的建设，初步形成了国家与地方相结合的海洋环境监测网络②。

2002年5月15日，我国第一颗海洋卫星"海洋一号A"（HY-1A）发射成功，我国海洋观测事业进入了空间遥感时代，海洋灾害监测预警能力迈上了一个新台阶。HY-1A装载一台十波段的海洋水色扫描仪和一台四波段的CCD成像仪，用于全球海洋水色要素探测、海表温度探测和海岸带动态环境监测③。在"十二五"和"十三五"期间，我国共发射了2颗海洋水色卫星（HY-1C和HY-1D）、2颗海洋动力环境卫星（HY-2B和HY-2C）以及中法海洋卫星（CFOSAT）共5颗海洋卫星，配置了紫外、可见光、红外、主被动微波遥感载荷及相关辅助载荷，可快速获取海面风场、浪场、海面高度场、海表温度场、海洋水色要素信息以及海岛、海岸带环境信息，在海洋灾害监测方面表现出巨大应用潜力④。

2012年12月31日，国家海洋环境预报中心新一代海啸预警系统平台正式投入试运行，这标志着国家海洋局初步具备了全球海底地震及其引发海啸的自动化监测预警能力。该平台集成了海啸预警数据获取、数据处理、数值计算、警报制作及警报发布的全流程功能，可在全球任意海底区域发生地震后15分钟内发布第一份海啸预警信息。与以往需通过专业网站手动查询地震数

① 孙志辉. 中国海洋年鉴（1999—2000）[M]. 北京: 海洋出版社，2001: 328-330.

② 孙志辉. 中国海洋年鉴（2003）[M]. 北京: 海洋出版社，2004: 172.

③ 国家卫星海洋应用中心. HY-1A/B [EB/OL]. http://www.nsoas.org.cn/news/content/2020-07/07/44_533.html.

④ 刘建强，叶小敏，兰友国. 我国海洋卫星遥感大数据及其应用服务 [J]. 大数据，2022（2）: 76.

据和水位数据、编制数值程序并制作预报产品的方式相比，该平台避免了人员重复劳动和繁杂易错环节，显著提升了海啸预警的时效性①。同年，我国初步完成台湾海峡及其毗邻海域的海洋环境立体监测示范网建设，并投入业务化运行，最终取得了丰硕的成果。一是初步建成了由岸站、浮标、潜标、海床基、地波雷达及卫星遥感组成的区域性海洋环境实时立体监测网，包括5套大浮标、14套生态浮标、1对中程高频地波雷达、1套海床基、1套实时传输潜标、1套卫星遥感监测系统以及8个沿海岸基台站，能够获取大量海洋环境监测数据；二是该示范网的数据处理与辅助决策系统成功投入业务化运行，并在福建省海洋灾害预警预报及台风应对决策中发挥了重要作用②。

2014年12月9日，国家海洋局印发了《全国海洋观测网规划（2014—2020年）》（以下简称《意见》）提出了建设海洋观测网的4项主要任务：（1）强化岸基观测能力，包括加强岸基海洋观测站（点）、岸基雷达站、海啸预警观测台建设；（2）提升离岸观测能力，包括建设浮（潜）标、标准断面调查、升级扩建海上观测平台；（3）开展大洋和极地观测，提高我国海洋观测的国际地位；（4）建设综合保障系统，建设综合保障基地，对各类海洋观测设施进行维护等③。

2015年12月4日，国家海洋局印发了《关于推进海洋生态环境监测网络建设的意见》（以下简称《意见》），该《意见》强调要明确海洋生态环境监测事权，依法落实用海企事业单位的监测责任，强化对监测机构的监督管理；统筹规划海洋环境质量监测、拓展海洋生态监测、强化海洋环境监督性监测，以及分类实施海洋生态环境风险监测。该《意见》在推进监测信息集成共享和信息公开、提升海洋综合管理和服务支撑效能、健全海洋生态环境

① 董冠洋. 中国海啸监测预警实现自动化 震后15分钟内发出［EB/OL］.（2013-01-08）［2013-01-08］. https://www.chinanews.com/gn/2013/01-08/4470831.shtml.

② 中国新闻网. 中国初步建成台海及邻海海洋环境立体监测示范网［EB/OL］.（2012-02-29）［2012-03-01］. https://www.most.gov.cn/ztzl/kjhjms/hjmsmt/201203/t20120301_92935.html.

③ 国家海洋局. 全国海洋观测网规划（2014—2020年）［EB/OL］.（2014-12-09）［2014-12-18］. https://gc.mnr.gov.cn/201806/t20180614_1795755.html.

监测评价标准规范体系、加强海洋生态环境综合监测能力建设等方面进行了具体部署[①]。

2016年12月9日，国家海洋局印发的《海洋观测预报和防灾减灾"十三五"规划》提出：（1）"十三五"期间我国在海洋综合观测能力方面的总体目标是优化海洋观测系统布局，按照"一站多能"的总体构想，将具备条件的部分海洋站升级为中心站，同时新建、升级和改造一批岸（岛礁）基、离岸海洋观测站（点），使我国沿岸平均100千米范围内有1个海洋观测站（点），重点岸段30千米范围内有1个海洋观测站（点），近海平均150千米有1个浮标站位。（2）"十三五"期间我国在海洋预警报服务方面的总体目标是提高全球与我国近海海洋预报精细化水平，全球数值预报产品分辨率达10千米，时效达168小时；中国近海数值预报产品分辨率3千米，时效达168小时；中国近海综合预报产品网格化分辨率达到25千米，时效达72小时，近海海洋灾害预警报准确率在"十二五"基础上提高3%～5%[②]。

2018年，在国务院机构改革中，国家海洋局的职责被整合至新组建的自然资源部，由自然资源部履行海洋防灾减灾职责，组建了海洋预警监测司，承担原国家海洋局海洋观测预报减灾方面的职能，具体包括拟订海洋观测预报和海洋科学调查政策和制度并监督实施；开展海洋生态预警监测、灾害预防、风险评估和隐患排查治理，发布警报和公报；建设和管理国家全球海洋立体观测网，组织开展海洋科学调查与勘测；参与重大海洋灾害应急处置[③]。

2022年8月30日，自然资源部办公厅印发的《海洋灾害应急预案》明确了各组织机构在我国管辖海域范围内风暴潮、海浪、海冰和海啸灾害的观测、预警和灾害调查评估等工作方面的职责：自然资源部海洋预警监测司负

---

① 国家海洋局.关于推进海洋生态环境监测网络建设的意见［J］.国家海洋局公报，2016（1）：174-177.

② 国家海洋局.海洋观测预报和防灾减灾"十三五"规划［J］.中国应急管理，2017（8）：35-37.

③ 自然资源部职能配置、内设机构和人员编制规定［EB/OL］.（2018-09-11）.［2018-09-11］.https：//www.gov.cn/zhengce/2018-09/11/content_5320987.htm.

责组织协调部系统海洋灾害观测、预警、灾害调查评估和值班信息及约稿编制报送等工作；自然资源部办公厅负责及时高效运转涉及海洋灾害观测、预警信息的约稿通知，以及协调信息公开和新闻宣传等工作；自然资源部海区局负责组织协调本海区应急期间的海洋灾害观测、预警，发布本海区海洋灾害警报，组织开展本海区海洋灾害调查评估，汇总形成本海区海洋灾害应对工作总结，以及协助地方开展海洋防灾减灾等工作；国家海洋技术中心负责开展应急期间海洋观测仪器设备运行状态监控，并提供技术支撑，汇总形成应急期间观测设备运行情况报告等工作；国家海洋环境预报中心负责组织开展海洋灾害应急预警报会商，发布全国海洋灾害警报，提供服务咨询，参与海洋灾害调查评估，汇总形成海洋灾害预警报工作总结等工作；国家海洋信息中心负责全国海洋观测数据传输和网络状态监控，提供应急期间数据传输和网络维护技术支撑，开展数据共享服务保障，汇总形成应急期间数据传输与共享服务保障情况报告等工作；自然资源部海洋减灾中心负责研究绘制国家尺度台风风暴潮风险图，组织开展海洋灾情统计，成立应急专家组，监督指导海洋灾害调查与评估工作，提供服务咨询，汇总形成海洋灾害调查评估报告等工作；国家卫星海洋应用中心负责开展应急期间的卫星遥感资料解译与专题产品制作分发与共享服务，为海洋预报和减灾机构提供遥感信息支撑等工作[①]。

目前，我国已建成多层次、全方位的海洋灾害观测监测预警体系。在海洋气象观测方面，建成了包括浮标气象站、海上平台及海岛站等多种观测设施的观测体系；通过部署漂浮式观测设备，实现了超过500万平方千米的海域数据获取范围。在探空气象观测方面，建成覆盖四大海域的观测网络，监测范围延伸至离岸300千米。在无人机气象观测方面，具备了5~8小时对南海区域的全面观测能力。在预警信息发布方面，采用智慧平台、海岛广播电台等多元化渠道，向社会公众及相关部门传递台风、海雾、强对流等灾害性

---

① 自然资源部办公厅. 海洋灾害应急预案 [Z].2022-08-30：1-3. https://www.gov.cn/zhengce/zhengceku/2022-09/04/content_5708229.htm.

天气，预警信息的海洋发布覆盖率已达到85%[①]。在海洋观测监测方面，建立了集海洋站、雷达、浮标、船舶、无人机及卫星遥感于一体的"陆海空天"综合观测监测网络。监测要素涵盖海洋生物、水文气象、水体环境、沉积环境，监测区域以近岸海域为重点，覆盖我国管辖海域，重点关注珊瑚礁、海草床等典型生态系统分布区以及生态灾害高风险区[②]。

四、生物灾害监测预警

生物灾害监测预警体系主要包括农作物病虫害监测预警和森林草原火灾监测预警，农作物病虫害监测预警体系始建于1955年，森林草原火灾监测预警体系始建于1952年。

（一）农作物病虫害监测预警

1955年12月，农业部颁发的《农作物病虫害预测预报方案》将马铃薯晚疫病、稻瘟病、小麦条锈病等列为全国测报对象，并制订了这些病虫的测报办法。随后，各地根据方案要求建立了病虫测报点和情报点。20世纪60年代起，农业部组织专业人员整理印发全国主要农作物病虫基本测报资料汇编，为从业者提供专业指导[③]。1978年8月，农林部[④]成立了农作物病虫测报总站，负责全国农作物主要病虫的预测预报及管理工作。自1979年起，我国开始陆续投资建设区域性病虫测报站，并完成了全国范围内的迁飞性害虫和流

① 高雅丽. 我国预警信息海洋发布手段覆盖率达85%［EB/OL］.（2024-11-14）［2024-11-14］. https://www.cma.gov.cn/2011xwzx/2011xmtjj/202411/t20241114_6691069.html.

② 赵宁.《2023年中国海洋生态预警监测公报》出炉［EB/OL］.（2024-06-13）［2024-06-13］. https://www.gov.cn/lianbo/bumen/202406/content_6957013.htm.

③ 胡小平, 户雪敏, 马丽杰, 等. 作物病害监测预警研究进展［J］. 植物保护学报, 2022（1）: 299.

④ 1949年, 设立农业部；1970年, 撤销农业部、林业部和水产部, 设立农林部；1979年, 撤销农林部, 分设农业部和林业部；1982年, 农业部、农垦部、国家水产总局合并设立农牧渔业部；1988年, 撤销农牧渔业部, 设立农业部；2018年, 撤销农业部, 设立农业农村部。

行病害监测网的构建。

20世纪80、90年代，我国农作物病虫测报工作开始制度化建设。1982年，原农业部植物保护局与农作物病虫测报总站合并组建全国植物保护总站，归属农牧渔业部。1983年，农牧渔业部颁布的《病虫测报站岗位责任制》明确了各级测报站的职责和规章制度。随后，各省及重点地、县的植保站也相继建立了测报岗位责任制。1989年，农业部启动了农作物重大病虫测报网络建设工程。1992年，农业部全国植物保护总站制定的《全国农作物病虫测报网区域站工作规范》对区域测报站的建设与考核提出了具体要求。1993年，农业部颁发的《农作物病虫预报管理暂行办法》明确植保（测报）站为病虫预报的主体单位，并对测报重点对象和预报期限作出初步规定。1995年，农业部将全国植物保护总站、全国农技推广总站、全国种子管理总站和全国土壤肥料工作总站整合为全国农业技术推广服务中心，内设有承担全国农作物病虫预测预报工作的处室。据统计，到2007年，全国已有33个省（直辖市、自治区，包括黑龙江省农垦局和新疆生产建设兵团）338个市（地、州）2 450个县（市、区）建立了承担病虫测报工作的植保机构，专（兼）职测报人员16 085人，已经初步建成了从农业部到省、地、县级较为完善的病虫测报体系[①]。

2020年3月26日，中华人民共和国国务院令第725号公布的《农作物病虫害防治条例》（以下简称《条例》）根据农作物病虫害的特点及其对农业生产的危害程度，将农作物病虫害分为下列三类：一类农作物病虫害，是指常年发生面积特别大或者可能给农业生产造成特别重大损失的农作物病虫害，其名录由国务院农业农村主管部门制定、公布；二类农作物病虫害，是指常年发生面积大或者可能给农业生产造成重大损失的农作物病虫害，其名录由省、自治区、直辖市人民政府农业农村主管部门制定、公布，并报国务院农业农村主管部门备案；三类农作物病虫害，是指一类农作物病虫害和二类农

---

① 刘万才，姜玉英，张跃进，等. 我国农业有害生物监测预警30年发展成就 [J]. 中国植保导刊，2010（9）：35.

作物病虫害以外的其他农作物病虫害。新发现的农作物病虫害可能给农业生产造成重大或者特别重大损失的，在确定其分类前，按照一类农作物病虫害管理。该《条例》规定：国家建立农作物病虫害监测制度，国务院农业农村主管部门负责编制全国农作物病虫害监测网络建设规划并组织实施；省、自治区、直辖市人民政府农业农村主管部门负责编制本行政区域农作物病虫害监测网络建设规划并组织实施；县级以上人民政府农业农村主管部门应当加强对农作物病虫害监测网络的管理①。2021年12月24日，农业农村部公布的《农作物病虫害监测与预报管理办法》明确了农作物病虫害监测网络建设、农作物病虫害监测调查与信息报送、农作物病虫害预测预报等问题②。

新时代以来，我国在农作物病虫害自动化监测预警技术研究应用方面取得重要进展。西北农林科技大学植物保护学院胡小平教授团队已完成了小麦赤霉病自动监测预报器的研制。该预报器通过采集气象因子、初始菌源量、小麦抽穗始期等数据，结合物联网与云计算技术，实现了小麦蜡熟期赤霉病病穗率的自动预测。当监测结果超过防治指标时，系统会自动将预报信息发送到相关负责人手机上，其预报准确率达到90%以上③。在物联网技术支持下，以"佳多自动虫情测报灯"为代表的新型监测设备实现了远程自动控制功能，可进行害虫信息自动采集、实时监控和数据分析；浙江大学研究团队攻克了性信息素分析、提纯及合成等关键技术，开发出稳定均匀释放的测报专用性诱芯和多类型诱捕器；全国农业技术推广服务中心推出了中国马铃薯晚疫病实时监测预警系统，把全国12个省、自治区、直辖市的400多台马铃薯晚疫病实时监测设备进行了联网，实现了全国联网实时监测，显著提高了病害测报的自动化水平④。

① 国务院. 农作物病虫害防治条例［EB/OL］.（2020-03-26）［2020-04-08］. http://www.moa. gov.cn/gk/zcfg/xzfg/202004/t20200408_6340974.htm.

② 农业农村部. 农作物病虫害监测与预报管理办法［EB/OL］.（2021-12-24）［2021-12-24］. https:// www.moa.gov.cn/govpublic/ZZYGLS/202112/t20211224_6385489.htm.

③ 蒋建科. 智能化预测预报农作物病害（创新故事）［N］. 人民日报, 2024-07-29.

④ 刘万才, 黄冲. 我国农作物现代病虫测报建设进展［J］. 植物保护, 2018（5）: 160-161.

随着人工智能技术的飞速发展，我国在农作物病虫害监测预警智能化应用方面也取得了显著成果。2024年10月19日，在杭州召开的第五届植被病虫害遥感大会上，我国首个自主研发的"慧眼"天空地植物病虫害智能监测预警系统正式发布。该系统通过人工智能技术、空天信息和植物保护理论的有机融合，解决了植保领域检测器件国产化不足、地理空间信息未能有效利用等问题，推动了我国病虫害监测预警进入数智化时代。该系统构建了基于三种不同尺度的监测体系：近地尺度上自主研发了芯片级病虫害智能检测装置，实现病虫害快速识别；地块尺度上开发了专用无人机遥感方案，具备地块级病虫害动态监测能力；区域尺度上建立了"全球—洲际—全国—热点区域"多尺度预警体系，目前已实现对20余种重大农林草病虫害的多尺度动态监测预警，标志着我国植保领域正从被动治理迈向主动预防的新阶段[①]。

（二）森林草原火灾监测预警

1952年，我国启动了基于森林航空的林火监测工作，以扩大火灾监测范围，提高监测效率。当时主要使用数量有限的固定翼飞机来执行空中巡护任务，进行森林火情侦察和火灾监控，并通过空中巡逻实现报警功能。

随着我国航空航天事业的快速发展，我国从20世纪80年代开始利用卫星技术进行森林草原火灾的监测预警。1986年春，国家卫星气象中心开始向林业部防火办提供卫星遥感监测林火的服务，并对1987年发生的大兴安岭特大火灾进行了全过程监测，为前线扑火指挥部、林业部防火办等部门提供了大量准确可靠的火情信息。从1988年起，国家卫星气象中心开始向农业部草原防火办公室提供卫星监测草场火情的服务，监测范围主要是我国四大草场。到20世纪90年代末，我国草原火灾的监测预警体系基本形成了由国家卫星气象中心、中国农业科学院草原研究所、各省气象部门与草原防火部门协同配合的模式，在每年3—6月以及9—11月两段草原火灾高发期积极开展草原火情

---

① 高雅丽. "慧眼"植物病虫害智能监测预警系统发布［N］. 中国科学报，2024-10-21.

监测和火险等级预报工作，并取得了良好效果。2002年，国家林业局建成了森林防火预警监测信息中心，正式投入使用VSAT[①]林火监测系统，扩大了卫星林火监测的覆盖范围，并显著提升了监测精度。

东北林区是我国最大的天然林区，是极为重要的森林资源。2006年4月15日，东北卫星林火监测系统在东北航空护林中心正式投入运行，主要承担黑龙江省、吉林省和内蒙古自治区的日常卫星林火监测任务。该监测系统每天自动接收处理卫星地面站向国家卫星气象中心传送的卫星遥感数据，主要包括美国的NOAA系列AVHRR（高分辨率辐射计）和EOS系列MODIS（中分辨率成像光谱仪）及我国的FY-1系列MVIRS（多通道可见红外扫描辐射计）卫星数据资料，并能够在30分钟内将成果图像提交网上交付监测人员处理，时效性高，覆盖度广。自2006年东北地区春防开始到2009年秋防结束，该系统共接收处理卫星监测数据图像7 550余幅，判读、发布热点6 356个，成功监测预警了2006年5月21日黑龙江省黑河嘎拉山森林大火、2009年4月27日黑龙江省逊克县伊南河林场大火等多场林火。该系统是卫星林火监测与森林航空消防航空巡护的有机结合，充分发挥了卫星热点跟踪飞行在东北森林防火中的特殊和作用[②]。

2016年12月19日，国家林业局、国家发展改革委、财政部联合印发的《全国森林防火规划（2016—2025年）》把林火预警监测系统建设作为规划期的重点建设任务之一，并部署了三大林火预警监测系统重点建设项目。

1. 森林火险预警系统建设项目——新建1个国家级预警管理平台、森林火险预警模型和配套软件；新建34个省区级预警平台和1 500个森林火险综合监测站。

2. 卫星林火监测系统建设项目——更新我国FY3系列、美国NPP系列、EOS–MODIS系列、NOAA系列卫星接收分析处理系统，建立全国林火监测

---

① VSAT（Very Small Aperture Terminal）系统是指小型天线卫星通信系统，其具有通信覆盖面广、不受地理限制、可进行广播、通信容量大、质量高、可靠性好和成本低等特点。

② 李洪双. 东北卫星林火监测在林火预防与扑救中的作用[J]. 森林防火，2010（4）：37–38.

卫星资源数据共享分发平台，包括国家主分发处理系统、3个分中心的数据上传系统。

3. 林火视频监控系统建设项目——在森林火险高危区和高风险区选择森林资源分布集中、政治敏感性高、火源控制难度大等重点区域和关键部位新建5 425套视频监控系统①。

2017年2月28日，农业部印发的《"十三五"全国草原防火规划》提出建立草原火情监控站，在极高草原火险治理区和高草原火险治理区的极高火险县、省级以上草原自然保护区新建一批火情监测瞭望设施，并对现有瞭望设施进行升级改造，安装远程红外探测与智能烟雾识别功能的高清摄像头，实现重点区域内草原火情24小时不间断自动探测②。

2022年10月12日，国家林业和草原局、应急管理部联合印发的《"十四五"全国草原防灭火规划》（以下简称《规划》）提出到2025年实现全国草原火灾高危区③火情瞭望监控覆盖率达到70%，草原火灾高风险区④监控覆盖率达到50%⑤。该《规划》部署了草原火灾预警监测系统建设的三大重点项目。

1. 火险预警系统建设项目——实施国家级预警管理平台扩容升级融合1套，14个草原防灭火省（区）各实施省级预警管理平台扩容升级融合1套，省级平台与国家平台实现互联互通；在林草结合、火灾高发等敏感区域，试点建设综合性火险因子监测站600座。

---

① 国家林业局，国家发展改革委，财政部. 全国森林防火规划（2016—2025年）［Z］.2016-12-19: 24. https://www.gov.cn/xinwen/2016-12/29/content_5154054.htm.

② 农业部. "十三五"全国草原防火规划［EB/OL］.（2017-02-28）［2017-03-20］. http://www.moa.gov.cn/nybgb/2017/dsanq/201712/t20171228_6133427.htm.

③ 草原火灾高危区是历年草原火灾多发、受害面积较大地区，包括100个县级单位，涉及内蒙古、四川、西藏、甘肃、青海、新疆6省（区）。参见《"十四五"全国草原防灭火规划》第10页。

④ 草原火灾高风险区包括299个县级单位，涉及14个省（区）。参见《"十四五"全国草原防灭火规划》第10页。

⑤ 国家林业和草原局，应急管理部. "十四五"全国草原防灭火规划［Z］.2022-10-12: 9. https://gov.cn/zhengce/zhengceku/2023-01/10/content_5736078.htm.

2. 卫星火灾监测系统建设项目——实施国家级平台扩容升级融合4套（1主3分），包括建设和完善监测分中心卫星地面站、接收处理系统等；14个草原防灭火省（区）各实施省级平台扩容升级融合1套，建设监测成果应用系统。

3. 草原火情视频监控系统——在草原火灾高危区新建及升级改造视频监控691套，在草原火灾高风险区新建及升级改造视频监控670套，实现与国家平台互联互通[①]。

2018年，国务院成立应急管理部，其内设国家森林草原防灭火指挥部办公室，起牵头抓总、强化部门联动协同作用。同时，成立国家林业和草原局，隶属自然资源部，继续负责森林草原火灾预防和火情早期处理工作，不再保留国家林业局。2021年，国家林业和草原局设立森林草原火灾预防监测中心，负责拟订森林草原火灾预防和火情早期处理的有关政策法规、承担部门间森林草原火灾预防监测相关技术支持等工作任务。

2023年4月20日，中共中央办公厅、国务院办公厅联合印发的《关于全面加强新形势下森林草原防灭火工作的意见》（以下简称《意见》）强调要大力提升森林草原火灾预警监测能力，依托国家森林草原防灭火信息共享平台，结合重点地区预警监测机构与各级系统，构建纵横贯通、融合集成的监测预警体系；强化部门协作与多级联动，完善风险评估、动态会商、预警发布机制；优化系统布局，融合卫星监测、航空巡护、视频监控、地面巡查等技术手段，提高火情监测覆盖率、识别准确率、核查反馈率；加快雷击火监测技术攻关，加快重点林区雷击火预警系统建设[②]。

为深入贯彻落实该《意见》精神，国家森林草原防灭火指挥部于2024年9月9日发布了《关于加强森林草原火灾预警监测体系建设的实施意见》，该

[①]　国家林业和草原局，应急管理部.“十四五”全国草原防灭火规划［Z］.2022-10-12：15. https://www.gov.cn/zhengce/zhengceku/2023-01/10/content_5736078.htm.

[②]　中共中央办公厅，国务院办公厅.关于全面加强新形势下森林草原防灭火工作的意见［EB/OL］.（2023-04-20）［2023-04-20］. https://www.gov.cn/zhengce/202305/content_6857312.htm.

《实施意见》强调要多级共建森林草原火险预警体系，立体构建森林草原火灾监测体系。具体而言，就是构建以感知网络、数据汇聚、系统建设、会商研判、预警发布、响应联动为核心的火险预警体系，集成卫星监测、航空巡护、视频监控、塔台瞭望、地面巡查、舆情监测"六位一体"立体监测手段的火灾监测体系①。

目前，我国已实现通过卫星监测系统进行草原火情全天候监控并提供热点数据反馈，全国范围内建成草原火情监控站171处，以及280套火情视频瞭望塔，重点部署在极高、高火险区较为集中的北方省区②；建成国家森林火险预测预报系统和国家卫星遥感森林草原火灾监测系统③。随着北斗系统的发展，我国林火管理部门也在实践中不断完善林火预警技术和深化北斗技术的融合应用。通过北斗亚太区域的RNSS④和RDSS⑤服务，我国获取火灾预警监测数据的能力得到了全面提升。（1）在森林草原火灾预警体系方面，主要以国家主管部门为核心，向地方各级林火管理部门提供基础平台、预报模型、数据标准以及火险预测预报信息；省级部门根据区域特点开发适用的精细化预报模型，市县级部门则利用感知系统和火险因子采集设备进行科学数据的收集。（2）在森林草原火灾监测体系方面，由国家主管部门负责汇集全国范围内的多源监测动态信息，及时识别、分析和评估火灾风险，实现重点区域全天候、高分辨率的连续动态监测，实时掌握火情态势；省级部门通过"天—空—地—网"等多维监测手段提升监测频次与精确度，强化数据传

① 国家森林草原防灭火指挥部.关于加强森林草原火灾预警监测体系建设的实施意见［EB/OL］.（2024-09-09）［2024-09-30］.https://www.mem.gov.cn/gk/zfxxgkpt/fdzdgknr/202409/t20240930_502744.shtml.

② 国家林业和草原局,应急管理部."十四五"全国草原防灭火规划［Z］.2022-10-12:2.https://www.gov.cn/zhengce/zhengceku/2023-01/10/content_5736078.htm.

③ 国家森林草原防灭火指挥部.关于加强森林草原火灾预警监测体系建设的实施意见［EB/OL］.（2024-09-09）［2024-09-30］.https://www.mem.gov.cn/gk/zfxxgkpt/fdzdgknr/202409/t20240930_502744.shtml.

④ RNSS是指Radio Navigation Satellite System,即无线电导航业务。

⑤ RDSS是指Radio Determination Satellite Service,即无线电测定业务。

输能力，提高火情监测的覆盖范围、准确性以及核查反馈率[1]。

五、生态环境灾害监测预警

生态环境灾害监测预警体系主要包括水土流失动态监测预警和荒漠化沙化监测预警，水土流失动态监测预警体系始建于20世纪50年代，荒漠化沙化监测预警体系始建于20世纪90年代。

（一）水土流失动态监测预警

新中国成立后，水利部、中国科学院和黄河水利委员会以治理黄土高原为重点，在黄河中游地区组织了3次大规模的水土流失考察与查勘工作，基本摸清了黄河流域水土流失的基本情况，总结了群众的蓄水保土经验，并以黄河支流为单元提出了勘查报告，作出了较为完整、系统的黄河流域水土保持区划。1950—1954年，在黄河中上游地区扩建了天水、绥德、西峰、榆林、延安、平凉、定西、离石等水土保持试验推广站，各省也开展了水土保持试点。

1956—1963年，我国曾两次修订全国水土保持科学技术发展规划。有关高等院校、科研院所和水土保持试验站分别对各地区水土保持不同类型区的水土流失规律、水土保持措施及其效益进行了定位试验和专题研究，对各水土流失类型区的水土流失形式和危害，产生水土流失的自然因素和人类活动的影响，水土保持规划的原则和方法，小流域综合治理及其效益，梯田、地坝、林草等主要水土保持措施的实施方法及其效益进行了分析和研究[2]。

1980年，水利部在总结以往经验教训的基础上，提出以小流域为单元统

---

[1] 武红敢，田晓瑞，付立红，等.北斗终端在森林火灾预警监测体系中的应用[J].卫星应用，2023（4）：36.

[2] 潍坊水利局.科普：水土保持的"前世今生"[EB/OL].http://slj.weifang.gov.cn/KXYD/SWCS/201903/t20190307_5313807.htm.

一规划，综合治理水土流失。1982年6月30日，国务院发布了《中华人民共和国水土保持工作条例》，明确了水土保持工作的方针、水土保持工作机构的任务等问题。1985年，水利部组织开展了全国土壤侵蚀的遥感调查，全面掌握了全国各地区的水土流失状况。1991年6月29日，《中华人民共和国水土保持法》的颁布，标志着我国水土保持监测进入了法制化轨道。1998年1月，水利部水土保持监测中心正式成立，我国第一个水土保持监测机构诞生。

2004年以后，我国水土保持监测工作进入高速发展阶段。国家投入专项资金2.4亿元，启动了全国水土保持监测网络和信息系统建设工程。至2009年，建成了全国从上到下共4级的水土保持监测机构，包括1个全国水土保持监测中心、7个流域机构监测中心站、31个省级监测总站、175个监测分站及738个监测站点。在所有建成的监测站点中，包括复用既有的水文站点255个，复用既有的科研监测站点218个，新建的监测点265个，初步形成了覆盖全国的水土保持监测体系[①]。

从2007年开始，水利部水土保持监测中心在国家级水土流失重点防治区选取典型范围，开展了水土流失动态监测，并对监测技术和方法进行了探索。水土流失动态监测是指通过遥感监测、野外调查、模型计算和统计分析相结合的方法，开展水土流失的因子提取、模数计算和动态分析评价，对水土流失的变化过程进行监测，通常以行政区域或重点区域为对象，按年度进行。水土流失动态监测的实施使水行政主管部门能够及时掌握水土流失状况及其防治成效，并定期公告水土流失类型、面积、强度、分布状况和变化趋势，水土流失造成的危害，以及水土流失预防和治理等信息。

2012年，水利部审查通过了《全国水土流失动态监测与公告项目预算规划（2013—2017年）》。2013年该项目列入国家财政预算，由水利部水土保持监测中心和长江、黄河、淮河、海河、珠江、松辽、太湖等七大流域机

---

① 水利部水土保持监测中心.深入学习实践科学发展观 扎实推进全国水土保持监测网络和信息系统工程建设[EB/OL].（2009-04-12）[2009-04-12]. https://www.chinawater.com.cn/ztgz/hy/2009sdbc/3/200904/t20090412_120765.htm.

构监测中心站承担完成，该项目主要针对国家级重点防治区[1]。2017年1月18日，水利部印发的《关于加强水土保持监测工作的通知》（以下简称《通知》）强调指出：水利部统一管理全国水土保持监测工作，负责编制相关规划，制订有关规章、规程和技术标准，完善全国水土保持监测网络，组织开展全国水土流失动态监测、有关重点监测，以及全国水土保持调查，定期发布全国水土保持公报；流域机构负责组织开展国家重点区域水土流失动态监测和水土保持监管重点监测，指导流域内省级水土保持监测工作；省级水行政主管部门统一管理辖区内水土保持监测工作，负责编制省级相关规划，制订相关规章制度，完善辖区内水土保持监测网络，保障监测点的正常运行与维护，组织开展水土流失动态监测、水土保持监管重点监测，以及水土保持调查，定期发布辖区水土保持公报；市、县级水行政主管部门在上级主管部门的统一部署下开展监测工作[2]。该《通知》的附件是《水土保持监测实施方案（2017—2020年）》（以下简称《方案》），该《方案》提出了开展年度水土流失动态监测、推进水土保持监管重点监测、强化水土保持监测点建设与管理、加强数据整编与共享服务等水土保持监测重点工作任务[3]。

2018年2月，水利部印发的《全国水土流失动态监测规划（2018—2022年）》提出了规划期全国水土流失动态监测的目标是：通过实施覆盖全国的水土流失动态监测，掌握到县级行政区域的年度水土流失面积、分布、强度和动态变化，为水土保持政府目标责任考核、生态文明评价考核、生态安全预警、领导干部生态环境损害责任追究，以及国家水土保持和生态文明宏观决策等提供支撑和依据[4]。

①　水利部水土保持监测中心. 全国水土流失动态监测与公告项目全面启动[EB/OL].（2013-01-23）[2013-01-23]. http://www.swcc.org.cn/sbyw/2013-01-23/47931.html.

②　水利部. 关于加强水土保持监测工作的通知[J]. 中华人民共和国水利部公报，2017（1）：8-9.

③　水利部. 关于加强水土保持监测工作的通知[J]. 中华人民共和国水利部公报，2017（1）：10-13.

④　水利部印发《全国水土流失动态监测规划（2018—2022年）》和《国家水土保持监管规划（2018—2020年）》[EB/OL].（2018-02-26）[2018-02-26]. http://www.yrcc.gov.cn/zwzc/ghjh/202312/t20231220_365595.html.

2022年10月，水利部办公厅印发的《全国水土流失动态监测实施方案（2023—2027年）》提出了未来5年全国水土流失动态监测的工作目标和重点任务是全面实施年度全国水土流失动态监测，及时定量掌握全国各级行政区及重点流域、区域水土流失状况和防治成效；创新开展水土流失图斑落地，实现适宜治理水土流失图斑精准识别定位；探索典型生态系统水土保持功能评价方法路径，充分发挥水土保持监测在生态系统保护成效监测评估中的作用；有序推进东北黑土区侵蚀沟、黄土高原淤地坝淤积情况、黄河中游粗泥沙集中来源区水土流失与入黄泥沙、长江经济带重点区域坡耕地、南方崩岗、典型暴雨水土流失等专项调查，对年度动态监测工作形成有益补充；全面提升高新技术融合应用能力和监测数据智能管理水平，构建形成上下协同、空地一体、全面精准、智慧高效的监测工作体系，有效支撑水土保持高质量发展和生态保护修复等①。

新时代，我国已形成集遥感解译、野外验证、模型计算和统计分析于一体的水土流失动态监测技术体系。该体系全面利用高分辨率的国产卫星遥感影像，并结合GIS等技术，提取水土流失因子，通过模型计算评估水土流失的面积和强度，以分析水土流失动态变化情况。全国范围内选定了115个水土保持监测站，开展水力侵蚀、风力侵蚀及冻融侵蚀的定位观测工作；完成全国水土保持监测信息管理系统的搭建，并及时将每年度的监测成果录入系统，为智慧水利建设提供了大量的数据支持。同时，建立了全流程的成果质量控制体系，开发了数据质量控制软件，以确保监测成果的准确性；编制了年度水土流失动态监测技术指南，明确了动态监测各环节的技术要求；搭建了专家支持系统，专注于解决动态监测过程中的技术难点。

新时代，我国已构建起"国家—流域—省—监测站"链条式的全国水土流失动态监测组织体系，遵循"统一标准、分级负责、协同开展"和"不重叠、全覆盖"的原则，采用全国统一的技术路线、监测指标与内容，建立

---

① 水利部印发实施方案部署新一期全国水土流失动态监测工作［EB/OL］．（2022-10-20）［2022-10-20］．https://www.gov.cn/xinwen/2022-10/20/content_5720027.htm.

了分工明确、协作高效的组织方式，为全国水土流失动态监测工作的有序开展提供了重要保障。水利部水土保持监测中心与七大流域水土保持监测中心（站）具体负责23个国家级水土流失重点预防区和17个国家级水土流失重点治理区的年度动态监测任务；各省区市水行政主管部门负责完成本辖区内除国家级重点防治区以外区域的监测工作，实现了除港澳台地区外的国土范围年度动态监测全覆盖。在国家级和省级监测任务完成并经成果复核后，监测数据被汇总分析，形成全国水土流失动态监测成果，最终经水利部审查发布，构建了水行政主管部门统筹协调、水土保持监测机构具体实施的全国"一盘棋"工作格局。

（二）荒漠化沙化监测预警

1991年，国务院在兰州召开全国治沙工作会议，决定开展全国范围内的沙漠化普查和监测工作。1994年10月，我国签署《联合国防治荒漠化公约》，这标志着我国沙漠化防治工作正式与国际荒漠化防治体系接轨[①]。同时，我国成立了由林业部门担任组长、19个部（委、办、局）组成的中国防治荒漠化协调小组，在中央和地方多个层级间逐步建立起跨领域、共同治理的管理机制。为履行《联合国防治荒漠化公约》并贯彻《1991—2000年全国防沙治沙规划纲要》精神，我国于1995年成立了中国荒漠化监测中心，这是专门为国家荒漠化沙化防治及生态建设提供决策服务的技术性单位。同年，我国开始正式将荒漠化沙化监测工作纳入国家专项财政预算。

1994—1996年，林业部组织技术人员对全国范围内的沙漠、戈壁及沙化土地进行了普查，这是新中国成立以来我国首次开展的全国性荒漠化沙化监

[①] 荒漠化是指在气候变化和人类活动的多种因素作用下，干旱、半干旱和干旱亚湿润区的土地退化，可分为风蚀荒漠化、水蚀荒漠化、土盐渍化、冻融荒漠化等；沙漠化亦称沙质荒漠化或风蚀荒漠化，是指在干旱、半干旱（包括部分半湿润地区）脆弱的生态条件下，由于人为过度的经济活动，破坏生态平衡，使原非沙漠地区出现了以风沙活动为主要特征的类似沙质荒漠环境的环境退化过程；风沙化（沙化）是指具有风沙活动并形成风沙地貌景观的土地退化过程。参见：王礼先，周金星. 关于荒漠化、沙漠化、风沙化和沙化的概念[J]. 科技术语研究，2000（4）：23，31.

测。此次普查覆盖面积达457万平方千米，采用地面调查结合TM影像核对的方式，首次系统全面地掌握了我国沙漠、戈壁及沙化土地的面积规模、分布现状以及近20年的发展变化趋势，并结合已有的水土流失、草场退化、土地盐渍化等数据编制了1：100万和1：250万全国荒漠化分布图，完成了《中国荒漠化报告》，为日后我国开展荒漠化防治及防沙治沙工作提供了宝贵的数据支持①。1999年，我国开展了第二次全国荒漠化沙化监测工作。

进入21世纪，我国荒漠化沙化监测工作走上了科学化、规范化和制度化的轨道。中央气象台从2001年3月1日起正式启动沙尘暴天气预报警报业务，开始通过媒体向社会发布沙尘天气预报或警报。2002年1月1日开始实施的《中华人民共和国防沙治沙法》对全国土地荒漠化沙化监测工作做了具体的法律规范，我国成为世界上第一个通过立法程序对荒漠化沙化监测做出法律规定的国家②。中国气象局和国家林业局从2002年起在每年一月份联合召开中国北方地区沙尘天气趋势会商会，对当年春季的沙尘天气趋势进行预测，并将预测结果联合上报国务院。2004—2019年，我国开展了每5年一次的全国荒漠化沙化监测工作。

"十二五"时期，我国防治荒漠化沙化工作进入了工程带动、政策拉动、科技推动、法制促动的快速发展新阶段。在这一期间，我国荒漠化沙化监测技术得到快速发展，实现了空间技术、传感器技术、卫星定位与导航技术和计算机技术、通信技术相结合；印发了《全国防沙治沙规划（2011—2020年）》，强调要加强科技攻关、技术推广，提升荒漠化沙化监测预警能力；编制了《防沙治沙技术规范》等国家标准，形成了《荒漠生态系统服务功能评估》等行业标准以及多项地方标准。

---

① 林进，周卫东.中国荒漠化监测技术综述[J].世界林业研究,1998(5):59.
② 《中华人民共和国防沙治沙法》指出，土地沙化是指因气候变化和人类活动所导致的天然沙漠扩张和沙质土壤上植被破坏、沙土裸露的过程；本法所称土地沙化是指主要因人类不合理活动所导致的天然沙漠扩张和沙质土壤上植被及覆盖物被破坏，形成流沙及沙土裸露的过程；本法所称沙化土地，包括已经沙化的土地和具有明显沙化趋势的土地。

2022年12月15日，国家林业和草原局、国家发展改革委等7部门联合印发的《全国防沙治沙规划（2021—2030年）》强调要强化科技支撑，推进感知系统和监测体系建设。

1. 推进防沙治沙领域实验室、科研示范基地等平台建设。重点加强沙漠生态功能评估、山水林田湖草沙一体化保护和系统治理、全球气候变化对荒漠化影响、典型地区荒漠生态系统演替、北方防沙带7大强风蚀区生态保护修复、盐渍化荒漠化等困难立地植被恢复、干旱区半干旱区水资源循环与林草植被配置、荒漠生态系统景观与生态服务价值评估等方面研究。

2. 完善以宏观调查监测为主体、年度趋势监测为辅、专题监测和定位监测为补充，天空地一体化的全国荒漠化沙化调查监测体系，实现监测数据实时共享。

3. 提升沙尘暴监测预报预警、灾情评估、信息传输、决策指挥等能力；研究分析沙尘源区植被与沙尘天气相关性，为因害设防、科学开展沙尘暴防治提供决策依据[①]。

截至2024年，我国已建立26个荒漠生态系统定位观测站和13个沙尘暴地面监测站[②]。建立了以宏观监测（5年一轮）为核心的"1+N"荒漠化沙化监测体系，同时辅以重点地区专题监测、定位监测及年度趋势监测等多种监测手段，逐步实现了"空—天—地—网"一体化的监测模式，覆盖全国30多个省份的500多个县级行政区；建立了沙尘暴综合监测体系，实现了对沙尘暴发生、发展及其影响的全过程监测与跟踪，为政府和公众提供沙尘天气预报和预警服务；中国荒漠生态系统观测研究网络基本实现覆盖国内的八大沙漠和四大沙地，同时兼顾中南、西南地区的部分非典型沙地、岩溶石漠化区域以及干热干旱河谷等特殊环境；建立了《沙化土地监测技术规程》《沙尘暴天气监测规范》等国家标准，以及《荒漠生态系统定位观测技术规范》《绿

---

① 国家林业和草原局, 国家发展改革委, 财政部, 等. 全国防沙治沙规划（2021—2030年）[Z].2022-12-15: 53-54. https://www. gov. cn/zhengce/zhengceku/202309/content_6903888. htm.

② 李万祥. 防沙治沙呈现整体好转态势[N]. 经济日报, 2024-11-15.

洲防护林体系建设技术规程》等一系列行业标准，为获取荒漠化沙化现状数据和沙尘暴等自然灾害发生、发展过程的信息提供了技术规范[1]。

六、强化新时代自然灾害综合监测预警系统建设

我国自然灾害易发频发，多灾种集聚和灾害链特征日益凸显，亟需强化卫星遥感、大数据、云计算、物联网等技术融合创新应用，加强综合监测预警系统建设，提高预报预警时效性、准确性，即要强化风险基础数据库建设、风险监测系统建设、风险预警系统建设。在风险基础数据库建设方面，依托第一次全国自然灾害综合风险普查成果，建设分类型、分区域的国家自然灾害综合风险基础数据库，绘制全国1：100万、省级1：25万和市县级1：50 000自然灾害综合风险图、综合风险区划图、综合防治区划图，规范基础数据库、评估与区划图的动态更新和共享应用。在风险监测系统建设方面，依托气象、水利、电力、自然资源、应急管理等行业和领域灾害监测感知信息资源，发挥"人防+技防"作用，集成地震、地质、气象、水旱、海洋、森林草原火灾6大灾害监测模块，建立多源感知手段融合的全灾种、全要素、全链条灾害综合监测预警系统，在京津冀、长三角、粤港澳大湾区、长江流域、黄河流域、青藏高原等重点区域先行开展试点建设。在风险预警系统建设方面，在自然灾害监测预警信息化工程实施成果基础上，充分利用5G、大数据、云计算、人工智能等技术手段，集成建设灾害风险快速研判、智能分析、科学评估等分析模型，建设重大灾害风险早期识别和预报预警系统，提升长中短临灾害风险预报预警的效率和精度，对接国家突发事件预警信息发布系统，实现预警信息多手段、多渠道、多受众发布[2]。

---

[1] 卢琦，雷加强，李晓松，等. 大国治沙：中国方案与全球范式［J］. 中国科学院院刊，2020（6）：660-661.

[2] 国家减灾委员会. "十四五"国家综合防灾减灾规划［EB/OL］.（2022-06-19）［2022-06-19］. https://www.gov.cn/zhengce/zhengceku/2022-07/22/content_5702154.htm.

　　从整体上看，基础数据库提供全面的数据支撑，监测系统根据灾害数据信息实时更新风险状况，预警系统再将数据分析结果转化为行动建议，形成了数据收集、分析、应用的全链路管理；从数据库的建设到监测系统的整合，再到预警系统的智能分析，技术应用层层深入，推动了防灾减灾能力的跨越式提升；数据的共享与应用、监测资源的整合、预警信息的联动发布，全面落实了灾害协同治理的重要理念。最终，形成以数据为基础、以技术为手段、以协同为保障的现代化灾害综合监测预警系统，以有效应对我国自然灾害易发频发、多灾种集聚和灾害链特征日益凸显的现状。

第六章

新时代我国自然灾害防治理论研究

本章梳理了气象水文灾害防治理论、地质地震灾害防治理论、海洋灾害防治理论、生物灾害防治理论、生态环境灾害防治理论的学术史以及理论研究的重点热点问题，强调要加强自然灾害防治领域前瞻性、基础性和原创性研究，形成系列自然灾害孕育演化基础理论，为防灾减灾救灾技术装备研发提供理论支撑，为推进国家防灾减灾救灾体系和能力现代化奠定基础。

一、气象水文灾害防治理论

气象水文灾害是指由于气象和水文要素的数量或强度、时空分布及要素组合的异常，对人类生命财产、生产生活和生态环境等造成损害的自然灾害。气象水文灾害是全球范围内发生频率最高的自然灾害。

（一）干旱灾害理论研究

新中国成立以来，我国的干旱灾害理论研究可以划分为4个阶段，即干旱灾害现象特征和时空分布规律的研究、干旱形成机理和变化规律的研究、干旱灾害风险机制和风险评估方法以及中国干旱灾害风险特征的研究、骤发性干旱灾害的研究。

1. 干旱灾害现象特征和时空分布规律研究。建国初期，由于自然灾害频繁发生，为了稳定农业生产并实现旱涝保收，我国开展了大规模的干旱灾害调查工作。最初，由于受实测降水量数据的限制，研究工作只能依赖于历史记录、民间经验和有限的降水记录，从干旱灾害的现象出发，分析干旱的特征及危害。随着后续气象观测网络的完善和探测技术的持续进步，该研究逐渐深入到干旱的时空分布规律方面，最终得出4条结论：（1）我国区域干旱灾害年发生概率较高，大多在50%以上；而大范围干旱灾害年发生频率不高，约为11%，但危害尤为严重，应予以高度关注。（2）北方地区属于干旱频发区，但南方地区干旱频次也逐渐增多。（3）北方地区发生持续性干旱的可能性高于南方；持续3个月以上的较长时间干旱灾害主要集中在北方的半干旱半湿润区域及西南地区。（4）旱灾受灾面积总体呈逐年增大趋势，农作物因旱受灾面积和成灾面积趋于增大。

2. 干旱形成机理和变化规律研究。干旱的发生受气候异常以及水资源供需变化等多种因素影响，其多时空尺度性和尺度间的交叉耦合又进一步增加了干旱形成机理的复杂性，导致此前我国对干旱灾害成因的理解尚不如对干旱气候成因的理解清晰，许多结论还处于较为模糊的阶段。从20世纪80年代起，我国开始对干旱形成机理和变化规律进行研究。通过对干旱形成机理和变化规律的研究，解决了众多疑难问题。例如，大气环流异常可导致降水量时空分布变异，部分区域降水量减少进而形成区域干旱事件；植被退化、积雪增多或土地利用等陆面因子改变造成地表反照率增大，导致下沉运动加强，抑制降水发生，从而导致干旱；海温和海洋引起的环流异常也是导致干旱灾害的重要因子。此外，人类活动，如土地过度开垦、过度放牧等也会对区域干旱产生显著影响。

3. 干旱灾害风险机制和风险评估方法以及中国干旱灾害风险特征研究。21世纪初，我国对干旱的研究开始聚焦于干旱灾害的风险机制、干旱灾害风险评估方法以及中国干旱灾害的风险特征等方面。学者们提出了干旱灾害形成风险的概念模型，建立了基于风险因子、灾害损失概率统计分析和风险机理的干旱灾害风险评估方法，并得出了我国干旱灾害风险主要呈现北高南低的分布格局，且随着气候变暖干旱灾害风险明显升高的结论。

4. 骤发性干旱灾害研究。骤发性干旱是一种突发性强、发展快、强度高的短期干旱。在全球气候变暖的背景下，因其对作物产量和水资源供给都有严重影响，因此愈发引起广泛关注。从2010年起，我国兴起了对骤发性干旱灾害的研究，并取得了积极进展：（1）研究揭示了Ⅰ型骤发性干旱和Ⅱ型骤发性干旱两类骤发性干旱的主要特征，即前者高发于我国南方，主要受高温驱动，并伴随蒸散作用增强和土壤湿度的降低；后者则高发于我国北方，主要由严重的水分亏缺引起，从而引发土壤快速变干和植被蒸散能力的减弱。（2）研究表明长期气候变暖是导致骤发性干旱增加的首要因素，其贡献率可达50.1%，其次是土壤湿度的下降和蒸散作用增强的影响，其贡献率分别为37.7%和13.8%。（3）研究发现骤发性干旱与传统持续性干旱既有共性又有差异，即气候特征表现、空间尺度、危害性等方面相同或相似，而发展速度、发生频率、持续时间、主导因子、发生时间等方面相异[①]。

---

① 张强，姚玉璧，李耀辉，等. 中国干旱事件成因和变化规律的研究进展与展望[J]. 气象学报，2020（3）：500–521.

近年来，学术界关于干旱灾害研究的理论热点是干旱灾害风险问题，具体而言，包括干旱灾害风险特征、干旱灾害风险区划、干旱带旱灾危险性时空演变特征、干旱灾害综合风险指标构建、流域干旱灾害风险知识图谱构建、流域干旱灾害风险防控体系构建，等等。例如，水利部水利水电规划设计总院的徐翔宇等人提出了干旱灾害风险区划的基本思路，以及基于干旱灾害风险度提出了干旱灾害区划方法，并分别从农业干旱灾害、因旱人饮困难和城镇干旱灾害等3个方面揭示全国干旱灾害风险空间分布特征，提出不同地区的防治等级及防治策略，为不同区域干旱灾害防治提供了理论参考[①]。

中国水利水电科学研究院防洪抗旱减灾中心的屈艳萍等人基于水资源量分析干旱灾害危险性空间分布情况，通过分析不同干旱频率下现状年供水与历史典型年供水能力的差异，计算不同干旱频率下的农业干旱灾害影响，揭示全国农业干旱灾害风险分布特征。其指出：我国干旱灾害危险性较高的地区大多分布在粮食主产区；在5年一遇、10年一遇、20年一遇的情况下，农业干旱灾害高风险区主要分布在黄淮海地区、东北地区、西北地区等北方地区；在50年一遇和100年一遇的情况下，西南地区和长江中下游地区等水资源相对丰沛地区的农业干旱灾害风险剧增，区域粮食安全、供水安全甚至生态安全将面临严峻挑战[②]。

（二）洪涝灾害理论研究

洪涝灾害可划分为洪水、涝害、湿害等三种类型，是全球频率最高且地理分布最广的自然灾害之一，大规模的洪水灾害可造成严重的人员伤亡和经济损失。据统计，2001—2020年，我国因洪涝灾害产生的年均受灾人口达10 356.6万人，其中2003年受灾人口超过2亿人，全国年均农作物受灾面积

① 徐翔宇, 李云玲, 李原园. 全国干旱灾害风险区划的思路方法及防治策略[J]. 中国水利, 2023（8）：20-22.
② 屈艳萍, 陈茜茜, 高辉, 等. 我国农业干旱灾害风险评估及分布特征分析[J]. 中国水利, 2023（8）：23-27.

857.7万公顷，年均直接经济损失达1 678.6亿元，占GDP的0.34%[①]。

近年来，学术界关于洪涝灾害研究的理论热点是城市洪涝灾害问题。有学者对城市极端暴雨形成机制、城市洪涝致灾机理进行了总结梳理。

1. 城市极端暴雨形成机制。（1）暴雨形成的物理条件。有学者指出，暴雨形成的过程相当复杂，主要物理条件包括充足的水汽、强盛而持久的气流上升运动和不稳定的大气层结构。有学者指出，各种尺度的天气系统和下垫面特别是有利的地形组合可产生较大的暴雨，以中国为例，由于地域辽阔，不同区域常出现不同类型的暴雨，如江淮暴雨、华南前汛期暴雨、东北暴雨、西南暴雨、华北暴雨等。还有学者回顾并总结了我国几个主要区域暴雨形成机理，认为江淮暴雨的形成与对称不稳定、涡度场的变化及β中尺度对流线关系极大；华南地区位于副热带高压的西北缘，低空季风气流在向北输送过程中，地形抬升、海陆差异及不均匀加热等多种因素造成中小尺度辐合、切变及对流系统活动频繁，形成华南前汛期暴雨天气；东北暴雨的形成主要是由于东北冷涡背景下，干冷空气入侵促进了暴雨区内的不稳定，促使垂直运动发展，此外，气旋和切变也可能引发东北地区暴雨；导致西南地区暴雨最重要的天气系统是西南低涡，西南低涡造成的暴雨强度、频数和范围仅次于台风，是我国位居第二的暴雨灾害系统；对华北地区而言，因喇叭口地形、迎风坡地形强迫增强风速辐合，强降水常出现在华北平原与四周山区的过渡地带，同时华北暴雨的重要特征之一是中、低纬度天气系统相互作用。（2）全球变暖对城市暴雨特性的影响。有学者指出，在全球变暖及城镇化进程加快的共同影响下，我国极端强降水事件整体增多增强。全球变暖，一方面加快了水文循环过程，增加了海洋和陆地表面的蒸发；另一方面增强了大气持水能力。全球气温每上升1°，大气中的水汽含量增加约7%，潮湿和温暖的大气不稳定性增强，使极端强降水发生的可能性增大。当地面露点温度达到26°时，大气中可降水量在60毫米以上将有利于极端短时强降水的

---

① 李莹，赵珊珊.2001—2020年中国洪涝灾害损失与致灾危险性研究[J].气候变化研究进展，2022（2）：154-165.

出现。（3）城镇化对城市暴雨特性的影响。城镇化对城市暴雨特性的影响主要包括热岛效应、凝结核增强效应、微地形阻障效应3个方面。热岛效应是指城市中心比郊区温度高的现象，温度升高促进极端降水，热岛效应的热扰动促进对流，进而形成和增强局地极端降水；凝结核增强效应是指城市空气中增加的污染物粒子提供了充足的水汽凝结核，增加了城区的降雨概率和强度；微地形阻障效应是指暖湿空气在运动过程中，遇到高楼大厦群，有一定地形爬升作用，暖湿空气上升冷却，增加了降雨的可能性。

2. 城市洪涝致灾机理。有学者指出，暴雨作为致灾因子，是导致城市洪涝灾害的直接原因，其强度和时空分布直接关系到城市洪涝灾害发生的概率、受灾程度及灾害分布。受城镇化影响，洪涝灾害孕灾环境明显改变，大范围的基础设施建设导致市区不透水面积比例迅速提高，城市河道和低洼地被填平或被改造；城区雨水汇集速度加快，河道缩窄，行洪断面减小，城区蓄水能力严重降低，排水能力下降，进排速度不成比例加剧了城市洪涝的风险。有学者指出，承灾体作为致灾因子的作用对象，其脆弱性是指在一定社会政治、经济、文化背景下，区域容易受到伤害或损伤的程度大小。城镇化发展改变了原始的河湖水系格局与水系连通功能，亦改变了地表水和地下水的转化路径，使众多天然水循环转变为人工水循环，且城市排水管网覆盖率、设施排涝能力偏低，这些因素都加剧了城市排水承灾体的脆弱性；城市洪涝灾害一旦发生，暴露在洪水中的行人、道路、建筑物等承灾体极易受到威胁，造成人员伤亡、积水断路、停水停电及经济损失等，甚至可能导致城市应急指挥系统和通讯、电力、医疗等基础保障系统等彻底瘫痪[①]。

此外，学者们还对城市洪涝灾害风险评估、城市洪涝灾害链、城市洪涝灾害韧性、城市洪涝灾害信息、城市洪涝灾害应急、城市洪涝灾害预警预报等问题进行了较为系统的研究。例如，中国水利水电科学研究院流域水循环模拟与调控国家重点实验室的王浩等人以郑州2021年"7·20"特大暴雨洪

---

① 张金良，罗秋实，王冰洁，等. 城市极端暴雨洪涝灾害成因及对策研究进展［J］. 水资源保护，2024（1）：6-15.

涝灾害中地铁5号线被淹和京广快速路隧道被淹2个事件为案例，构建知识图谱揭示灾害链传递规律；通过复盘灾害链的演变过程，从中识别灾害链中的诱发点、引爆点、扩散点以及放大点，并着重分析致灾机理以及灾害链的时空特性，以灾害曲线形式直观展示不同灾害链的影响程度；郑州"7·20"洪涝灾害典型案例解析表明，该事件存在多个灾害链阻断时机，在救灾过程中应综合考虑灾前、灾中因素的影响，果断采取断链措施，并且要充分发挥应急措施的时效性，及时阻断引爆点和扩散点，降低洪涝灾害损失[①]。

三峡库区生态环境教育部工程研究中心的陈志鼎等人以湖北省17个城市为研究对象，选取2010—2021年为研究期，从压力、状态、响应等维度构建城市洪涝灾害韧性评价指标体系，运用CRITIC-熵权组合赋权法分析其洪涝灾害韧性时空演变，并利用空间自相关法分析其洪涝灾害韧性空间集聚特征，再用地理探测器模型分析其驱动因素。其指出：（1）研究期内湖北省城市洪涝灾害韧性指数呈波浪式上升趋势，增幅达34.82%；（2）城市洪涝灾害韧性的空间分布主要呈现为"西高东低"和以武汉为高值向外递减，城市洪涝灾害韧性的空间集聚效应较强；（3）城市洪涝灾害韧性的空间分异性为多因素共同作用。其中，人口暴露程度、地形起伏情况、地表陡缓程度、医疗保障能力为主要驱动因素[②]。

（三）暴雨灾害理论研究

暴雨作为一种常见的气象水文自然灾害，对环境和社会的危害极为显著。农村的涝渍灾害、洪水灾害以及城镇的内涝问题均可能由暴雨引起，其不仅对作物生长产生负面影响，还严重干扰城市交通和日常生活，同时还可导致地质灾害如山洪、滑坡和泥石流的爆发，进而破坏作物、生产设施、道

---

① 王浩，杜伟，刘家宏，等. 基于知识图谱的城市洪涝灾害链推演及时空特性解析[J]. 水科学进展，2024（2）：185–196.

② 陈志鼎，万山涛，李小龙，等. 湖北省城市洪涝灾害韧性时空演变及驱动因素分析[J]. 中国农村水利水电，2024（6）：21–30.

路等，甚至造成人畜伤亡及严重经济损失。

我国历史上多次严重的洪涝灾害，如1954年和1998年的长江洪涝，均由暴雨引发。因此，暴雨灾害始终是学者们研究的重点问题。有学者指出，自竺可桢1934年发表《东南季风与中国之雨量》以来，我国暴雨灾害研究主要经历了三个阶段。

第一阶段，是20世纪70年代中期以前，这一阶段的研究重点是暴雨发生的大尺度环流、水汽来源和输送、天气尺度降水系统和重大暴雨过程的个案分析。根据这些研究，人们对影响中国的暴雨的环流型、主要降水系统和大范围强暴雨发生和维持的条件有了基本的认识。该阶段的主要成果是突破了气团理论的观念，并结合我国实际情况，引入了先进的大气环流和天气动力学新观念。该阶段取得的一系列新的研究成果，为我国的暴雨灾害研究奠定了基础，并通过吸收和创造性运用国外先进气象理论知识，大大提高了我国暴雨灾害研究的整体水平。

第二阶段，是20世纪70年代中期至90年代初期，该阶段的主要工作是研究历史性重大暴雨个案，建立全国性暴雨协作组和中小尺度基地。1975年8月5日至7日，河南省发生了暴雨灾害，这场特大暴雨夺走了26 000多人的生命，经济损失巨大。气象、水文部门从这场及其他大暴雨与大洪水灾害，如1954年长江大洪水、1958年黄河大洪水、1963年海河大洪水、1991年淮河大洪水和1994年珠江流域大洪水中吸取了经验教训，从全国层面加强了对暴雨灾害的研究，这包括组织了专门的暴雨协作组和建立了京、津、冀等4个中小尺度基地，理论研究重点逐步从天气尺度转向了中尺度。

第三阶段，是20世纪90年代初期以后，这一阶段，我国在暴雨灾害研究领域取得了众多具有前瞻性的成果，例如发现了暖湿季风输送带对我国暴雨的形成具有一定的促进作用；研究了多种尺度天气系统（行星尺度、天气尺度、中尺度和小尺度）对暴雨的形成和增幅作用的影响；证明了湿斜压不稳定性是季风区大面积暴雨的重要机制；对中国历史上的严重暴雨灾害进行了详尽的个例分析和规律性总结；讨论了梅雨作为中国东部和东亚地区夏季主要雨季的形成原因；分析了气候变化与城市变化对城市暴雨的影响作用；在中尺度系统的特征、结构及暴雨形成机理方面取得了一系列重要进展[①]。

近年来，学术界关于暴雨灾害研究的理论热点是暴雨与地质灾害的关系问题，具体而言，包括暴雨山洪泥石流、沟谷型暴雨泥石流、链式成灾过程的暴雨泥石流、暴雨-滑坡灾害链、地震区暴雨滑坡泥石流、暴雨-地质灾害链、南方暴雨引发地质灾害的成因特点、地质灾害发生与降水的耦合关系，等等。例如，应急管理部国家自然灾害防治研究院的刘传正等人针对我国南方地区强降雨引发的多起地质灾害，分析区域降雨引发地质灾害的特点及成因，并提出预防应对地质灾害的共性问题及经验启示[②]。

湖南省自然资源事务中心的段中满等人通过利用湖南省地质灾害和相应降水资料，采用统计分析、相关性分析、频次分析等方法对此进行综合分析。其指出：（1）降水与地质灾害发生有着极其密切的关系，湖南省年内降水量1 300毫米至1 600毫米地区是地质灾害发育最密集区，每年4月至7月为地质灾害高发时段；年平均降水量大于1 600毫米、月平均降水量大于200毫米的区域，特别是突然性的短时高强度降水和长时间的过程性降水，易引发地质灾害。（2）暴雨频次和降雨量与崩滑流灾害的发生密切相关，特别是在暴雨频次、降雨量达到一定阈值时，崩滑流灾害呈现集中爆发的趋势[③]。

二、地质地震灾害防治理论

地质地震灾害是指由地球岩石圈的能量强烈释放、剧烈运动或物质强烈

---

① 丁一汇. 中国暴雨理论的发展历程与重要进展［J］. 暴雨灾害, 2019（5）: 395-406.

② 刘传正, 赵信文. 南方暴雨引发地质灾害的成因特点及预防应对思考［J］. 中国减灾, 2024（15）: 16-19.

③ 段中满, 张莉华, 薛云, 等. 湖南省地质灾害发生与降水的耦合关系研究［J］. 矿产勘查, 2024（7）: 1310-1317.

迁移，或是由长期累积的地质变化，对人类生命财产和生态环境造成损害的自然灾害。地质地震灾害，尤其是滑坡、泥石流、地震具有突发性强、破坏力大、预测难度高等特点，其影响往往波及广泛且后果严重。

（一）滑坡灾害理论研究

滑坡灾害，是指斜坡部分岩（土）体主要在重力作用下发生整体下滑，对人类生命财产造成损害的自然灾害。滑坡根据其滑体的物质组成、形成原因及滑动形式等可分为各种类型：按物质组成分土质滑坡、岩质滑坡；按引起滑动的力学性质分推移式滑坡、牵引式滑坡；按滑体厚度分浅层滑坡、深层滑坡；按滑动面通过岩层情况分顺层滑坡、切层滑坡等。

近年来，学术界关于滑坡灾害研究的理论热点是滑坡灾害的形成机理、探测方法、风险评估、监测预警等问题。例如长安大学的彭建兵等人在大量的调查统计、试验与理论分析基础上，总结得出区域构造应力是黄土高原滑坡高发的主要驱动力，它是滑坡分区分带群发的控制因素，是黄土滑坡的"第一元凶"；边坡构造应力既造就了结构面，又不断地改造和松动着结构面，持续地肢解着边坡的完整性，它是单体滑坡形成的主要驱动力，是黄土滑坡的"第二元凶"；黄土是一种特殊的结构土，具有极强的水敏性，在土体应力驱动下极易灾变，黄土的这种易灾特性是土体灾变的内在原因，是黄土滑坡的"第三元凶"；大量的滑坡发生都与水有关，地表水大量渗入黄土浅表部，会引起浅表崩塌和溜滑灾害，而当水沿着微、细、宏观优势通道进入黄土深部后，就可能引起深层滑坡，因此，动水渗透作用是黄土滑坡的"主凶"；工程扰动既会改变边坡原有的应力状态，进而扩展和松动已有的结构面，工程扰动日益成为一种诱发地质灾害的重要地质营力，是黄土滑坡的"帮凶"[①]。应急管理部国家自然灾害防治研究院的薛智文等人以2024年1月22日云南省镇雄县凉水村滑坡事件为例，通过信息查阅法、地理环境因素

---

① 彭建兵,王启耀,庄建琦,等.黄土高原滑坡灾害形成动力学机制[J].地质力学学报,2020(5):714-730.

分析法以及对比分析法，对此次滑坡成因进行了详细分析。其指出：（1）滑坡对外界触发条件的依赖较弱，受自然因素影响较大，为弱触发类滑坡。（2）滑坡点附近的高陡斜坡和不稳定的缓坡平台构成了滑坡发生的基础条件，在重力作用下容易发生崩塌滑动。（3）三叠系砂泥岩、泥灰岩夹薄层泥页岩，易于沿岩层面、构造节理或表生风化裂隙软化、泥化和渗流侵蚀。构造节理垂直切割岩层，形成了不稳定的交错架空结构，一旦发生位移，这种层状节理化岩体会快速发展成倾倒变形乃至结构性崩溃破坏。（4）降雨渗流会侵蚀溶蚀岩体裂隙，软化岩层面并降低摩擦力。冰雪融水渗流软化作用以及水体反复冻结膨胀，逐渐扩大裂隙宽度并侧向挤出位移，降低节理化岩体的稳定性。滑坡发生时温度较低，累积降水量10~30mm，这些气候因素的累积效应显著增加了滑坡风险。（5）采矿、道路建设等人类活动可能会影响地下水位，进而改变地质结构和水文条件，加剧地质灾害的风险[①]。

成都理工大学地质灾害防治与地质环境保护国家重点实验室的陶鑫鑫等人认为，差异化的断裂运动会造成显著相异的构造应力分布，而区域滑坡灾害更集中分布在断层锁固引起的构造应力异常区域；对应力异常区的斜坡进行稳定性研究发现，受应力长期累积影响，斜坡表层应力场持续扰动，造成潜在危险滑移面安全系数降低，促进滑坡失稳。其指出：断裂构造运动模式可对区域滑坡灾害的发育和分布造成不可忽视的影响，且长期持续的构造应力荷载将促进滑坡灾害的发育[②]。昆明理工大学国土资源工程学院的陈敬业等人以广东省龙川县群发性滑坡灾害为例，通过大量现场勘查查明了滑坡区域地质环境条件与植被发育情况，分析植被对浅层滑坡的增渗效应。其指出：植被能够有效地增强土壤渗透能力，渗透能力大小依次为针叶林地、灌木林地、裸土地；在植被增渗效应影响下，雨水入渗到根土复合层底部会发

---

① 薛智文，许冲，付登文，等.2024年1月22日云南镇雄滑坡灾害成因分析[J].地震研究，2025（1）：80-88.

② 陶鑫鑫，杨莹辉，范宣梅，等.构造动力对滑坡灾害发育的影响——以喜马拉雅东构造结地区为例[J].大地测量与地球动力学，2023（10）：1056-1062.

生滞水现象，浅层土体迅速趋于饱和，土体中孔隙水压力及渗流力瞬时剧增，土体饱水使得残积土发生软化，同时边坡自重增加，最终导致斜坡失稳[①]。

（二）泥石流灾害理论研究

泥石流灾害，是指由暴雨或水库、池塘溃坝或冰雪突然融化形成强大的水流，与山坡上散乱的大小块石、泥土、树枝等一起相互充分作用后，在沟谷内或斜坡上快速运动的特殊流体，对人类生命财产造成损害的自然灾害。

新中国成立以前，我国边远山区仅有零星的泥石流灾害，但因山区人烟稀少，加之当时经济落后，交通不便，难以引起人们的关注，只有少数地质、地理和水利工作者进行过这方面的调查。新中国成立后，我国泥石流研究大体经历了3个不同的阶段，从起步、发展到趋向成熟。

1. 20世纪50年代的泥石流研究。这一时期，我国泥石流研究工作处于起步阶段，在公路、铁路修建中遇到泥石流灾害，我国交通部门首先开展了泥石流的调查和观测工作。

2. 20世纪60—90年代的泥石流研究。60年代，为了配合交通建设、山区工矿城镇建设和农业生产，继铁路、公路之后，我国冶金、地质、水利、航运、矿山、机械、城建、农林和高等院校都相继开展了泥石流的调查研究，中国科学院系统和其他专业科研部门开辟了泥石流专题研究，并把其纳入国家科研计划，成立了相应的研究机构。这一时期的泥石流研究工作，既有综合性的科学考察和定位观测工作，也有专题性的实验研究。泥石流科研成果不论在定性或定量方面，都达到了一定的水平，为我国山区工农业生产和国防建设作出了积极贡献。70年代，泥石流科研工作转入以探索泥石流内部规律为主的定点观测试验与各类泥石流防治工程相结合的阶段。与此同时，一些分支领域开始把泥石流视为一定自然条件组合下的产物，与第四纪以来的地质发展、地貌演变、气候变迁、冰川进退以及人类经济活动等有机地联系

---

① 陈敬业, 王钧, 宫清华, 等. 植被增渗效应对花岗岩残积土浅层滑坡的影响机理研究[J]. 水文地质工程地质, 2023（3）：115-124.

在一起，对泥石流的发生、发展、分类、分区等，提出了有益的见解。80年代，泥石流研究进入了发展高潮阶段。不论是从研究内容还是研究方法上都进入了一个相对丰富的时期，泥石流研究正式被纳入我国科学技术发展规划。中国科学院对泥石流科研体制和专业人员进行了调整集中，并确定成都地理研究所以泥石流研究为其主攻方向。90年代，随着人口剧增、资源枯竭、环境恶化等全球性重大问题的出现，并由此而导致的自然灾害也有增无减，愈演愈烈，成为阻碍各国经济发展和人民生命财产安全的心腹大患。由此，我国的泥石流研究工作也被推向了一个新的发展阶段。

3.21世纪的泥石流研究。这一时期，我国泥石流研究在几十年积累的基础上日趋成熟。在研究技术方面，把GIS的数据分析与成图技术应用到泥石流的风险评价中，取得很好的效果；逐渐开展泥石流地理信息系统的研究，为泥石流研究、防治管理的数字化奠定了可靠的基础。在研究内容方面，更注重多学科全方位的综合研究，并不断向系统化、规范化、定量化和实用化方向迈进[1]。

近年来，学术界关于泥石流灾害研究的理论热点是泥石流灾害的成因、特征、过程，泥石流灾害的风险评估、监测预警，以及泥石流灾害链成灾机制等问题。例如，中国科学院山地灾害与地表过程重点实验室的陈宁生等人基于泥石流灾害集中分布于地震带和干旱河谷的现象以及现有的泥石流形成与防治研究基础，认为在人类居住与活动的山区，其坡度和降水极易满足泥石流灾害的形成条件，因此物源控制着泥石流灾害的孕育、形成和演化，主宰了灾害性泥石流的过程；物源的动态变化改变了泥石流发育的难易程度，主导了泥石流的规模和频率变化；泥石流物源在内外动力作用下经历松散化或密实化两个不同的演化过程，不同密度的土体通过剪缩或剪胀形成不同规模、频率与性质的泥石流[2]。

中国地质科学院地质力学研究所的万飞鹏等人认为，纳古呢沟内滑坡—

---

① 郑治国. 泥石流灾害研究综述 [J]. 科技创业月刊, 2009 (11)：1672-2272.
② 陈宁生, 田树峰, 张勇, 等. 泥石流灾害的物源控制与高性能减灾 [J]. 地学前缘, 2021 (4)：337-348.

泥石流灾害链表现为泥石流—滑坡—溃决型洪水泥石流往复发展的形式，断裂活动导致沟内松散物源及不稳定坡体的发育奠定了灾害链形成的物质基础，高频短时强降雨或连阴雨激发泥石流多次发生，泥石流侧蚀沟谷坡脚使得坡体失稳形成滑坡，滑坡堵塞沟谷形成堰塞湖，溃坝后形成溃决型洪水泥石流；灾害链的演化过程表现为：泥石流初发冲蚀沟道阶段、坡体变形逐渐接近临界失稳阶段、滑坡体下滑堵塞沟道形成堰塞湖阶段、堰塞湖溃决形成溃决型洪水泥石流阶段、对岸坡脚侵蚀坡体失稳下滑阶段、泥石流—滑坡—溃决型洪水泥石流往复发展阶段[①]。

中国科学院山地灾害与地表过程重点实验室的胡凯衡等人认为，四川省甘孜州丹巴县半扇门乡梅龙沟暴发大规模泥石流灾害，形成暴雨—泥石流—滑坡—堰塞湖—洪涝灾害链。具体而言，在前期短历时强降雨激发下，梅龙沟沟道径流沿途铲刮沟道松散堆积物，泥石流冲出量约$2.4 \times 10^5 m^3$，进入主河约$1.3 \times 10^5 m^3$，形成堰塞坝；自然溃流后的泥石流坝残体挤压小金川河，迫使河水冲刷掏蚀对岸阿娘寨古滑坡坡脚，引发红梁木包包和烂水湾两处次级滑坡。古滑坡因之局部失稳复活约$6.6 \times 10^6 m^3$坡体变形剧烈，坡体整体下挫，表面拉裂缝发育，强变形区边缘裂隙已经贯通，整体处于不稳定状态[②]。

（三）地震灾害理论研究

地震灾害，是指地壳快速释放能量过程中造成强烈地面振动及伴生的地面裂缝和变形，对人类生命安全、建（构）筑物和基础设施等财产、社会功能和生态环境等造成损害的自然灾害。

有学者对20世纪全球地震灾害总体情况进行了总结梳理，认为：20世

---

① 万飞鹏, 杨为民, 邱占林, 等. 甘肃岷县纳古呢沟滑坡–泥石流灾害链成灾机制及其演化[J]. 中国地质, 2023（3）: 911–925.

② 胡凯衡, 张晓鹏, 罗鸿, 等. 丹巴县梅龙沟 "6.17" 泥石流灾害链调查[J]. 山地学报, 2020（6）: 945–951.

纪全球灾害地震的地理分布主要在欧亚大陆的中纬度地带，地中海和亚洲，环太平洋地震带的东西两侧的滨海地带，包括日本、菲律宾、印度尼西亚及北美、中美和南美洲的沿岸国家和地区，其中亚洲的灾害地震活动占全球总数的70%至80%[1]。另外，中国地震局工程力学研究所贾晗曦等人对2001—2015年发生在印度、伊朗、印尼、苏门答腊、巴基斯坦、中国、海地、日本、尼泊尔的9次特大地震的震级、经济损失、死亡人数，以及震区人口密度情况、经济状况、次生灾害情况、建筑物情况、民众防灾减灾意识情况、国家救援应急能力等进行了较为详细的阐述[2]。中国地震台网中心、中国地震局的冯蔚、陈通、李华玥、钱庚、朱林等人在《国际地震动态》《震灾防御技术》《灾害学》《地震科学进展》《科学技术创新》等期刊上发表的论文《2016年全球地震灾害概要》《2017年全球地震灾害概要》《2018年全球地震灾害概要》《2019年全球地震灾害概要》《2020年全球地震灾害概要》《2021年全球地震灾害概要》《2022年全球地震灾害概要》等，对2016—2022年的全球地震灾害进行了较为系统的综述评价。

近年来，学术界关于地震灾害研究的理论热点是地震灾害的监测预警、风险评估、损失评估、风险防范、建筑震害、灾害链等问题。例如，西南交通大学土木工程学院的安仁兵等人认为，古建筑中木结构的震害较轻，砖木结构和石木结构的损伤较为严重，表现为墙体开裂、倾斜、倒塌和屋面损毁等破坏；古桥的桥面板产生裂缝和起壳，桥头堡基石发生移位；摩崖造像发生开裂、石像脱落，部分岩石发生坠落；古遗址的原有缝隙增大，石砌墙歪闪或倾斜；可移动文物与陈列台连接的金属卡件在地震下崩落；根据震害调查结果，将文化遗产的震害划分为4个等级，并对古建筑的维修与加固、摩崖造像的一体化监测、古桥的维护与应急抢险、可移动文物的隔震保护提出建议[3]。

---

[1] 赵荣国，张洪由. 地震灾情因社会发展而加重——20世纪全球地震灾害综述 [J]. 国际地震动态，1999（6）：2-12.

[2] 贾晗曦，林均岐，刘金龙. 全球地震灾害发展趋势综述 [J]. 震灾防御技术，2019（4）：821-828.

[3] 安仁兵，游文龙，潘毅，等. 泸县6.0级地震文化遗产震害调查与分析 [J]. 土木工程学报，2022（12）：13-24.

中国科学院地理科学与资源研究所的尹云鹤等人认为，地震—地质灾害链是多灾种的常见表现形式之一，由原生灾害和次生灾害逐级传递，往往导致灾害损失延伸放大。其聚焦中国西南地区典型地震—滑坡—泥石流灾害链，梳理地震与滑坡、泥石流等地质灾害风险的工程与非工程防范措施，解析识别灾害链各链节风险形成过程与防范关键节点路径，提出并构建了地震—滑坡—泥石流灾害链风险防范措施框架；该框架重点包括链节灾害传递阻断措施、承灾风险损失防控措施与减灾能力建设措施，以规避致灾因子危险性、降低承灾体暴露度与脆弱性、提升减灾能力为防范目标，针对关键节点路径，统筹工程与非工程措施，分解区域灾害链因果传递风险[1]。

中国地震局监测预报司认为，地震预报是世界科学难题，人类对地震的认识还处于探索阶段。我国部分国家战略重点区域、重要基础设施、重大项目面临较高地震灾害风险，地震灾害的防控与处置更加复杂，迫切需要全社会共同努力，增强地震灾害风险防范应对能力，即完善防震减灾体制机制、提高地震监测预报预警能力、强化地震灾害风险防范能力、加强地震应急救援能力建设、提升公众自救互救能力[2]。

三、海洋灾害防治理论

海洋灾害是指海洋自然环境发生异常或激烈变化，导致在海上或海岸带发生的严重危害社会、经济、环境和生命财产的事件。我国东海区域灾害最严重，风暴潮、赤潮、海浪、海啸灾害占全部海区的54%；渤海和黄海区域海洋灾害种类最多，除风暴潮、赤潮、海浪、海啸外，还有海冰灾害，各种灾害占全部海区的18%；南海区域最辽阔，各种海洋灾害占全部海区的

---

① 尹云鹤,韩项,邓浩宇,等.中国西南地区地震-滑坡-泥石流灾害链风险防范措施框架研究[J].灾害学,2021(3):77-84.

② 中国地震局监测预报司.坚持以防为主 树牢底线思维 全力提升地震灾害风险防范处置能力[J].秘书工作,2024(6):24-26.

28%，主要分布在北纬12°以北海区[1]。

（一）风暴潮灾害理论研究

风暴潮是指热带气旋、温带气旋、海上飑线等风暴过境所伴随的强风和气压骤变而引起叠加在天文潮位之上的海面震荡或非周期性异常升高（降低）现象。

近年来，学术界关于风暴潮灾害研究的理论热点是风暴潮灾害风险评估、风暴潮灾害损失评估、风暴潮灾害脆弱性、风暴潮灾害对生态环境的影响等问题。例如，浙江省海洋监测预报中心的张月霞等人认为风暴潮灾害风险系统由致灾因子危险性、承灾体脆弱性和灾害损害组成，并从致灾因子危险性、承灾体脆弱性入手，对国内外风暴潮灾害风险评估主要方法进行了系统梳理总结[2]。

中国海洋大学海洋与大气学院的肖茹水等人根据风暴潮灾害损失评估时序、因果关系、结果形式以及灾害要素对评估对象进行了分类，并综述了不同损失类别的定义、特征、评估方法及实践意义[3]。国家海洋局海洋减灾中心的石先武等人从风暴潮灾害脆弱性定义出发，对国内外风暴潮灾害社会脆弱性和物理脆弱性进行了回顾，重点对人口、海堤、房屋等风暴潮灾害典型承灾体物理脆弱性研究进展进行了论述，分析了风暴潮灾害脆弱性评价中存在的不确定性，探讨了风暴潮灾害脆弱性在灾害损失评估、保险及再保险、防灾减灾决策支持等领域的应用[4]。

山东财经大学海洋经济与管理研究院的金雪等人认为，随着全球气候变化的影响加剧，风暴潮灾害年登陆频次呈现增加的趋势，对沿海地区生态

---

[1] 应急管理部新闻宣传司. 海洋灾害有哪些特点 [EB/OL]. （2019-04-01）[2019-04-01]. https://www.mem.gov.cn/kp/zrzh/201904/t20190401_366114.shtml.

[2] 张月霞, 王辉. 台风风暴潮灾害风险评估研究综述 [J]. 海洋预报, 2016（2）: 81-88.

[3] 肖茹水, 郭佩芳, 解晓茹. 风暴潮灾害损失评估研究综述 [J]. 海洋湖沼通报, 2021（2）: 67-73.

[4] 石先武, 国志兴, 张尧, 等. 风暴潮灾害脆弱性研究综述 [J]. 地理科学进展, 2016（7）: 889-897.

环境造成了严重影响，具体表现为海岸侵蚀、生态系统破坏、海水倒灌与盐碱化、淡水资源污染、渔业资源衰退及生物多样性降低等，这不仅直接损害了自然生态系统的平衡与健康，更对人类社会的可持续发展构成巨大挑战，并提出了加强防护设施建设、保护海岸带生态系统，利用数据处理技术、提升预报模拟精度，加强长期跟踪调查、建设监测预警体系，完善相关法规政策、设计应急预案响应机制等建议[1]。

（二）海浪灾害理论研究

海浪是指由风引起的海面波动现象，主要包括风浪和涌浪。风浪是指在风的直接作用下产生的水面波动，涌浪是指风停后或风速风向突变区域内存在下来的波浪和传出风区的波浪。

近年来，学术界关于海浪灾害研究的理论热点是海浪灾害风险预警、海浪灾害风险评估、海浪灾害特征等问题。例如，中山大学大气科学学院的陈剑桥等人利用欧洲中期天气预报中心的再分析数据，分析了2015—2021年发生在浙江东部海域9起沉船海难事故的海浪灾害性特征，即沉船海难事故的发生往往伴随着波高或波陡的增大，使得船舶的纵摇和垂荡加剧；海难发生时波高比12小时前增大0.5米以上，或是海难发生3小时以内波面坡度达到峰值；沉船海难还伴随着风浪向与航向的夹角、风浪向与涌浪向的夹角为60°～100°，船向与某一种浪向接近垂直，使得船舶横摇剧烈；分析了较陡的波面坡度、较大的风浪向和涌浪向夹角产生的原因[2]。

中国海洋大学海洋与大气学院的管长龙等人从物理海洋学的角度出发，较为系统地总结了海冰对海浪作用的国内外研究现状，从理论和实测的角度分别探讨了海冰对海浪能量的耗散及其引起的波动频散关系的变化，分析了海冰覆盖海域海浪的数值模拟与现场观测研究，认为尽管海冰对海浪作用的

① 金雪，殷克东.风暴潮灾害对生态环境的影响及对策研究[J].环境保护，2024（12）：27-30.

② 陈剑桥，韩博，杨清华，等.浙江东部海域沉船海难海浪灾害性特征分析[J].海洋预报，2023（1）：28-38.

机理复杂且与海冰类型高度相关，但是海冰对海浪能量的衰减与传播距离基本呈指数关系，并且海冰会在一定程度上影响海浪的传播速度[①]。

（三）海啸灾害理论研究

海啸是指由海底地震、火山爆发或巨大岩体塌陷和滑坡等导致的海水长周期波动，并造成近岸海面大幅度涨落。

近年来，学术界关于海啸灾害研究的理论热点是海啸灾害评估问题。例如，中山大学地球科学与工程学院的李琳琳等人对近年来南海海啸灾害研究取得的进展进行综述，针对南海内部地震和海底滑坡两类海啸源，介绍地震海啸和滑坡海啸基于典型情景的确定性评估和基于大量地震样本的概率性海啸灾害评估方法，并通过对代表性地震和滑坡海啸模拟分别对马尼拉俯冲带地震、滨海断裂带地震和陆坡巨型滑坡触发海啸的致灾机制和灾害特征进行了分析[②]。

中山大学地球科学与工程学院的潘晓仪等人，综合调查数据揭示了南海域内发育大量海底滑坡，由海底滑坡触发的碎屑流、浊流和海啸等链生灾害，严重威胁深海基础设施及沿海地区人民生命财产安全；模拟了滑坡体动态过程及海啸波的产生和传播过程，结果显示初始水深和坡度差异导致体积相近的白云滑坡和曾母暗沙滑坡触发海啸能力差异巨大，即白云滑坡在源区可产生最高约12米的海啸波，潜在灾害主要危及南海北部区域，尤其是华南沿海；位于较浅初始水深的曾母暗沙滑坡可产生高达约38米的海啸波，危及整个南海中南部；中建南滑坡可产生近10米的海啸波，影响范围主要局限于南海西部越南沿岸；西沙海槽北部陆坡滑坡产生的海啸波波高相对较小，约0.9米[③]。

① 管长龙，李静凯，刘庆翔.海冰对海浪影响研究综述[J].海洋科学进展，2022（4）：594-604.

② 李琳琳，邱强，李志刚，等.南海海啸灾害研究进展及展望[J].中国科学（地球科学），2022（5）：803-831.

③ 潘晓仪，李琳琳，王大伟，等.南海典型海底滑坡的触发机制及其潜在海啸灾害评估[J].地球科学进展，2023（2）：192-211.

国家海洋环境预报中心的李宏伟等人根据历史地震目录建立了渤海区域的震级—频率关系，基于蒙特卡洛算法随机生成了一套10万年的地震目录，最终通过对地震事件的海啸数值模拟及最大波幅的统计分析给出了环渤海区域典型重现期的最大波幅分布以及重点城市的海啸波幅曲线，即渤海地区海啸风险主要集中在渤海湾和莱州湾周边，波幅可达到1～3米，辽东湾地区海啸风险较低[①]。

（四）赤潮灾害理论研究

赤潮是指海洋浮游生物在一定环境条件下暴发性增殖或聚集达到某一密度，引起水体变色或对海洋中其他生物产生危害的一种生态异常现象。赤潮可以分为有毒赤潮、有害赤潮和其他赤潮等3种类型。有毒赤潮是指能引起人类中毒，甚至死亡的赤潮；有害赤潮是指对人类没有直接危害，但可通过物理、化学等途径对海洋自然资源或海洋经济造成危害的赤潮；其他赤潮是指不产生毒素、尚未有造成海洋自然资源或海洋经济危害记录，但可能对海洋生态系统造成潜在影响的赤潮。

近年来，学术界关于赤潮灾害研究的理论热点是赤潮灾害的基本特征、监测预警、风险评估等问题。例如，国家海洋局宁德海洋环境监测中心站的谢宏英等人综述了国内外赤潮灾害的预测、评估和影响状况，分析了赤潮灾害研究工作中存在的问题，提出了未来赤潮灾害研究的发展方向[②]。海域海岛环境科技研究院（天津）有限公司的曾建军等人通过收集《广东省海洋灾害公报》中2013—2022年的赤潮灾害数据，运用统计学方法对广东省海域的赤潮灾害时空分布等基本特征进行了综合研究，即在时间分布上，近10年间广东省海域共发生赤潮95次，年平均9.5次，共发生面积3 624.76平方千米，主要发生时间集中在1—4月，平均每次赤潮持续时间为8.8天；在空间分布上，赤潮发生次数最多的主要位于珠三角海域，赤潮面积发生最大的则位于

---

① 李宏伟，王宗辰，原野，等.渤海海域地震海啸灾害概率性风险评估［J］.海洋学报，2019（1）：51-57.
② 谢宏英，王金辉，马祖友，等.赤潮灾害的研究进展［J］.海洋环境科学，2019（3）：482-488.

粤西海域；引发赤潮的生物共有26种，其中硅藻门13种、甲藻门10种、定鞭藻门、黄藻门和原生动物门各1种，引发赤潮次数最多的是夜光藻和红色赤潮藻，引发赤潮面积最大的是球形棕囊藻[1]。

国家海洋环境预报中心的何恩业等人利用2001—2020年福建沿海赤潮事件记录资料和自然灾害风险判定方法，根据赤潮成灾面积、持续时间、危害类型、渔业直接经济损失等指标综合计算赤潮灾害指数；基于自然断点法，对赤潮灾害指数进行Ⅰ级、Ⅱ级、Ⅲ级、Ⅳ级等4个灾害级别分等定级，即2001—2020年福建沿海赤潮以灾害程度较轻的Ⅰ级和Ⅱ级为主，灾害程度较重的Ⅲ级和Ⅳ级仅占总次数的8.9%，但其造成的渔业直接经济损失达总损失的95%；赤潮暴发次数和面积总体呈现下降趋势，但Ⅲ级和Ⅳ级灾害频次呈现波动特征；季节尺度上表现为单波峰特征，5—6月是赤潮灾害最为严重的时段，赤潮暴发次数、面积和持续时间占总体的比例分别为73.3%、84.6%和74.9%，Ⅲ级和Ⅳ级灾害占总次数的95.2%；空间尺度上，福州、宁德、厦门沿海赤潮累计次数和规模较大，但Ⅲ级和Ⅳ级赤潮灾害主要分布在泉州以北的福建沿海，泉州以南的福建海域赤潮灾害级别整体较低；2001—2020年福建沿海赤潮原因种类逐渐增多，硅藻占比减小、甲藻占比升高，有毒赤潮主要出现在宁德、福州、泉州海域，以米氏凯伦藻引发居多；硅藻赤潮主要暴发在峡湾和海湾海域，而甲藻赤潮在峡湾、海湾和开阔的近岸海域均易暴发，甲藻赤潮暴发位置呈现由福建北部向南部沿海扩张的趋势[2]。

四、生物灾害防治理论

生物灾害是指在自然条件下的各种生物活动或由于雷电、自燃等原因导致的发生于森林或草原的火灾，有害生物对农作物、林木、养殖动物及设

---

[1] 曾建军，徐伟，张露.广东省海域赤潮灾害的基本特征分析[J].海洋开发与管理，2024（1）：52-58.

[2] 何恩业，季轩梁，李晓，等.2001—2020年福建沿海赤潮灾害分级和时空分布特征研究[J].海洋通报，2021（5）：578-590.

施造成损害的自然灾害。生物灾害对全球生态系统与经济发展的威胁日趋严峻，尤其在当今气候变化加剧和人类活动频繁介入的背景下，其影响近年来愈加显著。

（一）植物病虫害理论研究

植物病虫害是指致病微生物或害虫在一定环境下暴发，对种植业或林业等造成损害的自然灾害。种植业病虫害种类主要包括以下几类。

1. 真菌性病害。真菌性病害主要包括白粉病、锈病、霉变病等。这类病害通过侵染植物组织，导致叶片变黄、枯萎，光合作用变弱，最终影响产量和品质。

2. 病毒性病害。病毒性病害是由病毒引发的作物病害，例如黄化病毒、马铃薯Y病毒等。这类病害会导致叶片变黄、变形、卷曲，影响养分吸收和传输，严重时可能导致植物死亡。

3. 紧密农作物间隙病害。紧密农作物间隙病害主要包括白菜类病毒病、马铃薯环腐病等。这类病害通常在紧密种植和连作的情况下容易暴发。这类病害通过土壤中的病原体传播，导致同一地区的农作物不断遭受相同的病害，从而降低产量和土壤质量。

4. 真菌性根系病害。真菌性根系病害以根腐病和根结线虫病为代表，其会导致根部腐烂、变黑，严重影响植物的吸收能力和生长，这类病害常在潮湿的环境中发生。

林业病虫害是指对森林生长和健康产生危害的各种生物，包括病原菌、病毒、真菌、细菌、寄生虫等。这些病虫害通过感染或破坏森林植物的各个部位，直接或间接地对森林生长、环境和经济产生危害，其表现为树木生长发育异常、枯萎或死亡，种群结构和生态系统失衡，甚至危及整个森林的生态功能及其可持续利用。

近年来，学术界关于植物病虫害研究的理论热点是植物病虫害的发生特点、统防统治、风险识别、监测预警等问题。例如，山西省植物保护植物检疫中心的刘一景认为，雨涝灾害对农作物病虫害的发生具有重要影响，即涝灾导致土壤缺氧，使农作物根系无法进行有氧呼吸，降低了其产生能量的能力，也削弱了其吸收水分和养分的能力，甚至停止吸收，导致农作物根系活力和免疫力下降；强降雨容易导致植株受伤或长势衰弱、抗病虫力下降，容易受病虫侵害；雨水冲刷会造成土壤中的氮肥等营养元素向土壤深层渗透流失，导致农作物表现出各种缺素病症；水淹后土壤湿度较高，有利于病原菌的生长繁殖和扩散传播；某些植物会因为水淹而死亡，在细菌的作用下，这些死亡的植物会快速分解并腐烂，形成了害虫的天然孳生地。他指出：雨涝灾害后湿度大，农作物病虫害易加重发生，流行成灾。易发病害有：番茄、辣椒、茄子等作物的青枯病，玉米的纹枯病、大小斑病、茎腐病和顶腐病，果树、马铃薯、番茄、辣椒等作物的霜霉病、疫病、枯萎病、灰霉病、炭疽病，玉米、马铃薯、辣椒等作物的根腐病等多种农作物病害；易发虫害有：玉米螟、黏虫、草地贪夜蛾、棉铃虫、斜纹夜蛾、小菜蛾、红蜘蛛等[1]。

中国林业科学研究院林业研究所的徐梅卿概述了东北林区寒温带、温带森林的主要病害，介绍了每一类病害的区域分布、危害状况、主要生物学特性、流行规律；提出控制森林生态性病害的路径是选择林木适生区域，调整林分结构，清除和阻断侵染来源；强调森林生态营林措施是森林病害综合治理的主体和基础，通过森林生态营林措施提高林分整体健康状况和抗病水平[2]。

中国科学院地理科学与资源研究所的张学珍等人分析了1985—2018年的中国森林虫害的时空特征，即1985—2018年共计发生242县次重度森林虫害，年均7.1县次，1985—2005年重度森林虫害县次数以0.4县次/年的速率增加，而2005—2018年转为减少趋势，速率为-0.6县次/年；从空间差异看，东南部的武夷山区和西北部的祁连山中东段各县的中轻度虫害频次较高，而重度虫害县次数自东南沿海向西北内陆逐渐减少，武夷山为全国森林虫害的典

---

① 刘一景. 雨涝灾害影响下的农作物病虫害防治[J]. 农业技术与装备，2024（4）：98-100.

② 徐梅卿. 中国寒温带、温带地区森林病害主要种类及其防治[J]. 温带林业研究，2020（1）：1-8，20.

型区；气象因素是影响森林虫害的首要因素，北方半干旱区南半部和暖温带半湿润区森林虫害县次数年际波动与前冬季温度显著负相关，而南方北亚热带和中亚热带地区则与春季温度显著负相关[①]。

（二）森林/草原火灾理论研究

森林/草原火灾是指由于雷电、自燃或在一定有利于起火的自然背景条件下由人为原因导致的，发生于森林或草原，对人类生命财产、生态环境等造成损害的火灾。

近年来，学术界关于森林/草原火灾研究的理论热点是森林/草原火灾的致灾因素、分布特征、防控对策、监测预警、危险性评估等问题。例如，国家林业和草原局林草调查规划院的张国丽等人基于第一次全国森林和草原火灾风险普查数据，分析2011—2020年31个省份森林火灾时空分布特征，选取可燃物、气象条件和地形等林火驱动因素，通过采用随机森林算法构建31个省份的林火易发性分析模型，即2011—2020年31个省份林火发生次数和火场面积年际变化整体呈下降趋势，不同地理分区差异显著，冬春季森林火灾占比达85.48%；单位面积总可燃物载量是林火易发性最重要的驱动因素，其次是月平均气温、月最小相对湿度和月平均降水；31个省份的林火易发性具有明显的地域分异差异，东北、西南和华东地区以高和中高易发性等级为主，华中和华南地区以中低易发性等级为主，华北和西北地区以低和极低易发性等级为主[②]。

应急管理部国家自然灾害防治研究院的王澳等人根据林火扑救伤亡事故案例以及2000—2022年相关气象因素（年平均气温、年平均降水量、年平均风速）的统计数据，采用统计分析与相关性分析等方法，分析林火主要致灾

---

① 张学珍，贺清雯，黄季夏. 基于Meta分析的1985—2018年中国森林虫害的时空特征及其影响因素［J］.
　　地理科学进展，2023（5）：960-970.

② 张国丽，慈龙伦，杨雪清，等. 森林火灾时空分布特征及易发性分析研究［J］. 林业资源管理，2023
　　（5）：48-55.

因素和扑救伤亡的主要原因：（1）2000—2022年，我国共计发生林火灾害134 671次。其中，2003—2010年是林火灾害的高发期，严峻的气候条件是这一时期林火事故的主要原因；2010—2020年的林火事故中，人为原因致灾占97%以上，广西、云南、贵州等农林结合密切地区的林火灾害事故较为频繁。（2）典型林火扑救案例分析表明，由地理环境、可燃物情况、气象条件、林火行为等导致的直接伤亡事故占主导部分，由窒息、意外事故、扑火设备操作不当等间接原因造成的伤亡也偶有发生。（3）我国林火灾害的致灾因素以气象因素和人为因素为主，火灾发生地恶劣的自然条件是引发伤亡的主要原因[1]。

□□环境科学研究院的李爽等人采用统计分析与相关分析相结合的方法，对199□□□□年森林火灾相关数据进行分析：（1）从年际分布角度看，经济损失整体呈波□□□□的趋势；人员伤亡整体呈波动下降的趋势，并与火灾次数之间呈显著正相关关□□□□□月际分布角度看，经济损失每年2—5月较高，并与火灾次数之间呈极显著正□□□□□；人员伤亡每年2—4月居多，并与火灾次数之间呈极显著正相关关系。（3□□□□区域分布角度看，我国经济损失整体呈现出"南方多北方少"的特征；人员伤亡□□地区最多，东北地区最少，并与火灾次数之间呈极显著正相关关系。（4）从省域角度看，经济损失较多的省份主要集中在福建、四川、湖南、黑龙江等地；人员伤亡较多的省份主要集中在南方地区，特别是云南、湖南、贵州、浙江等地[2]。

（三）外来生物入侵理论研究

外来生物入侵是指该生物不属于当地自然生态环境系统，其通过直接或

---

[1] 王澳，王成虎，高桂云，等.2000—2022年我国林火主要致灾因素及扑救伤亡原因分析[J].林草资源研究，2024（1）：1-7.

[2] 李爽，曹萌，朱彦鹏.森林火灾经济损失及人员伤亡时空分布特征研究[J].消防科学与技术，2023（3）：387-391.

间接的方式进入本土境内，在人类无意识的情况下依靠自身强大的生存繁殖能力，迅速抢占本土地区，造成当地生态环境严重破坏、植株大面积损害等现象。

近年来，学术界关于外来生物入侵灾害研究的理论热点是外来生物入侵的生态危害、风险评估、监管防控等问题。例如，中国科学院动物研究所的杜元宝等人从直接影响（捕食危害、种间竞争和繁殖干扰、种间杂交和基因污染等）和间接影响（疾病传播、栖息地环境改变等）两个方面，分别在种群、群落、生态系统和生物地理格局等不同水平上，阐述了外来入侵鱼类、两栖爬行类、鸟类和兽类等脊椎动物类群对生物多样性的影响机制，并以典型生物多样性脆弱区（岛屿生态系统和自然保护地）以及"一带一路"倡议沿线为例，探讨了外来脊椎动物入侵对生物多样性保护的挑战；概述了我国入侵脊椎动物对生物多样性危害的研究现状，并结合生态安全的国家需求以及国际科学前沿，提出了我国外来脊椎动物入侵对生物多样性危害的管控对策[①]。

国家海洋环境监测中心的张悦等人对部分入侵面积和危害较大的海洋外来生物（包括互花米草、沙筛贝、尼罗罗非鱼、米氏凯伦藻、桃拉病毒）的入侵现状进行综述，并提出了海洋外来生物入侵防控存在的主要问题及对策建议[②]。

农业农村部人工草地生物灾害监测与绿色防控重点实验室的郝丽芬等人全面总结了我国草地外来入侵生物的物种组成、来源及其危害，系统分析了重要外来生物的入侵扩散机制和防控现状；认为大量外来生物入侵直接影响了草地物种多样性，破坏了草地生态系统的结构和功能，严重威胁人畜健康和社会经济可持续发展；强调草地外来生物成功入侵与其自身的生物学生态

---

① 杜元宝, 涂炜山, 杨乐, 等. 外来入侵脊椎动物对生物多样性危害的研究进展[J]. 中国科学（生命科学）, 2023（7）: 1035-1054.
② 张悦, 许道艳, 廖国祥, 等. 我国海洋外来生物入侵现状、监管问题及建议[J]. 海洋开发与管理, 2024（1）: 37-44.

学特性、与本地种的相互作用和环境条件的可入侵性密切相关，并提出系统的解决方案①。

五、生态环境灾害防治理论

生态环境灾害是指由于生态系统结构被破坏或生态失衡，对人与自然关系和谐发展和人类生存环境带来不良后果的自然灾害。在全球生态环境日益恶化的背景下，生态环境灾害理论研究成为众多科学领域的重要议题。

（一）水土流失灾害理论研究

水土流失，即土壤侵蚀，是指陆地表面，在水力、风力、冻融和重力等外营力作用下，土壤、土壤母质和其他地面组成物质被破坏、剥蚀、转运和沉积的全过程。

近年来，学术界关于土壤侵蚀研究的理论热点是土壤侵蚀特征问题。例如，中国科学院地理科学与资源研究所资源与环境信息系统国家重点实验室的王世豪等人基于RUSLE和RWEQ模型，对东北黑土区耕地2000—2020年水蚀和风蚀进行了模拟，分析了水蚀和风蚀的空间分布、时空演化特征以及受耕地变化的影响。②

1. 东北黑土区耕地水蚀和风蚀程度均以微度侵蚀为主，水蚀是主要侵蚀类型。长白山和辽河平原水蚀较为严重，而辽河平原、大兴安岭和松嫩平原风蚀较为严重。

2. 东北黑土区耕地20年来水蚀总体呈现减缓趋势，辽河平原水蚀缓解较为明显。水蚀在前后两个10年表现为先增后减的趋势，水蚀状况得到一定程度的缓解。

① 郝丽芬，韩雨轩，吴乾美，等. 中国草地外来生物入侵现状与防控建议［J］. 植物保护，2022（4）：10-20.
② 王世豪，徐新良，曹巍.2000—2020年东北黑土地土壤侵蚀时空演化特征［J］. 资源科学，2023（5）：951-965.

3. 东北黑土区耕地20年来风蚀整体呈现减缓趋势，辽河平原和风蚀区的黑土地风蚀减少较为明显，风蚀年际变化趋势在前后两个10年表现为先大幅减少、后小幅增加。

4. 东北黑土区20年来耕地变化对水蚀和风蚀变化影响明显。退耕、开垦地区水蚀有所缓解，水旱田转换地区水蚀加重；退耕和城镇扩张对缓解风蚀有积极作用。前10年耕地变化对水蚀和风蚀变化的影响比后10年更明显。其强调土壤侵蚀是气候、地形、土壤、人类活动等多因素共同作用的结果，建议在辽河平原、大兴安岭等土壤水蚀和风蚀侵蚀严重的区域，可以针对该地区土壤侵蚀特点，相应地采取免耕、横坡垄作、秸秆覆盖等措施，有效减缓土壤侵蚀[1]。

中国科学院水土保持研究所的穆兴民等人以黄土高原沟壑区砚瓦川流域为研究区，收集整理1976—2019年实测径流及泥沙资料，采用产流模数及产沙模数等指标体系，系统分析了黄土高原沟壑区流域侵蚀产沙强度及能力变化。其指出：砚瓦川流域1976—2019年产流模数与产沙模数均呈下降趋势，二者具有较好的一致性。多年平均产流模数与产沙模数分别为22 991m^3/km^{2}和1889t/km^2，产流及产沙变化规律一致，二者均于1997年发生突变。相较于突变年份之前，年均产流强度和产沙强度分别减少23.9%和75.8%，表征产流及产沙能力的产流系数和产沙系数则分别降低24.0%和73.0%。1976—2019年，流域的产流量及产沙量呈下降趋势。河流年均含沙量64.5 kg/m^3，由突变前的98.3kg/m^{3}减少至突变后的33.6kg/m^3，减少了67.0%。黄土高原沟壑区侵蚀产沙多来自场次降雨，年内最大3天侵蚀产沙占年总产沙量的50%。突变前，年产流模数与年降雨量的相关关系最优；突变后，年产流模数与日降雨量高于50毫米的年累计降雨量的关系最为密切[2]。

---

[1] 王世豪，徐新良，曹巍.2000—2020年东北黑土地土壤侵蚀时空演化特征[J].资源科学，2023（5）：951-965.

[2] 穆兴民，杜敏，邵祎婷，等.黄土高原沟壑区土壤侵蚀特征分析[J].华北水利水电大学学报（自然科学版），2023（6）：96-102.

水利部水土保持生态工程技术研究中心的丁琳等人采用中国土壤流失方程和冻融侵蚀强度评价模型，研究西南高山峡谷区水力和冻融侵蚀强度在不同地形地质条件和土地利用类型间的分布特征，并揭示其空间分异规律。其指出：西南高山峡谷区以水力侵蚀为主，兼有冻融侵蚀，总体上呈东部量大级强、西部量少级弱、南部水蚀、北部冻融的空间分布格局；区内3 500米以上高山和15°以上陡坡以轻度及以上侵蚀为主，但强烈和极强烈水力侵蚀在2 000米至3 500米的中山带分布最多，冻融侵蚀则几乎全部分布于高山带；岩溶地质占全区总面积的35.48%，其中21.74%存在轻度及以上侵蚀，较非岩溶区高10.27%；草地和林地占全区面积的90.47%，共分布41.47%的轻度及以上侵蚀面积，而仅占全区面积2.12%的耕地，却分布31.54%的轻度及以上侵蚀面积[①]。

（二）荒漠化灾害理论研究

荒漠化是指包括气候变异和人类活动在内的种种因素造成的干旱、半干旱和亚湿润干旱地区的土地退化。根据地表形态特征和物质构成，荒漠化分为风蚀荒漠化、水蚀荒漠化、冻融荒漠化、盐渍化等。

近年来，学术界关于荒漠化研究的理论热点是荒漠化防治问题。例如，中国林业科学研究院荒漠化研究所的崔桂鹏等人强调中国荒漠化防治进入新阶段，仍面临沙化土地基数大、治理难度高等问题，需要全方位满足生态建设、乡村振兴和沙戈荒地区风电光伏开发利用等国家战略需求。其指出：中国荒漠化防治的战略选择是整体提升、重点突破，战略核心是全域治理、创新驱动、技术集成，分类施策的制度安排是全面实施"一荒四制"（养、防、治、用），优先布局一批重点示范工程，加快政策更新，打造科技新引擎，助力荒漠化防治提质增效、人沙和谐的中国式现代化美好愿景，推进荒

---

① 丁琳,黄婷婷,秦伟,等.西南高山峡谷区土壤侵蚀空间分异特征[J].泥沙研究,2023(6):51-58,66.

漠化防治的"中国方案"走向世界[①]。

国家林业和草原局西北调查规划设计院的周欢水等人认为，土地荒漠化和沙化是当今全球面临的最为严重的社会、经济和环境问题，"一带一路"沿线国家大都分布在荒漠化严重地区，超过60个国家正遭受着荒漠化的危害，我国境内丝绸之路经济带也是荒漠化和沙化土地的主要分布区。其以陕西、甘肃、宁夏、青海、新疆和内蒙古为研究对象，在分析区域荒漠化土地分布格局的基础上，按照保护和改善沿线生态环境、重点治理沙质荒漠化土地的防治思路，提出分区施策，建设"三线、五屏、百区、千点"的丝绸之路经济带生态安全体系的建议[②]。

云南省林业调查规划院的崔静等人强调石漠化是喀斯特地区生态环境最突出的问题，严重制约着经济社会的发展，威胁着人类生存空间。其指出：阐明人为干扰下喀斯特地区生态系统退化及恢复机制，梳理总结现有石漠化治理技术和模式，聚焦石漠化治理面临的治理成效巩固难、可持续性差、治理技术与模式缺乏区域针对性、植被群落稳定性欠佳等问题，提出未来喀斯特地区石漠化治理应转变观念、推进标准研究制定、探索多元化投融资机制[③]。

六、提升新时代自然灾害防治理论创新能力

理论创新是技术进步的基础，自然灾害防治理论创新是自然灾害防治技术发明的先导。在新时代，中共中央、国务院始终高度重视通过加强灾害防治理论创新以提升国家灾害综合防治能力，并制定一系列政策文件部署推动

① 崔桂鹏，肖春蕾，雷加强，等. 大国治理：中国荒漠化防治的战略选择与未来愿景[J]. 中国科学院院刊，2023(7)：943-955.
② 周欢水，王翠萍，张德平，等. 基于我国境内丝绸之路经济带荒漠化形势的防治对策初探[J]. 干旱区资源与环境，2020(2)：182-186.
③ 崔静，温庆忠，黄佳健. 喀斯特地区石漠化综合治理研究[J]. 中国水土保持，2024(4)：49-52.

自然灾害基础理论研究问题，推进国家防灾减灾救灾体系和能力现代化。

《"十四五"国家应急体系规划》强调要聚焦灾害事故防控基础理论问题，强化多学科交叉理论研究，推进重大复合灾害事故动力学演化与防控，重大自然灾害及灾害链成因、预报预测与风险防控，极地气象灾害形成机理和演化规律，重要地震带孕震机理，高强度火灾及其衍生灾害演化，矿山深部开采与复杂耦合重大灾害防治等重大基础理论研究[①]。《"十四五"国家综合防灾减灾规划》强调要立足我国重特大地震地质灾害、暴雨洪涝灾害、森林草原大火灾害等重大自然灾害防控需求，开展自然灾害孕育机理、演变过程等基础理论研究，开展跨区域的巨灾蕴育环境、发生机理、演变规律等研究。

2022年9月15日，科学技术部、应急管理部印发的《"十四五"公共安全与防灾减灾科技创新专项规划》指出：我国在各类灾害孕育—发生—发展—演化机理规律探索、预测理论、风险评估方法等应用基础研究方面还存在不足，因此要加强防灾减灾领域前瞻性、基础性和原创性研究，在重大自然灾害成因及致灾机理、矿山灾害孕育机理、重大灾害演化规律等方向，形成系列灾害孕育演化基础理论，为防灾减灾技术装备研发提供理论支撑。在重大自然灾害成因与风险防控机理研究方面，要重点研究不同类型流域性大洪水和特大干旱灾害成因、孕育、演变和风险防控机理，森林草原火灾蔓延规律及高强度火灾及其衍生灾害演化规律，地质灾害风险源头治理创新理论，不同类型大地震发生和致灾机理及重要地震带孕震机理，极端天气气候事件多尺度协同作用及影响规律、气象灾害形成机理和演化规律，海洋灾害成灾致灾机制和防范机理，复合链生灾害动力学演化、成灾致灾机理与风险防范理论[②]。

中共中央、国务院文件的政策框架和导向展示了对现有灾害管理体系

---

① 国务院. "十四五"国家应急体系规划[J]. 中华人民共和国国务院公报，2022（6）：30-48.
② 科学技术部，应急管理部. "十四五"公共安全与防灾减灾科技创新专项规划[J]. 中国科技奖励，2022（10）：19-25.

的深刻反思和科学的前瞻性。以文件多次强调的灾害链理论研究为例,从理论研究的角度出发,深入探索灾害链的形成机理、演变过程及其对社会和自然环境的影响,对于制定有效的灾害预防、应对和恢复策略具有重大意义。在灾害链的演变过程中,一个初始灾害可能引发多个次生灾害,形成复杂的影响网络。这些连锁效应会加剧原有灾害的破坏性,扩大灾害影响范围,例如洪水后的疫情暴发、地震导致的火灾和建筑物倒塌等。加强对灾害链的理论研究,有助于预测灾害的复杂交互效应,提高灾害应急管理的科学性和预见性,及时确定灾害风险的关键节点,优化资源配置,提高防灾减灾系统的效能。

第七章

新时代我国自然灾害防治技术应用

本章阐释了气象水文灾害防治技术、地质地震灾害防治技术、海洋灾害防治技术、生物灾害防治技术、生态环境灾害防治技术、提升新时代自然灾害防治科技支撑能力等问题，强调防灾减灾是建设平安中国的重要内容，是国家治理体系和治理能力现代化的重要支撑，要着力攻克自然灾害风险防控关键技术，增强科技防灾供给，提升主动应对重大自然灾害的能力。

一、气象水文灾害防治技术

气象水文灾害防治技术研究的重点包括作物抗旱技术、旱灾风险评估技术、洪涝风险评估技术、工程防洪技术等问题。

（一）作物抗旱技术

干旱会导致作物减产甚至绝收，对人类社会产生严重危害。防御干旱和在干旱条件下提升农田生产力的策略应从两个方面考虑：一方面，可以通过改善农田的水分环境以满足作物的生长需求。对于这一点，国内外研究者已在此领域做出了巨大努力并取得了明显成果。另一方面，可以对作物进行育种改良，使其更好地适应干旱环境，即提高作物对干旱的适应性[①]。在干旱灾害防治技术领域，作物抗旱技术的研究具有极为重要的战略意义。随着全球各国科技水平的提高，转基因技术、纳米技术等高新技术目前被广泛应用于提高作物的抗旱能力方面。

1. 国内作物抗旱技术。2005年，浙江大学王忠华等人在利用转基因技术改良作物抗旱和耐盐性方面取得了显著进展，该技术为北方及西北地区农业作物的抗旱性改良提供了重要支撑，奠定了转基因作物的应用基础。2018年，山东农业大学屈春艳利用134个小麦品种/系，采用高通量SNP芯片技术，对小麦的产量性状和抗旱性进行了全基因组关联分析。通过检测发现了999个与小麦表型性状和抗旱系数（DC）显著关联的SNP，以及94个在正常和干旱胁迫环境下均表达的数量性状基因位点（QTL），并经过抗旱性评价筛选得到了31个表现稳定抗旱的小麦品种，为小麦产量和抗旱相关性状的分子标记辅助选择和重要QTL的克隆奠定了基础。2023年，农业农村部长江中游作物生理生态与耕作系统重点实验室刘珏文等人验证了氧化铈纳米颗粒对

---

① 景蕊莲. 作物抗旱研究的现状与思考［J］. 干旱地区农业研究, 1999（2）: 82–88.

调节活性氧稳态和提高叶片一氧化氮水平的能力：在干旱胁迫条件下，该纳米颗粒显著降低了水稻叶片细胞损伤和死亡率，提高了水稻的抗旱能力。这项实验为纳米材料在农业抗逆性应用中提供了新的技术支持，为纳米农业的可持续发展做出了重要贡献。

2. 国外作物抗旱技术。1999年，日本国际农业科学研究中心Mie Kasuga等通过基因工程手段将DREB1A转录因子导入植物中，并利用rd29A启动子来驱动DREB1A基因的表达。这样，植物在干旱、盐胁迫和低温条件下的耐受性得到了增强，同时也保证了植物的生长速度不受影响，成功地实现了提升植物抗逆性和保持正常生长的双重目标。2007年，日本名古屋大学篠崎一雄等通过分析植物在干旱胁迫下的基因表达，揭示了抗旱性形成背后的复杂机制。该研究详细探讨了多种抗逆基因的作用，特别是通过拟南芥的转基因实验，揭示了这些基因在增强植物抗旱能力方面的潜力，并证明了拟南芥的抗逆基因对改善转基因作物和树木的抗旱性具有重要价值。2020年，印度国立伊斯兰大学Javed Ahmad等验证了纳米技术在缓解植物干旱胁迫中的应用与潜力，通过实验验证了不同类型的纳米颗粒对提高植物抗旱能力的效果，并揭示了纳米颗粒在提升光合作用、减少氧化损伤以及改善营养吸收等方面的积极作用，为理解纳米技术在植物生理中的作用提供了新的视角。

（二）旱灾风险评估技术

旱灾风险评估是对特定区域内不同严重程度的干旱事件发生的可能性及其潜在后果进行定量分析和评估，是旱灾风险管理的核心内容和关键环节，评估结果通常以综合指标值、风险矩阵或风险图等形式表达。

1. 国内旱灾风险评估技术。2013年起，山西省气候中心王志伟等人通过近8年的研究，在多个地点、多个年份的田间试验，最终实现了WOFOST作物模型在华北玉米干旱影响下的定量评估能力，并建立了定量评估玉米受干旱影响的技术与业务服务系统。该研究成果已被应用于山东省的农业气象业务服务中，其在山东省的夏季玉米产量预报业务和夏季玉米阶段性干旱影响评估服务中发挥了重要作用。2017年，北京师范大学杨晓静等人通过建立针对东北三省农业旱灾的风险评估模型，对东北三省农业旱灾的危险性、暴露性、脆弱性和抗旱能力的时空演变特征进行了系统分析，揭示了农业旱灾综合风险在区域和县市尺度上的分布规律，特别是三江平原和松嫩平原地区的高风险特征，解决了东北三省农业旱灾风险评估与区划的关键问题。2019年，山西省气象局李娜等人利用改进的相对湿润度指数、数字高程模型（DEM）、地形坡度和一系列社会经济数据构建了山西省干旱灾害风险综合评估模型，并运用GIS技术绘制了精细化的风险区划图，明确了山西省干旱灾害的空间分布特征和高风险区域，为相关地区有针对性地开展抗旱活动提供了定量化依据。

2. 国外旱灾风险评估技术。2002年，沙迦大学Tarek Merabtene等将遗传算法与风险评估方法相结合，开发了一套专门用于干旱风险分析评估的决策支持系统（DSS），整合了实时降雨-径流预测模型、水需求预测模型和水库运行优化模型。这些模型通过风险分析评估水资源系统的表现，并借助遗传算法优化水库运行策略，可以在约束条件下生成低风险的供水解决方案，从而提高了水资源管理决策的可靠性和有效性。2017年，康奈尔大学Flavio Lehner等通过使用多种干旱指标和CESM地球系统模式模拟了全球变暖1.5℃和2℃情景下的干旱风险变化，发现升温会令地中海、中欧、亚马逊和南非等地区的干旱风险显著增加，并且额外的0.5℃升温会导致更高的连续干旱风险，因此呼吁依照《巴黎气候协定》将人类活动造成的升温限制在1.5℃以内。这为全球气候变暖背景下的干旱风险管理和减暖政策提供了重要的科学依据。2021年，印度理工学院V. Sahana等创新性地采用层次分析法+熵值法、优劣解距离法（TOPSIS）等多种综合聚合技术对印度各区域旱灾脆弱性进行了评估，并结合致灾因子危险性的评估结果，进行了基于多变量框架的、高分辨率的全国性干旱的脆弱性和风险评估，揭示了印度各区域危险性和脆弱性的空间分布规律并绘制了干旱风险区划地图。

结合近年来国内外干旱风险评估技术的研究与应用现状，可以发现综合评估模型的多维度发展逐渐成为主流。研究者通过整合多个风险评估指标来构建更全面的风险评估框架，以解决干旱风险评估的复杂性问题，提供更全面的风险区划图谱。另外，随着智能优化算法与决策支持系统的应用日益广泛，将遗传算法、粒子群算法、神经网络算法等智能优化算法与风险评估模型相结合的风险评估技术的优越性逐渐显露。该类技术可以大大提升决策和优化的计算效率，解决了大型复杂问题下计算资源匮乏的问题。简言之，干旱风险评估技术正在向更智能、更综合和更精准的方向发展。

（三）洪涝风险评估技术

在洪涝风险评估领域，国内外学者已经提出了种类繁多的评估技术与方法。这些评估技术与方法大致划分为以下3类：（1）基于系统动力学或水文学模型进行洪涝情景模拟。例如利用InfoWorks ICM建立水文水动力耦合模型，对特定区域进行洪涝模拟及风险评价，或基于PCSWMM建立模型结合不同强度的降雨组合展开洪涝风险评估。（2）采用多元回归、数据包络分析等数理方法对洪涝灾情数据进行研究。例如通过爬虫技术获取积水点信息，并利用Logistic回归模型评估洪涝灾害敏感性，或利用投入产出模型对极端暴雨灾害造成的经济损失进行间接评估。（3）通过层次分析法（AHP）、熵权法和主成分分析法等构建指标体系并进行赋权评估。由于这类方法能够显示宏观区域或较大尺度区域的洪涝风险情况，且计算方法相对简单，因此应用比较广泛。随着计算机技术的不断发展，随机森林、神经网络等机器学习方法也被引入到洪涝风险评估领域，用以解决传统评估方法的客观性和稳定性问题。此外，随着遥感解译技术的不断发展和遥感数据的空间分辨率的不断提升，遥感数据在洪涝灾害风险评估领域的应用也日益广泛[①]。

1. 国内洪涝风险评估技术。我国对洪涝灾害风险评估技术的研究与应用

---

① 王德运，张露丹，吴祈，等. 基于机器学习算法的洪涝灾害风险评估——以宜昌市为例［J］. 长江流域资源与环境，2023（8）：1710-1723.

呈现出综合性、多维度和动态化的特点。研究已从静态评估转向动态评估，并广泛采用情景分析和多智能体建模技术，同时深入研究经济损失评估，使评估结果的科学性和实用性显著提高。2011年，内蒙古自治区气候中心李喜仓等人综合利用灾害学原理、风险度指数及GIS技术，构建了内蒙古地区暴雨洪涝灾害的风险评价指标体系，并结合权重系数分析，精确划分了该地区的洪涝风险区域[①]。2014年，安徽师范大学程先富等人运用层次分析法确定指标权重，通过情景分析技术从降水、土地利用、人口和GDP等多个方面构建复合情景，并应用GIS空间分析技术构建洪涝灾害风险评价模型，对巢湖流域的洪涝灾害风险进行系统评价，明确了2020年不同重现期洪涝灾害风险分布[②]。

2015年，民政部国家减灾中心黄河等人通过引入多智能体建模方法（ABM），构建了基于多智能体的洪涝灾害风险动态评估模型，解决了洪涝灾害风险评估中动态变化和复杂系统建模的难题，并通过对淮河流域暴雨洪涝灾害全过程中的人口风险进行仿真分析验证了模型的有效性，为洪涝灾害的实时风险评估、应急管理和救援策略的制定提供了科学依据和技术参考[③]。2022年，武汉理工大学蒋新宇等人通过构建直接损失与波及损失集成评估框架，结合功能脆弱性曲线和混合多区域投入产出模型（Mixed-MRIO），对湖北省在超大规模洪涝灾害情景下的多区域经济损失进行了系统评估，揭示了灾区外波及损失的空间分布特征及脆弱性区域和产业，解决了传统模型高估波及损失的问题，为政府制定防灾减灾政策和优化灾后重建

---

① 李喜仓，白美兰，杨晶，等. 基于GIS技术的内蒙古地区暴雨洪涝灾害风险区划及评估研究[J]. 干旱区资源与环境，2012(7)：71–77.

② 程先富，戴梦琴，郝丹丹，等. 基于情景分析的区域洪涝灾害风险评价——以巢湖流域为例[J]. 长江流域资源与环境，2015(8)：1418–1424.

③ 黄河，范一大，杨思全，等. 基于多智能体的洪涝风险动态评估理论模型[J]. 地理研究，2015(10)：1875–1886.

策略提供了重要的科学依据①。

2. 国外洪涝风险评估技术。越来越多的研究开始关注基于无人机、开源软件和人工智能等数字化技术和智能化工具的研发与应用。鉴于某些国家或地区资金缺乏或数据统计技术水平不高，导致缺乏可靠的洪水风险评估数据，研究者们一直致力于开发适用于数据稀缺地区的洪水风险评估工具。2021年，弗吉尼亚理工大学Whitehurst等通过引入低成本无人机和开源软件，将3D地籍建模与洪水风险评估成功地进行了有机结合。通过简化复杂的GIS技术，使其适用于资源有限的社区，解决了数据稀缺地区的灾害预防难题②。同年，阿利坎特大学Aznar-Crespo等创新性地将社会影响评估（SIA）方法应用于洪水风险管理领域，提出了一种涵盖灾前、灾中和灾后阶段的系统方法。通过将复杂的社会影响与洪水风险管理相结合，解决了系统识别和管理洪水灾害社会影响的难题，并为政策制定者提供了实用工具，这有助于更全面的洪水风险应对和区域发展规划③。

根特大学Glas等在2019年开发了一种灵活、低成本且适用于数据贫乏地区的工具箱框架，提供生成危险性、脆弱性和风险地图的能力用于洪水风险评估，并通过对海地穆斯提克河（Moustiques）流域的实际应用证明了该框架在缺乏历史水文数据的情况下仍具有科学性和有效性，展示了在全球范围内广泛应用的潜力④。2021年，越南交通运输技术大学Pham等开发了一种将混合人工智能（AI）模型与多标准决策分析（MCDA）相结合的洪水风险评

---

① 蒋新宇, 林越, 杨丽娇. 基于Mixed-MRIO模型的湖北省洪涝灾害脆弱性区域产业识别[J]. 长江流域资源与环境, 2023（4）: 739-750.

② Whitehurst D, Friedman B, Kochersberger K, et al. Drone-Based Community Assessment, Planning, and Disaster Risk Management for Sustainable Development[J]. Remote Sensing, 2021（9）: 1739.

③ Aznar-Crespo P, Aledo A, Melgarejo-Moreno J, et al. Adapting Social Impact Assessment to Flood Risk Management[J]. Sustainability, 2021（6）: 3410.

④ Glas H, Rocabado I, Huysentruyt S, et al. Flood Risk Mapping Worldwide: A Flexible Methodology and Toolbox[J]. Water, 2019（11）: 2371.

估框架，并通过越南广南省2007年、2009年和2013年发生的847个洪水事件的地理数据，以及地形、地质、水文和环境等14个洪水影响因素来对其进行验证。该模型特别适用于气象和流量数据难以获取的数据稀缺地区，成功解决了复杂地形和动态人类活动对洪水风险预测的难题[①]。

随着人类社会城市化进程的不断发展，城市洪涝问题频发引起了众多学者对城市洪涝风险评估技术的关注。城市洪涝风险评估旨在分析当前或未来的洪涝风险信息，识别高风险区域，从而为制定洪涝防治措施提供决策支持，同时也是评估减灾措施有效性的重要手段。目前，城市洪涝风险评估主要有两种主要框架，即"概率—后果"（Probability-Consequence）和"危险性—暴露性—脆弱性"（Hazard-Exposure-Vulnerability，简称H-E-V）。其中，H-E-V框架因其评估内容全面、明确且操作性强，得到了广大学者和研究机构的广泛应用。例如，政府间气候变化专门委员会（IPCC）即采用此框架来评估城市洪涝风险。

1. 城市洪涝风险危险性评估技术。常用技术方法主要包括历史灾情法和模型模拟法。历史灾情法通过统计以往洪涝事件中的淹没范围、深度、流速以及相应的降雨强度数据，来分析洪涝风险。这一方法精度较高，尤其适用于事后评估和模型验证。近年来，机器学习技术与多次历史灾情数据相结合成为新的研究热点。通过机器学习建立淹没结果与洪涝诱发因素（如降雨、地形、土地利用）之间的关系，以实现对未来洪涝危险性更准确的预测。模型模拟法是当前获取洪涝危险性信息的主流技术手段。城市洪涝淹没模型包括水文模型、水力学模型和简化模型。水文模型通常用于低数据要求、低计算成本的场景，能够模拟淹没范围和深度；水力学模型通过使用圣维南方程和2D浅水方程，能够精确模拟洪水在城市中的演进过程，动态获取地表积水深度和流速，适合对城市地形和建筑物空间分布进行详细分析，但其对数

---

① Pham B T, Luu C, Van Phong T, et al. Flood Risk Assessment Using Hybrid Artificial Intelligence Models Integrated with Multi-Criteria Decision Analysis in Quang Nam Province, Vietnam [J]. Journal of Hydrology, 2021, 592: 125815.

据要求高，计算成本大。简化模型则通过简化降雨—径流—积涝过程，利用GIS工具在地形数据的基础上获取洪涝淹没范围和深度，适用于数据匮乏的城市地区。随着城市中多种洪涝源（如河流洪涝、雨季洪涝、沿海洪涝）同时发生的情景增多，研究者们开始开发耦合多洪涝源的综合模型，以更全面地评估城市洪涝风险。

2. 城市洪涝风险暴露性评估技术。常用技术方法主要包括实地调查法和GIS空间分析法。实地调查法通过灾后走访或仪器监测获取受灾体的暴露性信息，这种方法虽然能够提供较为精确的暴露性数据，但受限于时间滞后性，通常仅用于事后评估。GIS空间分析法则通过将研究对象与洪涝危险性结果图进行叠加分析，以识别出暴露在洪涝中的房屋、道路、人口等的空间位置和数量。这种技术在房屋建筑的暴露性分析中应用广泛，且随着数据获取手段的进步，暴露性分析逐渐向更为精细化和动态化的方向发展。另外，交通暴露性分析也受到了关注，这种分析技术是通过建立洪水深度与车辆速度的函数关系，来评估城市交通系统在洪涝条件下的暴露性和畅通性。

3. 城市洪涝风险脆弱性评估技术。常用技术方法主要包括灾损曲线法和多准则指标评价法。灾损曲线法通过统计洪涝事件后的损失数据，建立淹没深度与不同建筑物或土地利用类型之间的损失函数关系，以货币形式定量估算损失值。目前很多发达国家已建立了完整的灾损曲线数据库，但在国内由于洪涝损失统计数据的不足，灾损曲线多是基于单次事件的问卷调查或借鉴其他地区的曲线，导致评估结果存在较大不确定性。多准则指标评价法通过选取与洪涝类型、空间尺度等相关的指标，并利用层次分析法、模糊逻辑、主成分分析（PCA）等方法确定权重，对物理、社会、经济等维度的脆弱性进行综合评估。这一评估技术虽然内容更为丰富，但在定量化分析方面仍存在局限性，尤其在权重赋值上存在一定的主观性。

除了基于"危险性—暴露性—脆弱性"中的某一单独因素评估城市洪涝风险的评估技术外，还有结合GIS技术和机器学习方法，综合分析城市洪涝风险的综合评估技术。根据评估结果的形式差异，综合洪涝风险评估分为定量风险评估和半定量风险评估。定量风险评估常用于估算洪涝事件中房屋建筑、城市基础设施等的物理损失，通过使用城市洪涝淹没模型模拟不同暴雨重现期下的危险性和暴露性信息，再结合脆弱性灾损曲线，计算出以货币形式量化的灾害损失。半定量风险评估则主要应用于社会、文化、环境等无法直接以货币形式量化的损失，结合指标评价法综合评估危险性、暴露性和脆弱性，最终生成风险分布图，通常以高、中、低风险区的形式呈现。此外，随着气候变化和城市扩张的影响日益显著，多情景模拟法也逐渐被引入，以解决降雨、海平面上升等引起城市洪涝风险不确定性的问题[①]。

（四）工程防洪技术

近年来，各国在现代防洪工程技术的研究和应用上取得了显著进展，形成了一系列多元化的技术体系，例如规避技术、干式防洪技术、湿式防洪技术等。

1. 工程防洪规避技术。规避技术（Avoidance Technology）往往是在应对洪水风险时的首选工程技术方法。这种技术通过优化建筑物的设计和周围环境，力图避免洪水带来的直接威胁，已被广泛认可并在实践中得到了大量应用。规避技术的实现方式多种多样，包括景观设计、改进排水系统、建设蓄水设施，或者使用屏障来阻挡水流进入建筑物等方法。这些方法大多源自标准建筑技术或借鉴了大型水利工程的经验。其中，将建筑物抬高是一种常见的规避技术，例如通过抬高支柱、加长地基墙等建筑设计技术，都可以有效减少洪水带来的冲击。在英国，通过在建筑物下方建造车库等方式来抬高建筑物地基以规避洪水的做法相对普遍。抬高建筑物的好处显而易见，只要确保安全通道和撤离路径畅通，就能够显著提升建筑物在洪灾来临时的适应能力。在木质结构建筑较多的国家（如美国和澳大利亚）通常采取抬高支柱的方式。而沿河或沿海区域的建筑物通常需要建在桩基上，以应对不稳定的土

---

① 张会，李铖，程炯，等. 基于"H-E-V"框架的城市洪涝风险评估研究进展［J］. 地理科学进展，2019（2）：175-190.

壤条件和强劲的水流冲击。

另一种规避技术是建造能够随水位升降的建筑物，例如浮动式建筑。这种建筑技术有两大优势，一是在洪水来临时建筑物能够随着水位的上升而随之上升，从而保持稳定；二是由于这种方式不用抬高建筑物地基，因而能够减少建筑物在风暴来临时暴露在更大风荷载中的风险。目前荷兰和美国在这一领域已进行了广泛的研究和应用，浮动式房屋已经成为应对洪水的创新解决方案之一。

2. 工程防洪干式技术。干式防洪技术（Dry Flood Proofing），也被称为排水技术（Water Exclusion Technology），旨在将洪水直接阻挡在建筑物之外以减少损失。这些措施通常用于应对突发洪水，如添置沙袋和自制防洪板等措施已被各国各社区广泛使用。然而，这些临时措施的防洪效果并不持久。20世纪发生的一系列洪水事件和法律政策的制定推动了美国在洪水影响研究方面的投资。1927年发生的密西西比河大洪水促使了1945年《防洪法》的通过，并从此将防洪责任交给了美国陆军工程兵团（USACE）。1961年发生的堪萨斯和密苏里洪水以及国家洪水保险计划（NFIP）的制定进一步推动了美国在减少洪水对建筑物残余影响研究方面的投资。到1972年，USACE发布了相关的防洪规定和指导文件。加拿大也在1978年紧随其后，开始实施类似的防洪措施。然而，这些早期的防洪和防水研究基础相对薄弱，许多措施和建议并不完全可靠。之后，有研究者深入探讨了防水墙的效果，为1993年美国联邦紧急措施署（FEMA）发布的技术公告提供了坚实的依据，这使得防洪措施更加科学合理。

关于建筑开口防护的研究可以追溯到1960年代的初步探索。随着20世纪90年代末欧洲接连遭遇洪水，这方面的研究变得更加深入和广泛。从2002年开始，越来越多的研究评估了现有技术在建筑开口防护方面的有效性，这些研究促成了如门窗防护装置、智能加气砖、止回阀和防洪门等一系列新产品和新技术的诞生。自2004年以来，英国开始在专门设计的设施中进行防洪产品的标准化测试，以确保其有效性和安全性。近年来，欧盟资助的一些项目也对防洪屏障的性能进行了研究和验证。在美国，这类研究则更多地集中于木结构房屋的整体防洪性能，以及更现代建筑形式的防水能力。在建筑材料的研究方面，英国于21世纪初开始对砖石墙的防水性能进行广泛研究，特别是针对水的渗透问题。此外，这一时期地板结构的防水技术和绝缘材料的防水性能也成为英国洪涝防治工程技术的研究重点。

3. 工程防洪湿式技术。湿式防洪技术（Wet Proofing），又称水渗透适应技术（Water Entry Technology）、弹性防洪技术（Flood Resilience）或水接纳技术（Water Acceptance），旨在减少洪水进入建筑物内部后可能造成的损害。由于该技术通常被视为最后的防洪应急措施，因此相关研究相对较少。湿式防洪技术可以进一步细分为规避（avoidance）、抗性（resistant）、弹性（resilient）和使用恢复速度（speed of reoccupation）几类技术。此外，在湿式防洪技术研究领域还有一个独立的研究分支，专注于建筑材料的性能研究。FEMA在1993年发布了关于防洪材料的指导，并于1999年进行了更新。英国建筑研究院也在1996年发布了相关指导文件。总的来说，尽管湿式防洪技术被视为防洪工程技术中最后的防线，但它的重要性不容忽视，尤其在现代建筑防洪技术中，它正发挥着越来越重要的作用[①]。

二、地质地震灾害防治技术

地质地震灾害防治技术研究的重点包括地震监测预警技术、地质灾害隐患识别技术、工程抗震技术等问题。

---

① Proverbs D, Lamond J. Flood Resilient Construction and Adaptation of Buildings［M/OL］// PROVERBS D, LAMOND J. Oxford Research Encyclopedia of Natural Hazard Science. Oxford University Press, 2017［2024-09-02］. http://naturalhazardscience.oxfordre.com/view/10.1093/acrefore/9780199389407.001.0001/acrefore-9780199389407-e-111. DOI: 10.1093/acrefore/9780199389407.013.111.

（一）地震监测预警技术

近年来，多项政府防震减灾规划及文件都强调了通过遥感、大数据、人工智能等先进技术手段提升地震监测预警的重要性，并提出要整合新兴的空间观测技术与信息通信技术，构建全覆盖的立体监测网络，研发智能化、高精度的监测与预警系统，以增强我国在地震灾害防御中的科技支撑能力。例如，中国地震局强调地震监测是地震科学技术的基石，地震预警是减轻地震灾害的有效手段，要将地震监测与预警作为未来重点领域及其优先主题，依托快速发展的材料、电子、5G/6G等信息与通信技术，融合物联网、大数据和智能云计算应用技术等，研发监测地震孕育发生全过程的智能化、高精度和高稳定性的关键技术和成套装备，构建空基、天基、地基、海基和井下全覆盖的立体地震监测网络[1]。2022年4月7日，应急管理部、中国地震局发布的《"十四五"国家防震减灾规划》强调要夯实地震监测基础，发展LiDAR[2]、InSAR[3]、重力和电磁等空间对地观测技术应用，探索无人机探测和船载综合物理观测技术[4]。

1. 遥感技术。它是利用现代光学和电子学探测仪器，从远距离记录目标物的电磁波特性而无需与目标物直接接触，并通过分析和解译来揭示目标物的特征、性质及其变化规律的一种技术，主要有光学遥感、微波遥感、红外遥感、雷达遥感等。其中，光学遥感主要利用物体对太阳光的反射特性，例如多光谱遥感技术等；微波遥感则利用物体对微波的反射特性，例如干涉合成孔径雷达技术等；红外遥感利用物体自身辐射的热能，例如热红外遥感技术等；雷达遥感则利用物体对电磁波的反射特性，例如激光雷达技术等。

---

[1] 中国地震局. 国家地震科技发展规划（2021—2035年）[EB/OL]. （2022-02-21）[2022-03-25]. https://www.cea.gov.cn/cea/zwgk/5500823/5653902/index.html.

[2] LiDAR，即激光雷达。

[3] InSAR，即干涉合成孔径雷达。

[4] 应急管理部, 中国地震局. "十四五"国家防震减灾规划[EB/OL]. （2022-04-07）[2022-04-07]. https://www.mem.gov.cn/gk/zfxxgkpt/fdzdgknr/202205/P020220525447040178080.pdf.

遥感技术已广泛应用于地震灾害的监测和预警领域，常用的遥感技术包括热红外遥感技术、全球卫星导航系统。

热红外遥感是一种通过红外敏感元件探测物体热辐射能量，并显示目标辐射温度或热场图像的遥感技术，它可以在地震孕育过程中捕捉地壳应力积累引发的地热场变化和地表增温现象，从而实现对地震灾害的监测和预警。例如，通过卫星热红外遥感技术，可以监测到地震前的热异常。汶川地震前就曾通过遥感技术发现四川区域存在热异常和地震云现象[1]。

全球卫星导航系统（GNSS，Global Navigation Satellite System），是一种基于卫星信号提供全球定位信息的技术体系。全球定位系统（GPS）由美国首创并成功开发运行，后续其和其他国家开发的卫星导航系统，如俄罗斯的GLONASS和欧洲的GALILEO，共同构成了全球卫星导航GNSS。自1994年以来，GPS在测量大幅度地表位移方面显示出巨大潜力，证明了其在短时间内测量大位移的能力。如今，GNSS已成为地震监测预报的关键工具。例如在地壳形变和板块运动的研究方面，GNSS技术帮助构建了全球板块运动和地壳变形的模型，提供了对地表变化更精确的洞察；在地震灾害预测方面，利用GNSS测得的全球应变率，已能够创建全球地震预测模型；在地震危险性评估方面，GNSS网络可以通过监测地壳变形以评估地震危险性，为地震应急管理提供了重要数据支持[2]。

在地震灾害发生后，对受灾地区次生灾害的风险评估及对灾区受损情况的监测也极为重要。因此，激光雷达、干涉合成孔径雷达等遥感技术在这些领域已被广泛应用。

激光雷达技术（LiDAR）是光探测与测距（Light Detection and Ranging）技术的简称。在其工作过程中，激光束由光源发射并在与场景中的物体接触后反射回探测器，通过测量光束的飞行时间可以精确计算出场景内

[1]　苗庆杰，周彦文，曲均浩，等. 遥感在防震减灾中的应用[J]. 防灾科技学院学报，2010（2）：66-69.
[2]　王艳萍，乔文思，刘东坡，等. 遥感技术在地震监测预测领域的研究综述[J]. 华北地震科学，2024（3）：1-10, 34.

物体的距离，并生成距离地图。通过将激光雷达技术搭载到飞机、直升机或无人机上，并集成全球定位系统（GPS）、惯性导航系统（INS）、激光测距系统等技术协同工作，就构成了机载LiDAR技术。机载LiDAR技术在地震灾害调查中具有明显的优势。它能够穿透植被遮挡，获取真实地表信息，数据的相对精度可达到厘米级。与传统的光学遥感和航空摄影测量相比，机载LiDAR具有更高的作业效率和更精确的地形地貌构建能力，尤其适用于复杂地形的高精度测绘。例如，有国内研究者在九寨沟7.0级地震灾区创新性地应用了机载LiDAR技术，验证了该技术在早期识别地震灾区地质灾害隐患方面的巨大潜力。该研究使用LiDAR快速获取了核心景区的激光点云数据，构建了高精度的数字高程模型（DEM）和数字正射影像图（DOM），并建立了三维地质灾害解译场景。通过数字地形分析、地形形态学分析和计算机图像识别技术的综合应用，成功识别和分析了隐蔽性强、随机性大的高位滑坡和远程灾害隐患，验证了机载LiDAR技术在地质地震灾害风险评估中的高效性和实用性[1]。

干涉合成孔径雷达技术（InSAR）是一种利用多幅雷达影像，通过相位差生成数字高程模型或地表形变图的测绘与遥感技术，可用于监测厘米级地表形变。在地震引起的地表形变监测应用方面，研究人员利用ALOS-2卫星的PALSAR-2仪器成功监测了2015年尼泊尔Gorkha地震及其余震的地表形变，为断层滑动和应力变化的模型构建提供了宝贵数据[2]。InSAR技术还被用于监测由地震引发的局部变形现象，如2016—2017年意大利中部地震序列中，研究人员利用X波段和C波段的InSAR数据，监测到多处滑坡和次生断层的变

---

[1] 佘金星，程多祥，刘飞，等. 机载激光雷达技术在地质灾害调查中的应用——以四川九寨沟7.0级地震为例[J]. 中国地震, 2018 (3)：435-444.

[2] Lindsey E O, Natsuaki R, Xu X, et al. Line-of-Sight Displacement from ALOS-2 Interferometry: Mw 7.8 Gorkha Earthquake and Mw 7.3 Aftershock[J]. Geophysical Research Letters, 2015 (16)：6655-6661.

形[①]。此外，通过对1999年台湾大地震的研究，人们发现InSAR技术能够有效监测到地震引起的城市区域的破坏情况，证明了InSAR技术在监测地震引发的城市灾害方面的巨大潜力[②]。

2. 人工智能技术。人工智能技术自20世纪50年代被首次提出以来，在随后的几十年发展迅猛，目前已有包括机器学习、自然语言处理、计算机视觉等众多热门分支，引领了包括地震防灾减灾在内的众多科技领域的前沿。在地震监测预警方面，人工智能的应用非常广泛，利用人工智能对地震事件复杂特征的快速提取与精确识别的技术优势，可以提高地震事件监测、震源参数测定及事件类型识别等地震监测预警关键工作的准确性与可靠性。

在地震事件监测方面，深度学习在提升监测的精确性和处理速度方面展示出了卓越的能力。深度学习是机器学习的一种，它能通过模仿人脑的处理方式来学习和做出决策。深度学习中的卷积神经网络（CNN）和生成对抗网络（GAN）等复杂算法能够直接从地震波形数据中自动提取关键特征，如P波到时和P波初动极性，无需依赖传统的特征提取步骤。通过深度学习模型，研究者们已达到接近人工操作的精度，自动测定的P波到时的标准差仅为0.023秒，并且自动判断的P波极性准确率可达人工判定精度的95%。深度学习技术也被广泛应用于包括微震和余震在内的各种地震类型的监测，极大地提升了传统方法的覆盖面和灵敏度。通过处理大规模数据集，深度学习方法展示出了比传统STA/LTA和Fbpicker方法更高的精度和召回率，能够监测出许多传统方法中遗漏的微震事件。

在震中位置、震级以及震源深度等震源参数测定方面，人工智能技术

① Polcari M, Montuori A, Bignami C, et al. Using Multi-Band InSAR Data for Detecting Local Deformation Phenomena Induced by the 2016—2017 Central Italy Seismic Sequence [J]. Remote Sensing of Environment, 2017, 201: 234-242.

② Takeuchi S, Suga Y, Yonezawa C, et al. Detection of Urban Disaster Using InSAR. A Case Study for the 1999 Great Taiwan Earthquake [C] //IGARSS 2000. IEEE 2000 International Geoscience and Remote Sensing Symposium. Taking the Pulse of the Planet: The Role of Remote Sensing in Managing the Environment. Proceedings（Cat. No.00CH37120）. IEEE, 2000, 1: 339-341.

也展示了显著的应用潜力。一方面，有研究者通过测量地震波形图上超过40种不同的地震属性，如偏振度和光谱属性，并使用一组选定的特征来进行机器学习系统的训练，从而实现对微震矩心、发震时刻、频率与地震特征之间关系的自动识别。目前，另有波形相似性的机器学习方法被用于分析月震震源参数，成功地把阿波罗12号观测到的43个未标记的月震进行了分类。支持向量机回归（SVMR）和支持向量机（SVM）的应用也在地震学中越来越普遍，这些算法可被用来估计地震的局部幅度和快速确定震源深度。另一方面，集成多种人工智能技术的综合研究方法也在近年被不断提出，例如结合人工神经网络（ANN）和遗传算法（GA）来估计震源位置和尺度的新技术；深度卷积神经网络（D-CNN）和基于深度强化学习的算法也为传统的地震定位方法提供了新的思路，其能够大幅提高丛集地震和近场微震的定位精度。

在现代地震监测中，区分天然地震与其他灾害事件如化学爆破、塌陷、滑坡等，是一项关键任务。传统方法在这一领域的识别准确率目前仍存在欠缺，但随着人工智能技术的快速发展，已证明其在提高灾害事件类型识别的精确度方面具有突出的能力。人工智能算法在不同场景下的应用表明，其分类精度远超传统方法。

2012年，研究者通过聚类分层子采样方法对不同分类算法在地震记录中识别雪崩事件的效果和性能进行了评估，结果表明所有被评估的算法的平均分类精度超过了84%，部分算法精度可达90%以上。在更具体的应用中，有研究通过扩散映射图来区分地震和爆破事件，并在死海地区的地震数据集进行应用，证明其具有超过90%的正确识别率。另有研究通过机器学习技术对地震台网记录的事件进行分类和检测，利用极化和频率两个属性，对南加州地区的爆破与地震的区分准确度可达到99%。

人工智能技术也助力了火山地震的分类识别研究的快速发展。2010年的一项研究使用自组织映射网络和聚类特征向量方法对活火山地震记录进行分类，成功区分了火山构造地震与落石事件，其准确率接近传统的有监督分类方法。相关研究还进一步展示了K-NN、决策树和神经网络分类器的能力，这些分类器通过分析事件的时域和频域中的关键特征，成功地将火山事件的识别准确度提升至98%。此外，有研究利用随机森林网络对火山构造地震和滚石坠落事件进行分类，发现当训练样本充足时，识别率可超过99%[1]。

总体来看，人工智能技术已成为地震监测预警领域的关键工具，在地震事件监测、震源参数测定、地震事件识别等方面均有深入的探索和显著的成果，其广泛应用前景在地震科学领域内显示出巨大的潜力和价值。

（二）地质灾害隐患识别技术

地质灾害隐患识别技术是一种用于系统地监测和评估可能引发地质灾害（如滑坡、泥石流、地面塌陷）的潜在风险区域的地质灾害防治技术手段。该技术综合应用地质学、地球物理学、遥感技术等知识方法，通过分析地表和地下结构、土壤条件及水文地质特征，可以有效地识别并映射出地质灾害高风险区域。

地质灾害隐患识别与监测预警虽然都致力于减轻地质灾害的影响，但二者的侧重点和所应用的技术均有所差异。地质灾害隐患识别的目标是在地质灾害发生之前，通过遥感技术、地质调查和历史数据分析等方法识别地质灾害高风险区，以便进行规划和预防，聚焦"隐患在哪里"和"结构是什么"；而相比之下，地质灾害监测预警则更专注于对已知的高风险区域进行持续监控，利用实时遥感、物联网等技术追踪地质活动的变化，以便在地质灾害发生前的关键时刻提供预警，其目的是实时捕捉地质活动的动态信息，迅速响应灾害发生的迹象，以最大限度减少灾害造成的损失，聚焦地质灾害"什么时候发生"[2]。值得注意的是，地震灾害由于其突发性和不可预测性，因此地震监测预警是其防治体系的重要组成部分。相比之下，对于那些

①　隗永刚，蒋长胜. 人工智能技术在地震减灾应用中的研究进展［J］. 地球物理学进展，2021（2）：516-524.

②　自然资源部. 全国地质灾害防治"十四五"规划［J］. 自然资源通讯，2023（1）：31-44，53.

发展周期较长且与环境因素密切相关的地质灾害，例如滑坡、泥石流等，早期风险识别工作则显得尤为重要。可以说，地震监测预警的迫切性和地质灾害早期风险识别的前瞻性，共同体现了人类应对不同类型自然灾害时所需的特定策略和技术侧重。

传统的地质灾害隐患识别技术主要是依靠地质调查和物理探测方法，通过收集和分析岩石、土壤、地形等地质信息，结合历史灾害记录来评估特定区域的灾害潜在风险。而现代地质灾害隐患识别技术主要包括遥感技术、物联网与传感技术、数据分析与模型预测技术等①。其中，遥感技术因其能够提供宽广视角和连续监测的能力，已成为地质灾害隐患识别中的关键工具。现代遥感技术能够覆盖广阔且难以直接触及的地区，迅速收集地表及地下的关键信息，并且可以精确监测地形地貌变化、地表位移、植被状态等指标，为识别滑坡、地面沉降等地质灾害风险提供重要依据。在早期，遥感技术的应用主要集中在使用可见光、高光谱和红外等多波段成像技术来测绘图谱以识别孕灾环境、受灾范围及致灾因子等关键特征。后来，随着InSAR、LiDAR、GNSS等先进地表观测技术的快速发展，遥感的应用重点已转向更详细地监测地表形态和位移变化，并与相关的物理模型结合，从而提供更为精确的灾害监测和预警。

在勘测复杂地形地貌时，仅依赖单一类型的遥感技术还存在一定的局限性。例如，卫星光学遥感影像在山区经常受到云雾的遮挡，使得小规模崩滑灾害难以被有效识别。而无人机遥感的低空摄影技术几乎无法探测到覆盖在茂密植被下的灾害隐患，只能捕捉到裸露的地表信息。此外，茂密的植被还会导致InSAR差分干涉失相干现象严重，从而难以有效应用②。这些技术局限性，推动着遥感技术在地质灾害领域的应用从以光学遥感为主的图谱影像测量走向多种遥感手段综合的图谱影像与形态、形变测量相结合的综合遥感

---

① 王毅.地质灾害早期识别技术的发展[J].中国减灾，2024(13)：56-57.
② 董秀军，邓博，袁飞云，等.航空遥感在地质灾害领域的应用：现状与展望[J].武汉大学学报(信息科学版)，2023(12)：1897-1913.

应用。在国际上，这种综合遥感技术已广泛应用于地质灾害的早期识别、隐患排查和监测预警，显著改进了传统的依靠人工调查和监测设备布设的工作模式，为全面理解地质灾害的发生、演变和破坏过程提供了有力的技术支持[①]。

2022年12月7日，自然资源部印发的《全国地质灾害防治"十四五"规划》指出：加强地质灾害隐患综合遥感识别是当前地质灾害防治的重要任务，要充分利用基于星载、航空、地面的空天地一体化多源立体观测体系，开展多方法、分层次、多尺度综合遥感动态调查，全面开展地质灾害易发区隐患识别和地面验证，进一步掌握地质灾害隐患底数及动态变化情况，为地质灾害综合信息平台提供地质灾害隐患动态变化信息[②]。这标志着综合遥感识别技术成为当前地质灾害隐患识别技术领域的重点研究内容之一。

2019年，成都理工大学地质灾害防治与地质环境保护国家重点实验室的许强等人提出了一种基于综合遥感技术以及天—空—地一体化的"三查"体系来对重大地质灾害隐患进行早期识别的方法。

1. 通过基于星载平台的光学遥感和InSAR技术对地质灾害的隐患进行普查。地表变形会导致光谱特性变化，因此利用光学遥感的颜色变化可以有效识别地表变形。而InSAR则具有全天候、全天时、覆盖范围广、空间分辨率高、非接触、综合成本低等优点，使其对正在变形区具有独特的识别能力。因此，这两种遥感技术特别适合用于对地质灾害隐患进行区域扫面性的普查。

2. 通过基于航空平台的机载LiDAR和无人机摄影测量技术来对地质灾害隐患进行进一步勘查。机载LiDAR不仅能够提供高分辨率、高精度的地形地貌影像，同时还可通过多次回波技术穿透地面植被，利用滤波算法有效去除地表植被，从而获取真实地面的高程数据信息，为高位、隐蔽性的地质灾害隐患识别提供了重要手段。而无人机航拍可进行高精度（厘米级）的垂直航空摄影测量和倾斜摄影测量，并快速生成测区数字地形图、数字正射影

---

① 葛大庆，戴可人，郭兆成，等. 重大地质灾害隐患早期识别中综合遥感应用的思考与建议[J]. 武汉大学学报（信息科学版），2019（7）：949—956.

② 自然资源部. 全国地质灾害防治"十四五"规划[J]. 自然资源通讯，2023（1）：31—44，53.

像图、数字地表模型、数字地面模型，具有方便快捷、直观形象等特点。因此，结合机载LiDAR和无人机摄影测量技术，可实现对高地质灾害风险区段和重大地质灾害隐患的详查。

3. 通过基于地面平台的调查和监测对地质灾害隐患进行核查。这一步的目的是通过地质人员的人工调查和排查，对遥感技术识别出的地质灾害隐患点来进行逐一复核，以甄别、确认或排除隐患点，确保遥感技术的识别结果准确无误、详实精确。这种运用地质灾害隐患综合遥感识别技术，通过构建天—空—地一体化的"三查"体系来对重大地质灾害隐患进行早期识别的方法，既解决了传统人工调查排查方法在一些地形地貌复杂且严峻的区域无法实施的问题，还解决了单一遥感技术在云雾遮挡、植被覆盖等复杂自然环境中进行地质灾害隐患识别的局限性问题，满足了我国在加强地质灾害隐患综合遥感识别技术方面的迫切需求①。

由航空物探遥感中心牵头承担的"十四五"国家重点研发计划"广域重大地质灾害隐患综合遥感识别技术研发"项目已取得了显著进展，实现了关键技术突破，尤其在复杂地质灾害场景的遥感识别和精细监测方面展现出了代表性的创新成果。2023年末，该项目的年度进展总结汇报会在北京召开，航空物探遥感中心对项目启动以来取得的总体进展，从技术突破、代表性成果产出、工程化应用效益等方面进行了总体汇报。具体而言，项目研究团队成功突破了在广域尺度下处理复杂灾害场景和非显性隐患特征的综合遥感识别关键技术，并对高位远程滑坡过程的变形精细监测与风险评估方法进行了创新；开发了广域隐患识别的InSAR并行处理系统，解决了使用国产LT-1号差分干涉SAR卫星数据的应用难题；建立了新的重大崩滑灾害变形模式分类体系，深化了对典型崩滑隐患、冰崩链式灾害的致灾环境以及宏观和微观变形规律的理解②。

① 许强，董秀军，李为乐. 基于天-空-地一体化的重大地质灾害隐患早期识别与监测预警[J]. 武汉大学学报(信息科学版)，2019(7)：957-966.
② 自然资源部，中国地质调查局. 国家重点研发计划项目"广域重大地质灾害隐患综合遥感识别技术研发"取得重要进展[EB/OL]. (2023-12-22)[2023-12-22]. https://www.cgs.gov.cn/gzdt/zsdw/202312/t20231222_750715.html.

（三）工程抗震技术

工程抗震技术是指应用于建筑结构设计中的一系列方法和措施，目的是增强建筑结构在地震发生时的安全性和稳定性，旨在减少地震发生时对建筑物及其内部结构的破坏，从而最小化地降低地震带来的经济损失和人员伤亡风险。

传统的工程结构抗震策略主要依赖于增强建筑结构本身的强度、刚度和延性，例如通过使用更坚固的材料和加厚结构元素（如梁、柱、墙等）来增强结构的承载能力，或通过增加墙体厚度、设置钢结构支撑、使用碳纤维带加固来对现有结构进行补强，以便通过弹塑性变形和延性状态来对地震进行"硬抗"。这种方法存在明显的局限性：一方面，为了更有效地抵抗地震作用，就需要构建更加坚固的结构；另一方面，对抗震性能的更高要求将不可避免地增加结构的自重和建筑材料的用量。由于传统抗震方法设计的结构往往缺乏在未来不同级别地震中自我调节的能力，因此这些结构在实际地震中可能无法满足安全性要求。为了克服传统工程结构抗震方法的不足，一种新的抗震设计理念被提出，即通过在结构中安装地震控制装置，让这些装置承担大部分的地震能量，通过隔离或消散来减轻结构的地震反应。这种从"硬抗"向"软抗"转变的策略标志着抗震设计领域的重大突破和进展。地震控制装置主要包括基础隔震和消能减震两大类，这些技术在过去60余年的科学研究和实际工程应用中已显示出强大的经济和社会效益[1]。

1. 隔震技术。隔震技术是在房屋基础与上部结构之间设置隔震支座和阻尼装置等构件，形成具有整体复位功能的隔震层，通过延长结构体系的自振周期，以减少传递至上部结构的地震作用，从而达到理想的减震效果的一种建筑设计技术[2]。

---

① 邢国华.防灾减灾工程学导论[M].北京：中国建筑工业出版社，2023：114.

② 尚守平，崔向龙.基础隔震研究与应用的新进展及问题[J].广西大学学报（自然科学版），2016（1）：21-28.

隔震技术的快速发展始于20世纪60年代，特别是在新西兰、日本和美国等多地震国家。这些国家在60年代中后期开展了系统的理论和试验研究，为隔震技术的实际应用奠定了基础。70年代，新西兰科学与工业研究部W. H. Robinson首先开发了铅芯叠层橡胶支座，这一创新显著推动了隔震技术的发展。1984年和1985年，美国和日本分别建成了首座隔震建筑，标志着隔震技术进入实际应用阶段。到20世纪90年代，全球至少有30多个国家和地区开展了基础隔震技术的研究，并在包括美国、日本、法国、新西兰和意大利在内的20多个国家建造了数百座隔震建筑。其中，日本在这一领域发展最为迅速，应用最为广泛，尤其是在1995年阪神大地震中采用橡胶支座隔震的建筑表现出色，隔震技术因此得到日本政府的大力推广。隔震技术不仅应用于政府办公楼和医院，越来越多的住宅建筑也开始采用这一技术。目前，日本已成为全球隔震建筑数量最多、技术最为成熟的国家，已建成近9 000栋隔震建筑，其中最高的隔震建筑达到177米。早期的隔震系统通常采用天然橡胶支座加阻尼器或铅芯橡胶支座，而近年来，高阻尼天然橡胶支座的使用日益增多。在2011年的东日本大地震中，隔震房屋及其内部设施表现出卓越的抗震性能，几乎没有受到损坏。此后，隔震房屋成为民众建设新房时的首选。

20世纪80年代后期，我国学者在国家自然科学基金等项目的支持下开始研究橡胶支座隔震技术。以中国建筑科学研究院周锡元、苏经宇，广州大学周福霖，华中科技大学唐家祥等学者为代表，开展了橡胶隔震支座的研制、隔震结构分析与设计、结构模型振动台试验等系统性研究，逐步形成了一整套橡胶支座隔震建筑的技术体系。1993年，周福霖院士设计并建造了我国首栋隔震建筑——汕头陵海路商住楼。1994年，这一成就被联合国工业发展组织誉为"世界建筑隔震技术发展的第三个里程碑"。2001年，隔震技术正式纳入国家标准《建筑抗震设计规范》，标志着这一技术的成熟应用。汶川地震后，新修订的《防震减灾法》进一步推动了隔震技术的发展与推广。目前，全国范围内已建成3 000多栋隔震建筑，其中云南省由于地震频发且研究推广较早，成为全国隔震技术应用的领先地区，已建成2 000多栋隔震建筑。

隔震技术在2008年汶川地震、2013年雅安芦山地震等多次地震中表现优异，进一步促进了这一技术在全国范围内的广泛应用与推广[①]。

2. 消能减震技术。消能减震技术是一种通过附加消能减震装置于原有结构中，形成一个新的结构系统，以达到减震效果的建筑设计技术。这种新结构的动力特性和消能能力与原有结构相比会有显著变化。附加的消能减震装置可以显著降低原有结构所承受的地震作用，从而达到控制结构地震反应，减轻主结构损伤程度的目的[②]。自美籍华裔学者姚治平首次将结构振动控制技术引入土木工程领域以来，国内外学者在结构被动控制、主动控制和半主动控制等方面进行了大量研究，并取得了丰富的研究成果。

20世纪70年代末，我国学者开始研究结构消能体系，并建造了多栋设有消能支撑的钢筋混凝土厂房。进入20世纪80年代，周福霖院士等提出在结构中设置支撑方框以实现消能减震，并完成了相关模型试验。同期，我国机械工业部设计研究院和西北建筑设计院对矩形内框和菱形内框耗能器支撑系统进行了低周往复荷载试验研究。消能减震技术在我国的快速发展始于1998年首都圈防震减灾示范区建设，其中北京饭店、北京火车站等标志性建筑的加固均采用了消能减震技术。2008年汶川地震后，大量受灾建筑亟需修复与重建，消能减震技术因其减震效果显著而得到广泛应用。2013年雅安芦山地震中，采用隔震技术的芦山县人民医院门诊综合楼表现优异，安然无恙，这进一步提升了社会对隔震技术的信心。同年，国家行业标准《建筑消能减震技术规程》的颁布实施，标志着我国消能减震技术达到了国际领先水平。随着社会对抗震安全需求的增加，消能减震技术在我国的应用日益广泛，并逐步成为结构抗震的主流技术。过去40年，我国学者在消能减震装置开发、性能试验、结构设计理论及工程应用等方面取得了重要成果，推动了技术向标准化、规范化和产业化的方向发展。

---

① 中国勘察设计协会抗震防灾分会. 我国建筑隔震技术发展状况初步分析［EB/OL］. https://chinaeda. org. cn/contents/136/5301. html.

② 景铭, 戴君武. 消能减震技术研究应用进展侧述［J］. 地震工程与工程振动, 2017（3）：103-110.

消能减震效果主要取决于消能器的类型和性能。国外在消能器的研究与应用方面已有多年历史，我国的自主研发虽然起步较晚，但发展迅速，并取得了丰硕成果。主流的消能器产品包括黏滞阻尼器、黏弹性阻尼器、金属阻尼器、摩擦阻尼器、复合型阻尼器以及屈曲约束支撑等；常见的消能减震设计方法包括消能减震结构基于性能的抗震设计方法、消能减震结构附加阻尼比计算方法、消能子结构设计方法等[①]。

三、海洋灾害防治技术

海洋灾害防治技术研究的重点是风暴潮数值模拟与预报技术、赤潮灾害监测与预测预报技术两个问题。

（一）风暴潮数值模拟与预报技术

风暴潮是一种由强风和气压变化引起海水异常升高从而对沿海地区的建筑设施产生破坏并导致人员伤亡的海洋灾害。风暴潮数值模拟与预报技术是一种利用数学模型和计算机计算来预测风暴潮发生过程及其影响的现代自然灾害防治技术。数值模拟通过将大气、海洋和地形地貌等复杂的物理过程和环境转化为数学方程，输入计算机进行运算。数值模拟技术可以通过模拟风、气压、潮汐、海水深度等自然条件，计算风暴潮的形成、发展以及它对沿海区域的影响。通过气象数据、海洋观测数据等的输入，模型可以模拟出风暴潮的演变，预测海水将在何时、何地、以多大高度涌入陆地，从而可以提前预测风暴潮的强度、持续时间和可能影响范围，为沿海地区的应急响应和疏散提供关键的时间窗口。

1956年，德国水文研究所W. Hansen首次用电子计算机对欧洲北海的风暴潮做了数值模拟[②]。从20世纪70年代开始，国际上风暴潮数值模拟领域取得

---

① 周云, 商城豪, 张超. 消能减震技术研究与应用进展[J]. 建筑结构, 2019(19): 33-48.

② 冯士筰. 风暴潮的研究进展[J]. 世界科技研究与发展, 1998(4): 44-47.

了显著进展，形成了包括美国的SLOSH模型和丹麦的MIKE21模型等实时预报模式。我国则从20世纪80年代起，通过"七五""八五"等科技重点攻关项目，由中国科学院海洋研究所和中国海洋大学开展了风暴潮数值预报技术研究。1991年，我国研究者开发了一个覆盖中国五大子区域的二维风暴潮动力数值模式，并启动了台风风暴潮的业务化数值预报工作。2002年，另一个针对温带风暴潮的数值预报模式被开发并投入使用。此外，1996—2009年，我国研究团队建立了波浪与潮汐—风暴潮运动相互作用的联合数值模式，并探讨了风暴潮与海浪相互作用对风暴潮增水和波浪影响的机制和定量估计等。

风暴潮数值模式的研究主要集中在非结构网格模型的发展，包括2004年的ADCIRC、2006年的FVCOM、2008年的SELFE等。这些模型的主要优势在于其能够根据实际地形特征灵活设置网格，特别是在复杂的近岸区域使用精细网格，而在较开阔的近海区域适当降低网格分辨率，这样既保证了模拟的精度，又提高了计算效率。我国科研团队利用非结构网格数值模型，为中国近海的不同区域开发了精细化的数值模拟方案，以此开展风暴潮过程的模拟预报和研究工作。这些研究主要包括两个方面。

1. 开展风场改变对风暴潮的影响研究。2018年的一项研究通过数值模拟探讨了雷州半岛东部的增水对不同热带气旋活动的响应特征；2019年的另一项研究则分析了东海区不同台风风场产品对风暴潮模拟结果的影响；同年，研究者基于数值实验，分析了台风强度对东海北部风暴潮增水的影响。

2. 开展风暴潮—海浪耦合数值模拟研究。2016年建立的ADCIRC+SWAN耦合模型，探讨了我国浙闽海域台风风暴潮过程。研究发现，当考虑波浪辐射应力、波浪对风应力阻力系数的影响以及水流和水位对波浪的调节时，该耦合模型能更有效地模拟风暴潮和波浪过程。2017年基于ADSCIRC+SWAN耦合模型，探讨了台湾海峡在莫拉克台风期间波流相互作用导致的风暴潮增水，显示最大增水可达0.28米，占风暴潮总水位的24%。此外，2019年另有多项研究分别针对渤海和南黄海建立耦合数值模式，研究了风暴潮灾害过程。2020年利用耦合模式探讨了天鸽台风期间南海风暴潮与波浪增水特征，并指出了波浪耦合效应对风暴潮增水的显著作用[①]。

2023年12月，中国科学院海洋研究所侯一筼和胡珀课题组通过引入考虑波浪影响的风应力参数化方案，显著提高了山东沿海风暴增水的模拟精度，特别是在渤海区域，最大风暴增水的预测精度提高了20%以上。研究还揭示了渤海区域独特的海岸线形态特征对风浪演变和风应力增强具有重要影响。基于此，科研团队构建了山东沿海风暴潮—海浪耦合漫滩数值预测模型，局部最高分辨率达100米，成功模拟了台风"波利"和"利奇马"期间莱州湾的海水淹没过程，并评估了风场和波浪对海水淹没的影响[②]。2024年8月，该课题组研发了新型风暴潮淹没模型框架，通过结合海洋动力判据与元胞自动机网格迭代算法，实现了风暴潮淹没的精准、高效模拟。该模型大幅提升了计算稳定性和时效性，解决了传统数值模式中计算资源消耗大、实时预报困难的问题。研究团队在河北沧州和广东深圳两地成功模拟了台风"利奇马"和"天鸽"期间的风暴潮淹没过程，结果与实地勘察高度吻合，并且计算效率相比传统模型提升了约4个数量级。此外，该研究还定量评估了风应力和底摩擦力对海水淹没范围的影响，深化了对风暴潮物理机制的理解。该研究实现了对风暴潮漫滩准确、高效、稳定的模拟，为我国海洋灾害防治和实时风暴潮预报提供了重要技术支持[③]。

（二）赤潮灾害监测与预测预报技术

赤潮（Red Tide）是指在特定的海洋环境下，海洋中的微藻、原生动物

① 侯一筼,尹宝树,管长龙,等.我国海洋动力灾害研究进展与展望[J].海洋与湖沼,2020(4):759-767.
② 中国科学院海洋研究所.海洋所在风暴潮模拟预报方面取得新进展[EB/OL].（2023-12-15）[2023-12-15].https://qdio.cas.cn/2019Ver/News/kyjz/202312/t20231215_6943448.html.
③ 中国科学院海洋研究所.海洋所最新研究成果可实现风暴潮漫滩准确、高效、稳定模拟[EB/OL].（2024-08-29）[2024-08-29].https://qdio.cas.cn/2019Ver/News/kyjz/202408/t20240829_7326834.html.

或细菌等大量繁殖，并对人体健康或海洋生态环境造成危害的现象。由于藻类大量繁殖的现象通常被称为藻华（Algal Bloom），因此科学界将赤潮称为有害藻华（Harmful Algal Blooms，HAB），或简称HAB。

赤潮的危害主要有三种形式：（1）一些赤潮藻会产生毒素，当贝类和鱼类摄食后，毒素会在它们的体内积累，食用这些海产品的人可能会中毒，严重时甚至导致死亡；（2）某些赤潮藻的毒素虽然不会直接威胁人类健康，但对鱼类等海洋生物具有毒害作用；（3）部分赤潮藻虽然不产生毒素，但其过度繁殖可能导致鱼类鳃部堵塞或机械损伤，且赤潮藻死亡后会大量消耗氧气，造成海洋生物因缺氧而窒息死亡。这三种危害常常同时发生，破坏海洋生物的栖息环境，导致海洋生态系统失衡，影响渔业资源和海产养殖业，威胁滨海旅游业和人类健康[①]。

2022年1月7日，生态环境部、国家发展改革委、自然资源部等联合印发的《"十四五"海洋生态环境保护规划》（以下简称《规划》）指出：我国海洋生态环境保护面临的结构性、根源性、趋势性压力尚未得到根本缓解，海洋环境污染和生态退化等问题仍然突出，治理体系和治理能力建设亟待加强，海洋生态文明建设和生态环境保护仍处于压力叠加、负重前行的关键期[②]。《规划》提出通过健全海洋生态预警监测体系等措施来提升我国海洋生态系统质量和稳定性，例如强化海洋生态灾害预警监测，开展赤潮高风险区立体监测，掌握赤潮暴发种类、规模、影响范围及危害，提高预警准确率。这体现了我国在海洋生态文明建设中具有长远的规划与责任担当，也体现了我国对赤潮监测和预测预报技术体系升级的迫切需求。

海洋卫星遥感技术因其具有全天候、全天时、大范围、长时间序列观测的独特优势，其促进了赤潮监测的覆盖面和时效性显著提升。我国已成功构建了赤潮卫星监测业务化系统，通过综合利用我国HY-1系列卫星以及美

---

① 苏纪兰. 中国的赤潮研究 [J]. 中国科学院院刊，2001（5）：339-342.

② 生态环境部，国家发展改革委，自然资源部，等. "十四五"海洋生态环境保护规划 [EB/OL]. （2022-01-07）[2022-01-11]. https://mee.gov.cn/xxgk2018/xxgk/xxgk03/202202/t20220222_969631.html.

国的EOS/MODIS、SNPP/VIIRS和韩国的GOCI等多颗海洋水色卫星遥感数据，实现了在我国近海复杂水体条件下的赤潮自动化卫星遥感识别。该系统具有监测结果准确度高、产品制作时效性强的特点，能够满足业务化监测的需求，并在东海开展了多年赤潮遥感监测工作，其相关监测结果以多种形式报送至国家遥感中心、自然资源部东海局东海监测中心、温州海洋监测中心站等单位及沿海相关省市，为赤潮灾害的监测与防灾减灾提供了重要的信息支持[①]。

赤潮预测预报则侧重于利用知识经验、模型算法等工具对未来赤潮的发生趋势、规模及其影响进行分析与预估，依赖于对赤潮发生机制的深刻理解，并需要考虑气象条件、营养盐水平、水文特征和赤潮生物的生活史特征等多种环境因素。赤潮预测预报主要有两种主流技术手段，即经验预测法和模型预测法。（1）经验预测法通过对大量赤潮生消过程的监测数据进行多元统计分析，采用如判别分析、主成分分析等方法，结合预报因子来进行赤潮预测；（2）模型预测法也称为数值预测法，其在赤潮预测预报中的应用主要是基于赤潮的发生机理，利用物理—化学—生物耦合的生态动力学数值模型来模拟赤潮的整个生命周期，包括发生、发展、高潮、维持和消亡。

目前，国际上已经开始尝试利用概念模型、经验模型、统计模型以及最近兴起的数值模型对赤潮进行预报[②]。例如，有研究利用数值和模糊元胞自动机模型，结合环境参数（如辐射、营养盐和邻域条件）来预测沿海水体的赤潮，也有研究基于耦合水动力生态系统模型对西北欧陆架海域的赤潮进行预测。随着计算机技术和人工智能的发展，人工神经网络模型也逐渐应用于赤潮的预测。有研究者结合线性相关分析、秩相关分析和主成分分析等方法，建立了基于神经网络的赤潮预测模型。BP神经网络、前向神经网络等人工神经网络模型也已被应用于特定海域赤潮的预测和智能预测系统的构建[③]。

---

① 蒋兴伟，何贤强，林明森，等. 中国海洋卫星遥感应用进展[J]. 海洋学报，2019（10）：113-124.
② 俞志明，陈楠生. 国内外赤潮的发展趋势与研究热点[J]. 海洋与湖沼，2019（3）：474-486.
③ 谢宏英，王金辉，马祖友，等. 赤潮灾害的研究进展[J]. 海洋环境科学，2019（3）：482-488.

四、生物灾害防治技术

生物灾害防治技术研究的重点包括植物病虫害监测预警技术、智能除草机器人技术、森林草原火灾监测技术等问题。

（一）植物病虫害监测预警技术

植物病虫害是各种病原生物和有害生物对植物造成的生理功能障碍和组织损伤，从而影响植物的正常生长、发育、产量和品质的一种常见生物灾害。病原生物包括真菌、细菌、病毒、类病毒等微生物，它们能够引起植物发生病理变化。有害生物则主要指昆虫、螨类、软体动物和啮齿动物等，它们通过直接取食、破坏组织或间接传播病原体来对植物造成伤害。植物病虫害的发生和流行通常与环境条件、生物因素和人类活动密切相关，可导致农林作物减产、品质下降，甚至引发生态系统失衡和生物多样性降低。

植物病虫害具有隐蔽性、突发性以及爆发性的特点，流行速度快，扩散范围广，因此对植物病虫害进行监测预警是一种至关重要的灾害防治手段。许多植物病害在早期往往难以察觉，当明显症状出现时，通常已经造成大面积感染，使得防治难度增加。而害虫在适宜条件下繁殖速度极快，如果未能及时发现和处理，可能会迅速引发灾害。此外，全球气候变化和跨境贸易的加剧，增加了病虫害的传播风险，导致新型病虫害威胁日益严峻。有效的监测预警措施可以帮助农业生产经营者提前采取措施以减少病虫害带来的经济损失，保障农业生产的可持续发展。

在植物病虫害监测预警研究以及相关技术的应用方面，尽管我国在该领域的研究及技术应用起步较晚，但在多个关键领域的研究成果已接近或达到国际先进水平。

1. 在昆虫迁飞行为的监测方面：英国洛桑试验站利用昆虫雷达技术，自2010年起，开始研究蝴蝶和蛾子如何借助风力进行迁移，并通过2012年的一项研究揭示了昆虫迁徙对生殖策略的影响。澳大利亚的研究则集中在沙漠蝗虫的监测和垂直昆虫雷达目标识别技术上。我国则通过部署昆虫雷达，监测稻飞虱和稻纵卷叶螟等农业害虫，应对其潜在的大规模暴发，并通过与国内雷达公司合作，推动监测预警技术得到进一步的完善。

2. 在植物病害的高光谱遥感监测方面：国际上的研究早在20世纪70年代就已经开始。进入21世纪，国外学者利用光谱反射率对各种植物病害进行了广泛研究，这些研究覆盖了包括大田作物和蔬菜在内的超过10种农作物病害。2003年，美国爱荷华州立大学运用地面GPS定位和高光谱测量技术监测了大豆孢囊线虫，并采用了地面、航空和卫星三个不同的平台进行了数据分析。自2001年起，我国也开始运用光谱反射率研究植物病害，特别是在2004年之后，我国开始广泛利用航空和无人机技术以大幅提升植物病害的监测效率。

3. 在利用孢子捕捉器进行植物病虫害监测技术应用方面：2005年国外一项基于实时聚合酶链式反应（PCR）技术的研究加深了人们对病原菌监测的理解。我国在该领域的研究和应用方面报道较少，但已在2012年开发出了用于检测孢子捕捉器捕捉带上孢子的实时PCR技术。

比较流行的植物病虫害监测预警技术包括遥感技术、3S技术、基于深度学习的病虫害识别技术、基于病原菌孢子捕捉器技术、轨迹分析技术、分子生物学技术等。

遥感技术作为一种重要的植物病虫害防治手段，能够对病虫害进行非接触式和具有空间连续性的有效监测。在病原体与植物宿主的互动中，不同的病害和虫害会引起植物产生各种症状和损伤，为遥感技术对植物病虫害的监测预警提供了物理基础。一般来讲，遥感技术可以监测到植物生物量的减少和叶面积指数（LAI）的下降、由感染引起的斑点或痂斑、色素系统的破坏、脱水这四种可能由病虫害引起的植物生理变化，从而进行预警。根据传感原理和当前的技术成熟度，目前用于植物病虫害监测预警的遥感系统一般有以下三类：可见光—近红外遥感系统（VIS-SWIR）、荧光和热红外遥感系统以及合成孔径雷达遥感系统。这三类遥感系统在植物病虫害监测预警应用方面各有优缺点。VIS-SWIR遥感的监测结果比较稳定可靠，应用成熟度也比较高，但在病虫害早期检测方面表现不佳；荧光和热红外遥感具有早期症状监测的潜力，但价格昂贵，难以大范围使用；合成孔径雷达遥感能够敏感地监测到植物结构的变化，但应用成熟度最低，应用案例也非常短缺。

"3S"技术是指将遥感技术（RS）、地理信息系统（GIS）和全球定位系统（GPS）三者有机结合，构成一个集信息获取、处理和应用于一体的技术系统。在植物病害监测预警中，该技术展现出了显著的优势。首先通过遥感技术获取覆盖广泛的植物病害图像数据，这些图像后续会作为数据源输入到专业软件中进行分析，从而识别病害的发生区域和程度。随后，GIS技术被用来进一步分析这些图像，确定病情发生点的精确地理坐标和面积等关键信息。GPS技术则确保了空间地理位置的精确性，帮助研究人员准确定位病害的具体发生位置。早在2000年，美国爱荷华州立大学就有一项研究利用地面GPS系统进行定位，并结合地面高光谱测量与小型飞机搭载光谱仪进行的低空飞行，以及Landsat-7卫星的遥感数据，从地面、航空和卫星三个不同的平台获取了全面的遥感信息，并运用GIS技术对这些数据进行深入分析，最终成功监测了大豆孢囊线虫（Heterodera glycines）的侵害范围与危害程度，并建立了田间病情与地面光谱以及航空和卫星遥感数据之间的关系模型[1]。

如何快速精准地识别病虫害种类、位置、范围、损害程度等关键信息，是植物病虫害预防和治理首先需要解决的关键问题。随着人工智能技术的快速发展，基于深度学习的植物病虫害的识别为植物病虫害的监测和预警提供了关键的技术支持。与传统的图像识别技术相比，基于深度学习的图像识别技术解决了提取深层次复杂图像特征信息的瓶颈问题，同时又具有较强的鲁棒性和较高的识别准确率，因此基于深度学习的植物病虫害的识别技术具有应对真实复杂的自然环境的能力和提取精细化的植物病虫害关键信息的潜力[2]。

---

[1]　曹学仁，周益林. 植物病害监测预警新技术研究进展[J]. 植物保护，2016（3）：1–7.

[2]　Liu J, Wang X. Plant Diseases and Pests Detection Based on Deep Learning: a Review[J]. Plant Methods, 2021（17）：1–18.

随着深度学习技术的不断发展，各种深度学习算法在作物病虫害识别领域百花齐放。改进视觉几何组网络（VGG）、改进稠密卷积网络（DenseNet）等深度学习算法在作物病虫害检测与分类应用中均表现出较高的精度，普遍达到90%以上[1]。作物病虫害识别关键技术流程包括病虫害数据获取、病虫害数据处理、病虫害识别结果应用等。基于深度学习的作物病虫害的识别过程一般是首先通过专业相机、手机、遥感技术获取待识别作物的彩色图像信息，用于深度学习网络的训练；随后通过数据预处理、数据增强、深度学习网络优化等前置步骤来提升深度学习网络的识别准确度和性能，然后就可以通过训练完备的深度学习网络对作物病虫害进行检测和识别。最后，再将识别的结果进行应用于病虫害的防治，通过可视化界面等方法将识别结果直观地展示给农业生产者，再通过静态预测预报、时序动态预测预报、空间传播预测预报等被广泛采用的预测预报技术对作物病虫害进行预警，以减少作物损失，提高作物植保综合防控水平[2]。

（二）智能除草机器人技术

草害，即杂草危害，是指杂草对种植业、养殖业、林业和人体健康等造成严重损害的一类生物灾害。杂草与作物竞争水分、养分、光照和空间，同时也可能通过化学干扰、疾病和害虫的传播，对农业生产环境造成深远的影响。未经控制的杂草生长会显著降低作物的产量和质量，对食品供应和农业经济产生不利影响。某些杂草还可作为入侵物种，在非原生生态系统中迅速扩散，排挤本土物种，破坏生物多样性和生态平衡。因此，有效的草害防治技术不仅是农业生产的需求，也是维护生态系统和人类居住环境的关键。

草害防治技术发展至今，可谓日新月异，种类繁多。例如通过轮作、间

---

① 温艳兰、陈友鹏、王克强，等. 基于机器视觉的病虫害检测综述［J］. 中国粮油学报，2022（10）：271-279.

② 翟肇裕、曹益飞、徐焕良，等. 农作物病虫害识别关键技术研究综述［J］. 农业机械学报，2021（7）：1-18.

作、套作等各种栽培方法来抑制杂草的生长和繁殖的农艺技术；通过茎叶处理剂、土壤处理剂等除草剂来控制杂草的化学防治技术；通过人工除草、机械除草、火焰除草等手段来直接消灭或抑制杂草的生长的物理防治技术；通过引入昆虫、病原菌等杂草天敌或具有竞争优势的植物来抑制杂草生长的生物防治技术等。随着科学技术的发展，目前还流行利用遗传工程和生物技术培育对待特定除草剂耐受的作物，以及利用基于人工智能技术的智能除草机器人自动识别并清除杂草等现代化草害防治技术。

智能除草机器人技术是一种将除草机械配备机器视觉、机器学习等人工智能算法的先进自动化系统，专门设计用于识别和区分作物与杂草以执行精确的除草操作，以提高农业生产效率、降低劳动力需求的现代化除草技术。相较于化学除草剂等一些传统的除草方法，智能除草机器人技术具有明显的优势。在过去30年里，新型除草剂的研发陷入瓶颈，一直停滞不前，无法应对不断增加的抗药性杂草。此外，化学除草剂在水果、香草、蔬菜等"特种作物"的使用中面临着成本回收困难和市场投入不足等经济压力。再加上高昂的人工除草成本和一些国家的严格法律政策限制，使得化学除草剂的应用受到了很大的限制。而智能除草机器人技术则以其非侵入性、高效率和环境友好性，已然成为传统化学除草剂在草害防治领域的有力替代品。除草机器人不依赖化学药剂，从而减少了对环境的污染和对人体健康的潜在威胁。借助先进的机器视觉算法和其他人工智能技术，除草机器人能够精确识别杂草和作物，降低误伤的可能性，大大提高了除草效率。该技术已实现较高程度的自动化，显著降低了人工成本，特别是在劳动力成本较高的地区，具有非常高的经济效益。更重要的是，智能除草机器人技术的应用通常无需繁琐的监管和审批流程，因此容易推广至多种作物，尤其是特种作物领域[①]。

除草机器人的关键技术包括智能感知技术、除草机器人平台、除草装置等。智能感知技术在机器人作业中承担着识别杂草与作物的关键任务。它通

① Fennimore S A, Cutulle M. Robotic Weeders Can Improve Weed Control Options for Specialty Crops[J]. Pest Management Science, 2019（7）: 1767-1774.

过多源信息融合，综合分析环境及作业对象的特征和属性，以实现对作物和杂草的精准识别。在机械除草作业中，智能感知技术不仅能够准确识别作物行，还能有效区分和定位杂草，从而确保在去除杂草的过程中不损伤周围的作物；不同的作物和作业环境均会影响除草机器人在田间的除草效率。为了确保除草效果，除草机器人需要具备良好的行走通过性能。目前，除草机器人平台种类繁多，主要包括轮式、履带式、足式和复合式等不同类型，每种类型都具有适应特定作业环境的优势；除草机的末端执行机构是机械除草的关键组成部分，直接决定了除草效果的优劣，末端执行机构的研究对机械除草技术的进步至关重要。

除草装置主要分为两种类型：一种是由大型拖拉机牵引的牵引式除草装置，另一种是新兴的智能除草装置。牵引式除草装置利用大型拖拉机作为牵引平台，结合智能除草机具，通过机械化作业大幅提高了除草效率。然而，这种大型机械容易对农田造成土壤板结等问题，并且成本和能耗较高。相比之下，智能除草装置通过视觉导航和高度自动化技术，能够精确识别和清除杂草，展现出低功耗、高精度和强灵活性等特点。这种装置适用于各种农作物和作业环境，但需要较高的技术支持和成本投入。总体而言，牵引式除草装置适合大面积作业和传统农业环境，而智能除草装置则更适合精细化和高效率的现代农业作业需求①。

关于除草机器人技术的研究，最早可以追溯到20世纪90年代。最初，美国于1999年提出了除草机器人的原型。在接下来的几年里，玉米秸秆行内除草系统和基于X光的杂草识别除草系统等技术陆续进行了试验验证。欧洲各国也相继推出了类似的研究项目，如丹麦的农田除草机器人（Horti Bot）、瑞典研发的除草机器人以及西班牙研制的生菜田间除草机器人，这些技术在杂草识别率方面均取得了显著进展，识别率可达80%以上。

我国的智能除草机器人研究始于2005年，经历了从机械化除草向智能化

---

① 胡炼，刘海龙，何杰，等. 智能除草机器人研究现状与展望[J]. 华南农业大学学报，2023（1）：34-42.

除草的演进过程。最初阶段，中国提出了基于直接施药方法的除草机器人系统，并重点研究了机器视觉技术在系统中的应用，包括机械臂精确定位杂草目标的运动控制、以作物行为基准线的模糊导航控制以及直接施药方法的可变量控制技术。随后，我国进一步开展了基于机器视觉的自动导航技术和田间杂草识别技术的研究，成功研制出了通过图像采集、分析实现对田间棉花和杂草的精确识别及处理的精确喷施智能除草装置。2011年，我国设计了搭载自动可视除草机器人系统的智能除草机器人。该系统采用CCD传感器实时采集苗圃杂草分布图像，并结合模式识别技术和末端执行器进行智能除草操作，初步实现了对林业苗圃的自动化智能化除草[①]。

2021年12月21日，工业和信息化部、国家发展改革委、科学技术部等15个部门联合印发的《"十四五"机器人产业发展规划》强调要加强研制果园除草、精准植保、果蔬剪枝、采摘收获、分选等服务机器人，推动机器人产业向高端化智能化发展[②]。

2022年，我国研究者针对玉米除草机器人的苗带检测，提出了一种基于感兴趣区域更新的实时识别和导航线提取技术。该技术首先利用单目相机获取玉米苗带图像，并进行归一化和超绿处理。随后，采用改进的SUSAN角点检测、冗余特征点剔除法以及改进顺序聚类算法，获取玉米苗带的特征点，并拟合出各个玉米苗带的准确位置。最后，基于机器人航向偏差及其相对玉米苗带的横向偏差，实时调整感兴趣区域并更新导航线。此外，研究者还在导航线提取算法的基础上，建立了导航跟踪控制模型，并设计了玉米除草机器人导航控制系统。通过在农田环境下进行试验，验证该技术在玉米苗带直线和曲线不同速度导航跟踪中的平均误差 $\leqslant 1.51 cm$，标准误差 $\leqslant 0.44 cm$，显示出其准确跟踪的能力和较强的适应性[③]。

①　林欢,许林云.中国农业机器人发展及应用现状[J].浙江农业学报,2015(5)：865-871.

②　工业和信息化部,国家发展改革委,科学技术部,等."十四五"机器人产业发展规划[EB/OL].（2021-12-21）[2021-12-21].https://www.gov.cn/zhengce/zhengceku/2021/12/28/content_5664988.html.

③　赖汉荣,张亚伟,张宾,等.玉米除草机器人视觉导航系统设计与试验[J].农业工程学报,2023（1）：18-27.

2024年6月，我国第一台全天候激光智能除草机器人在黑龙江省黑河市爱辉区开展田间试验，成为该领域的国内首创。该机器人由华工科技与哈工大机器人实验室合作研发，利用高分辨率摄像机和AI深度学习技术，实现高效、精准的杂草识别和激光清除，杂草识别率达95%以上，去除率达90%以上。通过激光照射，智能除草机器人能够快速蒸发草叶表面的水分，并导致草体组织破裂，从而实现环境零污染、幼苗零损伤的除草效果。这一技术不仅颠覆了传统作业方式，还为有机农业种植提供了新的生产模式，展示了智能除草机器人技术在农业领域的广阔前景和应用潜力[①]。

目前，智能除草机器人技术的研究热点主要集中在机器人集群、人机协同、数字孪生以及云雾计算与5G技术等领域。机器人集群通过群体协作和智能优化算法，提高作业效率并优化任务分工。人机协同则结合人类与机器人的各自优势，实现高效的杂草管理和作业精度。数字孪生技术利用虚拟仿真模型加速除草机器人的设计验证，从而优化制造和使用维护阶段的效率与性能。云雾计算是把云计算和雾计算结合起来的一种极大规模的分布式计算。5G技术的应用则为机器人提供高速的数据传输和云雾计算支持，降低能耗成本，并提升现场作业表现。这些前沿技术的整合与创新，正不断推动智能除草机器人朝向更智能、高效和环保的发展方向迈进[②]。

（三）森林草原火灾监测技术

森林草原火灾监测技术是指人类通过现有的科技工具对森林草原火灾的发生进行监控和测量，主要包括地面监测技术、航空监测技术和卫星监测技术。

1. 地面监测技术。地面监测是实时监控和预警森林草原火灾的重要手段，一般可通过人工巡查、塔台监测、雷达监测及预测预报模型等多种方式进行，其能高效识别和准确定位火情，但也存在诸多挑战。由于林区环境复

---

① 武汉市科技创新局. 中国第一台全天候激光智能除草机器人落地[EB/OL].（2024-06-13）[2024-06-13]. https://kjj. wuhan. gov. cn/xwzx_8/kjspxw/202406/t20240613_2415122. html.

② 傅雷扬, 李绍稳, 张乐, 等. 田间除草机器人研究进展综述[J]. 机器人, 2021（6）: 751-768.

杂，地面监测受地形和自然条件的影响较大，特别是在恶劣天气条件下，监测难度加大，效率较低。

（1）人工巡查。人工巡查主要由护林员及专业防火人员在地形复杂、交通不便的林区执行。该方法的优点是能深入森林进行监测，提高火灾预防的精确性。然而，人工巡查具有工作量大、监测效率低、巡护范围有限、视线易受遮挡等缺点。

（2）塔台监测。塔台监测是一种利用瞭望塔从高点观测火情的地面监测方法。相较于人工巡查，塔台监测的覆盖面积更广，效率更高。但塔台监测受塔台数量和地形影响较大，存在盲区，且成本较高。因此，科学合理的塔台布局和构建是提高监测准确度的关键。塔台监测分为有人值守塔台和无人值守塔台两种场景。有人值守塔台依靠瞭望员及时报告火情，为快速扑灭森林草原火灾提供详实而准确的火场信息。通常，有人值守塔台的高度为24米，没有监控死角，且可以进行大范围监测，但在恶劣环境下，工作条件较差，通讯距离受限。为改善这些问题，有研究者提出增加塔台高度、设置通讯平台和太阳能设施，并增设避雷设备等解决方案。近年来，无人值守塔台正在逐步取代有人值守塔台。无人值守塔台采用高清数字录像机、无线网络、可再生能源驱动系统等技术，减少了操作员的工作量，并提高了警报的准确性和可靠性。然而，其视距比有人值守塔台小，因此需要更多塔台以保证监测效果，导致成本上升。

（3）雷达监测。雷达监测的原理是利用森林燃烧时引起的回波和气象回波存在的较大差异，通过间接监测进行识别。其优点是监测灵敏度高，具有极高的时间分辨率，能够对森林草原火灾引起的烟气进行连续、实时监测。然而，在大气低层某些波段的分辨率可能会受到限制，可能会影响观测效果。目前，通常采用激光雷达和气象雷达两种方法来监测地面火情。

（4）森林草原火灾预测预报模型。森林草原火灾预测预报模型采用无线传感器网络（WSN）搜集关键环境数据，如温度、湿度和气体浓度等，以实现对森林草原火灾的精确预测预报。WSN的优点在于体积小、成本低、通信便捷，其缺点是处理能力有限、存储不足和电池寿命短。

2. 航空监测技术。航空监测通过搭载林火监测设备的载人机或无人机等低空飞行器，对森林草原火灾进行广泛的实时监控。利用如红外传感器、可见光传感器等设备对森林动态做到有序的观测成像。

（1）载人航空监测。载人航空监测主要通过直升机和固定翼飞机进行，这些飞机搭载高级监测设备如红外传感器和可见光传感器。直升机的优势在于能够定点悬停和在较低标准的起降场地进行操作，使其在航空监测中占据重要地位。通过空中平台，观察员可以进行火情观测和定位，及时指挥地面的灭火行动。红外热成像技术特别适合于在大范围森林中探测隐火，因为它可以侦测到树木的温度变化，从而在火灾初期就发现潜在的火点。尽管载人航空监测可以及时准确地传递火情，但它存在的问题包括技术不够成熟、飞机数量有限，特别是在特殊地理环境如高海拔区域的适用性有限，且相关技术和设施还不够先进。

（2）无人机监测。无人机监测是一种用于森林火灾监测的现代技术，能够搭载视觉、气体、温度和红外等多种传感器，以进行数据采集和分析。在进行森林火灾监测工作时，通常使用中等高度的固定翼无人机和低空的旋翼无人机协同工作，以提高火灾检测的准确性。中等高度的固定翼无人机可以对特定的林地区域进行永久监视，一旦发现潜在火灾，低空的旋翼无人机会被触发，以确认是否发生森林草原火灾，并决定是否需要通知地面工作小组。与其他遥感平台相比，无人机监测技术具有灵活性和实时性的优势，使用成本较低，固有风险小，并能够提供高分辨率的实时数据。此外，凭借其直观的监测结果，无人机还可以执行应急测绘任务，通过空中摄影模块将火场信息实时传送至远程控制中心。然而，无人机的使用受天气条件影响较大，其可靠性和续航能力的限制也是阻碍其大规模应用的瓶颈因素。

3. 卫星监测技术。卫星监测技术是一种综合应用先进成像设备、遥感系统、地理信息系统和全球定位系统的森林草原火灾监测技术，其监测流程涉及数据获取、提取位置信息、区域投影、大气校正、水体判识及火点识别等多个步骤，可以在大面积范围内快速定位火灾位置并估算火灾面积。卫星监测技术的火灾监测原理是基于对温度升高时地表热辐射峰值波长的变化进行监测。通常情况下，处于300K的常温地表对应的辐射峰值波长在10μm左右。当林火发生时，地表温度可升至500～750K，这时辐射峰值波长会缩短至3.9～5.8μm。这一波长范围正好属于卫星探测器红外通道的检测范围，因此可以被卫星遥感识别为火点。卫星监测已成为林火实时监测的重要手段，其优势包括不易受地面条件影响，能够提供全面的林火动态视图，成像迅速且成本低廉。通过多光谱光学遥感摄影，可以获取丰富的图像信息；而利用微波遥感技术则可实现全天候监测。然而，卫星监测因其技术特点而受限于卫星的重复周期和探测分辨率，且其机动灵活性较差，可能影响其连续监测的能力。

我国防范森林草原火灾的任务十分艰巨。利用现代信息技术，健全火灾监测系统，通过多种监测信息进行预警和预测，是"防火于未然"的重要途径。（1）利用"大智移云"汇总分析海量森林草原火灾监测数据。随着5G时代的到来，大数据、智能化、移动互联网和云计算等高新技术迅速发展，新兴信息技术的融合将推动火灾监控技术的变革。依托国家和地方平台，利用移动物联网汇集多元化、多维度的海量监测数据，并通过大数据收集气象环境数据，借助云计算进行分析和决策，智能化地提供精准预警和预测。（2）利用北斗全球卫星导航系统和高分卫星实现精准监测、实时监测。发展北斗系统和高分辨率卫星监测，推动遥感数据更快速、更准确地服务于火灾监控。结合遥感技术，对火情监控进行整体规划，建立全方位的监控系统以及高效的数据处理、信息反馈和响应机制。（3）构筑全方位、立体式、连续性监测体系。空中和地面监测相结合，实现大范围区域监测和局部监测的及时补充。将传统与现代火灾监控方法相结合，整合地面巡护、近地面监测、航空巡护和卫星监测等方式，真正实现空中和陆地的全方位防火[1]。

---

① 汪东，贾志成，夏宇航，等.森林草原火灾监测技术研究现状和展望[J].世界林业研究，2021（2）：26-32.

五、生态环境灾害防治技术

生态环境灾害防治技术研究的重点是两个问题，即智慧水土保持和防风固沙技术。

（一）智慧水土保持

随着我国大力推进水土流失综合治理，全国土壤流失量和水土流失面积均有所下降，水土流失状况明显改善，在监督管理、重点地区治理、监测和信息化应用等方面均取得了卓越成绩。但是，目前我国水土流失仍然量大面广、局部地区严重，人为水土流失压力依然突出，监管任务艰巨，水土流失综合治理的科学性、系统性亟待提升。为完成水土保持工作"十四五"时期加快数字化发展、推进智慧水土保持建设的目标任务，智慧水土保持的概念和框架应运而生[①]。

智慧水土保持是智慧水利建设"2+N"体系的重要组成部分。在智慧水利顶层设计框架下，智慧水土保持运用数字技术和智能化手段，集成数据管理、预报预警模型和智能管理系统于一体的技术应用体系，旨在通过先进的水土流失预警、风险管理和综合治理以提升水土保持的效率和科学性，支持国家的生态文明建设，推动水土保持业务的高质量发展。

根据水利部党组"以水利信息化带动水利现代化"的策略，智慧水土保持已实现基础地理、监督管理、综合治理等数据资源的积累，部级数据存储量达41TB，并开发了全国水土保持信息管理系统以支持决策。同时，利用"3S"技术、移动通信和无人机等新技术，推动了水土保持监管的信息化，显著提升了水土保持监管的科学性和时效性。然而，智慧水土保持的发展仍面临挑战，数据资源体系存在如数据不全、质量低下、数据采集手段落后等

---

① 水利部办公厅. 水土保持"十四五"实施方案[EB/OL].（2021-12-30）[2021-12-30]. https://www.gov.cn/zhengce/zhengceku/2022-01/05/content_5666545.htm.

缺陷。智能监测网络也不完全符合业务需求，全国水土保持信息管理系统的智能化程度尚且较低。此外，信息技术基础设施也相对落后，如存储和传输设施不足，网络安全体系存在漏洞，组织体系和人才、资金保障亦需进一步加强。

早在2015年，北京林业大学林业生态工程教育部工程研究中心朱清科等人就初步提出了智慧水土保持体系的总体架构。该架构包括横向的物理层、数据层、运算层和应用层，以及纵向的系统安全维护体系和水土保持数据标准化体系。物理层利用"3S"技术和物联网等手段，负责数据的智能化采集和初步处理；数据层则负责存储采集到的信息，以支持后续的数据分析和决策；运算层作为智慧水土保持的中枢，运用云计算、大数据、人工智能等技术，负责信息加工、海量数据处理、业务流程规范、数表模型分析、智能决策和预测分析等任务；应用层则负责整合资源和信息，提供决策支持平台和监测系统。安全维护体系用于确保物理设施和数据的安全与完整性，以支持系统的安全稳定运行。数据标准化体系则通过标准的制定和应用的规范化，保障数据的一致性和互操作性，以促进信息资源的有效管理和应用[①]。

2022年，水利部水土保持监测中心总工程师赵永军等提出了一种"一引擎三驱动"的智慧水土保持总体技术框架。该框架以基于智能算法的水土保持预报预警模型为核心引擎，通过水土保持数字化场景驱动对物理世界水土保持对象和要素的直观刻画与认知，通过智慧水利水土保持分系统驱动业务治理与管理的高效有序开展，通过水土保持数据管理规则驱动智慧水土保持建设成果的持续提升与应用。具体而言，该架构包括基础设施、数字化场景、预报预警模型、智慧水利水土保持分系统、淤地坝信息管理系统和水土保持数据管理规则等关键组成部分。在基础设施层面：智慧水土保持系统依赖于传感、定位、视频和遥感技术，形成了一个全面的水土保持监测网络和高效的数据通信系统，这些基础设施和技术的集成，支持了数据的快速采

---

① 朱清科，马欢.我国智慧水土保持体系初探［J］.中国水土保持科学，2015（4）：117-122.

集、存储和安全传输，并为水土保持决策提供算力支持；在数字化场景层面：系统通过数据整合和仿真模拟等技术手段，将实际的水土保持对象和影响区域以二维矢量和三维精细模型的形式映射至数字空间，形成了从全国到重点区域的详细地理空间尺度表达，为业务智慧应用提供了算据基础；在预报预警模型层面：水土保持预报预警模型运用数学模型模拟生态环境、水土保持对象及影响区域的时空强度和数量级关系，以及变化的水土保持专业模型，为系统决策提供核心算法支持，并提供关于土壤侵蚀和水土流失等多方面的预测和风险预警。智慧水土保持分系统和淤地坝信息管理系统作为功能实现层，提供水土保持精准管理、快速响应和智慧决策等能力，也为淤地坝安全提供了全面的预报、预警、预演和预案功能，确保社会公众能够及时获取预警信息；水土保持数据管理规则确保了数据的质量、更新和共享，为整个智慧水土保持系统的顺畅运作和持续优化提供了规范和保障①。

2023年，水利部水土保持监测中心张红丽等人基于全国水土保持信息管理系统既有的各业务模块，建立并完善了智慧水利水土保持分系统平台。该系统架构包括数据采集层、基础设施层、数据资源层、应用支撑层、业务应用层、安全保障体系及数据共享体系，实现了从数据采集到智能决策的全面功能覆盖。数据采集层通过无人机、移动智能设备等进行自动化数据采集，确保信息实时更新与精准传输；基础设施层提供硬件和网络基础环境，并依托水利部信息中心的"水利云"，为水土保持业务的智慧应用提供"算力"支撑；数据资源层存储和管理各类水土保持业务数据，为智慧应用提供"算据"支撑；应用支撑层提供模型计算、数据分析等服务，为水土保持业务的智慧应用提供"算法"支撑；业务应用层是系统建设的核心和目标，包括水土流失状况预报预警、生产建设活动引发的人为水土流失风险预警以及水土流失综合治理智能管理功能模块，实现对水土保持各项业务全生命周期的精细管理、快速响应、智能决策功能；安全保障体系通过身份验证、访问限

---

① 赵永军，马松增，罗志东，等. "十四五"时期智慧水土保持建设思路[J]. 中国水土保持，2022（10）：74-78.

制、安全审查、入侵检测和信息交换等措施，确保信息系统在物理、主体、网络、应用及数据五个领域的安全运行；数据共享体系依据《水土保持数据管理办法（试行）》等相关管理办法与标准，与各级水利系统共享和交换数据，实现资源配置优化和服务效率提升。这些模块的应用提高了我国水土流失动态监测和人为水土流失风险预警的科学性与智慧化水平，为全国水土保持的监测和监管任务的高质量发展提供了坚实支持[①]。

（二）防风固沙技术

荒漠化分为风蚀荒漠化、水蚀荒漠化、冻融荒漠化、盐渍化四种类型[②]。其中，风蚀荒漠化又称沙漠化[③]。风蚀荒漠化是我国分布最广、危害最大的一类荒漠化灾害。

防风固沙技术是为防止风力侵蚀和沙漠化扩展，运用工程、生物和化学等措施，降低地表风速、固定流动沙丘、稳定土壤结构的一种风蚀荒漠化防治技术。防风固沙技术一般可分为机械固沙、化学固沙、植物固沙等3类[④]。

机械固沙技术基于风沙运动的规律，通过设置固体障碍物来增加下垫面粗糙度，降低近地面的风速，并提高沙粒的起动风速，从而改变风沙流的运动规律，是最早用于防治风沙灾害的技术之一。在实际工程应用中，常见的沙障材料包括柴草、砾石、黏土、尼龙和塑料网格等。通过在风沙严重的区域合理布设不同规格和尺寸的沙障，可以有效抑制风沙流，改善土壤条件。然而，机械沙障存在防护高度有限、防护效果持续时间短且易被流沙掩埋等局限性，许多地区在沙障的建设和维护上还面临着交通不便、人力和物力资

---

① 张红丽, 林丽萍, 赵永军, 等. 智慧水利水土保持分系统构建及应用[J]. 人民黄河, 2023（S2）: 85-87.

② 生态环境部. 荒漠化区域生态质量评价技术规范[EB/OL]. （2023-12-29）[2023-12-29]. https://www.mee.gov.cn/ywgz/fgbz/bz/bzwb/stzl/202401/W020240125376375852299.pdf.

③ 国家林业和草原局. 科技治沙是中国治沙的助推器[EB/OL]. （2023-06-21）[2023-06-21]. https://www.forestry.gov.cn/c/www/hm/508878.jhtml.

④ 龚伟, 臧运晓, 谢浩, 等. 现有固沙材料的结构与性能内在关系的研究进展[J]. 材料导报, 2015（21）: 47-52, 80.

源消耗大的问题。目前，研究人员已开发出一系列新型沙障材料，如聚乳酸纤维（PLA）沙障，以应对传统机械沙障的不足。PLA沙障以玉米、小麦、甜菜等含淀粉的农产品为原料，经聚合反应和熔融纺丝制成，在自然条件下能分解成二氧化碳和水，具有环保优势。相比传统沙障，PLA沙障具备耐高温、低造价、施工简便、运输方便和防护时间长等优点。研究表明，PLA沙障可以显著增强土壤物理性质，促进植被恢复，其保水效果也优于传统麦草沙障。

最早在20世纪30年代中期，苏联和美国首次开展了化学固沙的试验。到了20世纪60年代，该技术得到较大发展，尤其在石油资源丰富的沙漠国家中表现突出，伊朗便是一个典型的例子。随后，沙特阿拉伯、利比亚及澳大利亚等国家也相继开展了化学固沙试验，并均取得了积极成果。我国的化学固沙研究始于20世纪50年代。尽管国内化学固沙的研究起步较晚，但已进行了一系列创新性的探索和试验，在实际应用中也显现出良好的成效。例如，在包兰铁路沙害地段及塔里木沙漠石油公路的试验路段，均进行了大面积的化学固沙扩大试验和中间试验。迄今为止，国内外科研工作者已研发出大量的化学固沙材料。这些材料按其来源和作用机制可分为三大类：无机类化学固沙材料、有机类化学固沙材料和有机-无机复合类化学固沙材料。其中，无机类化学固沙材料又可细分为水玻璃类、水泥类和石膏类等，有机类化学固沙材料细分为石油类、生物质资源类、合成高分子类和废塑料改性类等。目前，化学固沙材料在耐水蚀、耐冻融和耐风蚀方面表现良好，但在抗紫外线性能上仍有不足，尤其是有机类的固沙材料。另外，化学固沙材料的环保性和对植物的无害性也需进一步优化。成本问题和需求巨大的沙漠治理面积要求开发成本低廉且高效的固沙材料，因此利用工业废弃物为原料也是未来发展的重要方向之一[①]。

以植物固沙为代表的传统生物固沙技术被认为是防治土地沙漠化最有效

---

① 赖俊华,张凯,王维树,等.化学固沙材料研究进展及展望[J].中国沙漠,2017(4):644-658.

的方法。与其他固沙技术相比，植物固沙具有持久稳定的效果，且适合大面积实施。这种技术不仅能显著改善沙地的理化性质，提升沙地的生产潜力，还能美化环境，并提供饲料、木材、燃料等产品，具有多重生态和经济效益。然而，沙漠地区恶劣的环境通常使得适宜生长的植物种类有限且生长周期较长，导致大量固沙植物最终无法存活，从而造成资源浪费。

目前，借助微生物改善土体性质以进行固沙成为该领域的研究热点之一。微生物土体改性利用微生物在多孔介质中生长、运移及繁殖的特性，通过其代谢活动诱导控制土体中化学反应，以改良土体性质。此技术已广泛应用于土体加固、岩土体防渗、砂土液化处置、结构物表面防护及土体污染治理等领域[①]。

生物土壤结皮固沙技术作为一种热门生物固沙技术，是我国防沙治沙的利器，也是国内外最前沿的固沙及近自然生态修复技术之一。早在20世纪90年代，我国就在中科院西北生态环境资源研究院沙坡头沙漠研究试验站建立了研发团队，系统地开展了生物土壤结皮生态功能的研究。生物土壤结皮（Biological Soil Crusts，即BSCs）是由藻类、地衣、藓类植物及其他生物与土壤颗粒通过假根、菌丝和分泌物形成的复合体，这种结构具有耐高温、抗干旱、抗强辐射的特性，因此被认为是理想的沙漠生态修复工具[②]。自然BSCs形成周期长，而通过人工培育的BSCs形成时间短且能够迅速固定沙面、改善土壤生境，因此人工培育BSCs等快速治沙技术已经发展成为沙化土地治理的新方法和新模式。

经过长期不懈努力，我国科研团队成功研发了一系列国际领先的生物土壤结皮高效固沙技术。针对野外恶劣条件下培养人工结皮的"卡脖子"难题，科研团队研发了一种"机械固沙措施+混合藻液喷洒+旱生灌木"的人工蓝藻沙面固定模式，通过机械固沙与人工生物土壤结皮相结合的方法，使风

①　居炎飞，邱明喜，朱纪康，等. 我国固沙材料研究进展与应用前景［J］. 干旱区资源与环境，2019（10）：138–144.

②　赵燕翘，连煜超，许文文，等. 中国人工蓝藻结皮研究进展［J］. 中国沙漠，2023（5）：214–222.

蚀量减少了95%以上，固沙灌木成活率提高了10%～15%，补苗率降低了近40%。科研团队研发的另一种"遮阳网+无纺布+蓝藻藻液+旱生灌木"的人工生物土壤结皮固沙技术，则显著缩短了人工生物土壤结皮实现固沙效果的时间，使沙面稳定时间显著缩短至6个月以内，解决了沙漠公路边坡固定周期长的问题。此外，还有"固态生物土壤结皮接种体撒播+旱生灌木"的节水型人工生物土壤结皮快速地表稳定技术，提高了人工蓝藻和蓝藻-地衣结皮拓殖速率，解决了沙化土地斑块分布分散和已治理沙化土地沙面反复沙化等问题。例如，生物土壤结皮高效固沙技术已累计在宁夏境内推广4 000余亩，取得了良好的经济、生态和社会效益，节约了大量的防沙治沙成本①。

六、提升新时代自然灾害防治科技支撑能力

提升自然灾害防治科技支撑水平，就是要明确常态减灾和非常态救灾科技支撑工作模式，推进大数据、云计算、地理信息等新技术新方法运用，提高灾害信息获取、模拟仿真、预报预测、风险评估能力，加强防灾减灾救灾关键技术研发，建立科技支撑防灾减灾救灾工作的长效机制。

在灾害应急准备方面，加强重大灾害过程数值模拟技术，多灾种耦合模拟仿真、预测分析与评估技术，重大灾害风险智能感知与超前识别技术，重大灾害定量风险评估技术，重大基础设施危险源识别共性技术，城市基础设施灾害事件链分析技术等的研发攻关②。

在灾害监测预警方面，加强大地震孕育发生过程监测与预测预报关键技术，突发性特大海啸监测预警关键技术，重大气象灾害及极端天气气候事件智能化精细化监测预警技术，雷击火监测预警技术，浓雾、路面低温结冰等其他高影响天气实时监测报警和临近预警技术，水害、火灾、冒顶、片帮、

① 国家林业和草原局. 生物土壤结皮高效固沙技术为沙漠做"新衣"[EB/OL]. (2024-08-23) [2024-08-23]. https://www.forestry.gov.cn/c/www/zhzs/582297.jhtml.
② 国务院. "十四五"国家应急体系规划[J]. 中华人民共和国国务院公报, 2022(6): 42.

边坡坍塌、尾矿库溃坝等重大灾害事故智能感知与预警预报技术等的研发攻关[①]。

在灾害处置救援方面，加强复杂环境下破拆、智能搜救和无人救援技术，重大灾害现场应急医学救援技术，重大复合链生灾害应急抢险及处置救援技术，火爆毒[②]多灾耦合应急洗消与火灾扑救先进技术，溃堤、溃坝、堰塞湖等重大险情应急处置技术，水上大规模人命救助、大深度扫测搜寻打捞、大吨位沉船打捞、饱和潜水、浅滩打捞技术，矿山重大灾害应急救援技术，严重核灾害应急救援技术等的研发公关[③]。

在灾害评估恢复方面，加强灾害精准调查评估技术，灾后快速评估与恢复重建技术，强台风及龙卷风灾损评估与恢复技术，火爆毒、垮塌等灾害追溯、快速评估与恢复技术，深远海井喷失控灾害快速评估、处置及生产恢复技术等的研发攻关[④]。

新时代，鉴于快速城镇化和城市群的发展导致自然灾害的复杂性和联动性增强，灾害发生后易产生连锁反应和放大效应，党和政府强调要大力提升自然灾害防治科技支持能力。在洪涝、干旱、地震、地质、森林草原火灾和极端气象等自然灾害防治领域构建了先进的监测预警系统，重点研发了精密监测技术、预测模型和风险防控方法，其结合了传感器技术、数据分析、人工智能和多源信息融合等前沿科技。加强地震、自然资源、气象、水利、能源等行业专业技术机构之间的协同合作，实现对重大自然灾害风险隐患的早识别、早预警、早处置。建设国家防灾科学城、区域应急技术中心和城市安全综合监测预警中心，增强部门间协作，提高应急响应效率，实现对自然灾害运行态势的实时、全面、精准监测。通过引入自然灾害实景模拟、实训演练和科普体验等服务，提高专业人员和公众的防灾减灾意识和能力。以"两

---

①　国务院. "十四五"国家应急体系规划 [J]. 中华人民共和国国务院公报, 2022（6）：42.

②　火爆毒，即火灾、爆炸和有毒物质泄漏。

③　国务院. "十四五"国家应急体系规划 [J]. 中华人民共和国国务院公报, 2022（6）：42.

④　国务院. "十四五"国家应急体系规划 [J]. 中华人民共和国国务院公报, 2022（6）：42.

个坚持、三个转变"防灾减灾救灾理念为引领，努力实现从注重灾后救助向注重灾前预防的转变。新时代我国自然灾害防治科技支撑能力得到了大幅提升，这是全面提升全社会抵御自然灾害综合防范能力的重要内容，是保护人民生命财产安全、推动社会经济持续健康发展的重要成效。

第八章

新时代我国自然灾害防治工程建设

本章阐释了防汛抗旱水利提升工程、地质灾害综合治理和避险移民搬迁工程、地震易发区房屋设施加固工程、海岸带保护修复工程和重点生态功能区生态修复工程等自然灾害防治重点工程①，强调要加强防灾减灾基础设施建设，通过构建高效科学的结构性减灾措施②体系，全面提高新时代我国防灾减灾救灾现代化水平，切实保障人民群众生命财产安全。

---

① 2018年10月10日，习近平总书记主持召开了中央财经委员会第三次会议，会议研究了提高我国自然灾害防治能力等重要问题。会议强调要针对关键领域和薄弱环节，推动建设若干重点工程，即实施灾害风险调查和重点隐患排查工程，掌握风险隐患底数；实施重点生态功能区生态修复工程，恢复森林、草原、河湖、湿地、荒漠、海洋生态系统功能；实施海岸带保护修复工程，建设生态海堤，提升抵御台风、风暴潮等海洋灾害能力；实施地震易发区房屋设施加固工程，提高抗震防灾能力；实施防汛抗旱水利提升工程，完善防洪抗旱工程体系；实施地质灾害综合治理和避险移民搬迁工程，落实好地质灾害避险搬迁任务；实施应急救援中心建设工程，建设若干区域性应急救援中心；实施自然灾害监测预警信息化工程，提高多灾种和灾害链综合监测、风险早期识别和预报预警能力；实施自然灾害防治技术装备现代化工程，加大关键技术攻关力度，提高我国救援队伍专业化技术装备水平。
② 减灾措施可分为结构性减灾措施和非结构性减灾措施，二者在自然灾害防治过程中相辅相成，相得益彰。结构性减灾通过建设或改善如水坝、海堤、抗震建筑等物理设施，直接增强特定区域的防灾和抗灾能力，并兼具长期性，且不受政策变动或管理更迭的影响；非结构性减灾则强调预防先行，通过非工程和非技术层面的规划、教育等途径进行减灾，更为灵活，能够迅速适应社会和技术的发展变化。

一、防汛抗旱水利提升工程

新中国成立初期，由于长期战乱，水利设施年久失修，水旱灾害频繁发生。面对严峻挑战和复杂局面，中国共产党带领人民群众艰苦奋斗，大力推进水利事业，实施了众多大规模的水利工程建设项目。

1950年6月，淮河流域遭受严重洪涝灾害。政务院召开首次治淮会议，制定治理淮河的方案，并成立治淮委员会。毛泽东还亲笔题词："一定要把淮河修好。"随即，全国动员超过220万民工，启动治淮第一期工程，包括修筑堤防、疏浚河道以及建设闸坝涵洞等水利工程。1950年8月，鉴于荆江历史上的洪灾和1950年淮河水灾的教训，政务院决定实施荆江分洪工程。该工程于1952年4月动工，同年6月提前完成第一期工程。荆江分洪工程建成后，充分发挥了其蓄洪与泄洪作用，显著提升了荆江的防洪能力，极大地保障了江汉平原的耕地安全和人民生命财产安全。后来，荆江分洪工程经受住了1954年长江特大洪水的考验，毛泽东欣喜地题词："庆祝武汉人民战胜了1954年的洪水，还要准备战胜今后可能发生的同样严重的洪水。"20世纪50年代初期，由于我国江河水系紊乱，水旱灾害频繁，水利基础薄弱，因此这一时期我国水利建设的方针是防止水患和兴修水利设施，旨在通过治水措施促进农业生产发展。

20世纪50年代中期，我国水利工程建设的重点是以提高产量和收入为目标的小型农田灌溉项目。随着全国范围内土地改革的完成、过渡时期总路线的提出，以及农业生产合作社的蓬勃发展，农村集体经济迅速壮大，为大规模农田水利建设奠定了基础。1953年3月，水利部召开农田水利工作会议，充分肯定了群众广泛参与的小型农田水利建设的重要性，并强调未来的农田水利工作应注重群众参与的小型水利工程，强化灌溉管理，充分利用潜在资源，以扩大灌溉面积。从1953年开始，全国各地，尤其是在农田水利设施相对较少的华东和中南地区，普遍开展了以农田灌溉为主要内容的小型水利建设。

　　20世纪50年代末至改革开放初期，我国水利工程建设经历了大规模的发展阶段。在1958—1960年的"大跃进"时期，我国农田水利建设达到了前所未有的规模。在"蓄水为主、小型为主、社办为主"的治水方针指导下，全国掀起了广泛的"全民大办"水利运动。据统计，"大跃进"时期我国水利建设累计完成基本建设投资75.95亿元，这一数字还不包括各省、区、市在"全民大办"运动中的劳动投资①。1972年，安徽淠史杭灌区骨干工程建成通水，这是新中国成立后兴建的全国最大灌区。1975年，黄河刘家峡水电站落成，从此我国拥有了百万千瓦级的巨型水电站，这是新中国水电史上的一座伟大丰碑。1978年开始建设的固海扬黄灌溉工程，彻底改变了黄土高原的生态与农业面貌。

　　1979年和1980年，水利部相继召开全国水利会议及全国水利厅（局）长会议。在深入分析水利建设的新形势和新任务后，会议确立了"加强经营管理，讲究经济效益"的水利方针，并明确了"全面服务，转轨变型"的水利改革方向。为此，会议决定压缩水利基本建设规模，暂停或延缓一批大中型项目，以保障葛洲坝水利枢纽等重点工程的顺利施工。

　　1991年的淮河和太湖洪水，以及1994年的珠江洪水，暴露了我国水利基础设施的薄弱环节。1995年9月28日，党的十四届五中全会通过的《中共中央关于制定国民经济和社会发展"九五"计划和二○一○年远景目标的建议》强调要加快治理大江大河大湖，优先建设一批具有综合效益的大中型水利工程，以提升防洪、抗旱和排涝能力②。此后，国家大幅增加水利建设投资，推动了黄河小浪底水利枢纽工程、长江三峡水利枢纽工程、黄河万家寨水利枢纽工程等一批重点工程的建设。

　　1998年，长江、嫩江、松花江发生特大洪水，其主要原因是气候异常、降雨集中，但也充分暴露出我国生态破坏严重、江湖淤积、水利设施薄弱等

---

① 樊宪雷.20世纪50年代至60年代初我国兴修水利的探索实践及其基本经验[EB/OL].（2014-05-04）[2014-05-04]. http://dangshi. people. com. cn/n/2014/0504/c384616-24971830. html.

② 中共中央文献研究室. 十四大以来重要文献选编（中）[M]. 北京: 人民出版社, 1997: 1489.

问题。1998年10月14日，党的十五届三中全会通过的《中共中央关于农业和农村工作若干重大问题的决定》强调水利建设要坚持全面规划、统筹兼顾、标本兼治、综合治理的原则，实行兴利除害结合、开源节流并重、防洪抗旱并举的方针，重大水利工程建设要从长计议、全面考虑、科学选比、周密计划，"要大干几年，把大江大河大湖的干堤建设成高标准的防洪堤；抓紧现有病险水库的除险加固，使其充分发挥效益；下决心清淤除障，恢复河湖行蓄洪能力；抓紧三峡、小浪底等主要江河控制性工程的建设，提高对洪水的调蓄能力"①。2002年12月27日，全球规模最大的水利工程——南水北调工程正式启动。该工程对于缓解北方地区水资源短缺，实现长江、淮河、黄河和海河四大流域的水资源合理分配具有关键意义。

2007年，四川和重庆遭遇百年一遇的旱灾；2010年，云南、贵州、广西、四川和重庆经历特大干旱，许多省区市面临洪涝灾害，部分地区突发严重山洪泥石流事件，这再次证明了加快水利建设的重要性。2010年12月31日，中共中央、国务院印发的《关于加快水利改革发展的决定》强调中小河流治理应优先解决洪涝灾害频发、人口稠密保护区及重要保护对象的河流及其河段，进行堤岸加固和清淤疏浚，以确保治理河段基本达到国家防洪标准；加速消除小型病险水库的安全隐患，恢复防洪库容，增强水资源调控能力，推进大中型病险水闸的除险加固；在山洪地质灾害防治方面，坚持工程措施与非工程措施相结合，完善专群结合的监测预警体系②；要进一步治理淮河，搞好黄河下游治理和长江中下游河势控制，继续推进主要江河河道整治和堤防建设，加强太湖、洞庭湖、鄱阳湖综合治理，全面加快蓄滞洪区建设；抓紧建设一批流域防洪控制性水利枢纽工程，不断提高调蓄洪水能力；推进海堤建设和跨界河流整治③。

2011年7月8—9日，中央水利工作会议在北京召开，这是新中国成立以

---

① 中共中央文献研究室. 十五大以来重要文献选编（上）[M]. 北京：人民出版社，2000：565-566.
② 中共中央文献研究室. 十七大以来重要文献选编（下）[M]. 北京：中央文献出版社，2013：52.
③ 中共中央文献研究室. 十七大以来重要文献选编（下）[M]. 北京：中央文献出版社，2013：53-54.

来首次以中共中央名义召开的水利工作会议。会议强调，在治理大江大河大湖的同时，需加快推进防洪重点薄弱环节建设，推动主要江河的河道整治与堤防建设，加大中小河流的治理力度，巩固大中型病险水库除险加固的成果，加快小型病险水库的除险加固步伐，加强山洪灾害防治，加速抗旱水源建设，提高城市防洪排涝能力，从而整体提升防御洪涝灾害的能力与水平[①]。

十八大以来，我国不断完善流域防洪工程体系，水旱灾害防御能力显著提升。新增水库库容达到1051亿立方米，新增江河堤防总长度达5.65万千米，并陆续启动了黄河下游防洪工程、西江大藤峡水利枢纽、淮河入海水道二期工程等多项流域防洪工程建设。大江大河的防洪体系主要由河道、堤防、水库和蓄滞洪区构成，通过综合运用"拦、分、蓄、滞、排"等措施，基本具备抵御新中国成立以来实际发生的最大洪水的能力。此外，通过实施"蓄、引、提、调"等措施，保障城乡供水安全，尽可能减少干旱造成的损失[②]。

我国水资源总量充足，但分布极不均衡，特别是全国大部分城市群、能源基地和粮食主产区均位于水资源紧缺地区，这种状况与国家高质量发展的目标相违背，成为制约社会经济发展和生态文明建设的主要瓶颈。2023年5月25日，为了统筹解决水资源、水生态、水环境、水灾害问题，中共中央、国务院印发了《国家水网[③]建设规划纲要》（以下简称《纲要》）。该《纲要》强调要完善流域防洪减灾体系，提高河道泄洪能力，增强洪水调蓄能力，确保分蓄洪区分蓄洪功能，提升洪水风险防控能力。

1. 提高河道泄洪能力。以河道堤防达标提标建设和河道整治为重点，

---

① 车玉明，姚润丰. 开启治水惠民新时代——中央水利工作会议四大亮点[EB/OL].（2011-07-10）[2011-07-10]. https://www.gov.cn/jrzg/2011-07/10/content_1902978.htm.

② 李国英. 新时代水利事业的历史性成就和历史性变革[EB/OL].（2022-10-12）[2022-10-12]. https://www.gov.cn/xinwen/2022-10/12/content_5718317.htm.

③ 国家水网是以自然河湖为基础、引调排水工程为通道、调蓄工程为结点、智慧调控为手段，集水资源优化配置、流域防洪减灾、水生态系统保护等功能于一体的综合体系。

加快长江、黄河、淮河、海河、珠江、松花江、辽河及洞庭湖、鄱阳湖、太湖等大江大河大湖治理，保持河道畅通和河势稳定，全面提高河道泄洪能力；对涉及国家重大战略、重要经济区、重要城市群、重要防洪城市的重点河段，按照流域防洪规划和规程规范等要求，复核防洪能力，修订防洪标准，适时开展提标建设；加快实施中小河流治理，优先实施沿河有县级及以上城市、重要城镇和人口较为集中的河段治理；对北方地区河流，重点加强河道系统整治，减轻河道淤积萎缩，恢复河道行洪能力；对南方地区河流，重点维护河势稳定和行蓄洪空间，协调干支流关系，统筹防洪与排涝，减轻干流防洪压力；新（扩）建一批骨干排洪通道，解决平原河网地区外排通道不足、洪水出路不畅等问题；加强河口治理，规范入海流路，保持河口稳定畅通①。

2. 增强洪水调蓄能力。长江流域重点推进上游渠江、沱江，中游清江水系，下游水阳江、青弋江等支流控制性枢纽建设；黄河流域重点加快东庄等控制性工程建设，有序推进古贤等工程；淮河流域重点开展上游潢河、汝河等支流，沂沭河及山东半岛重要行洪河道洪水调控工程建设；珠江流域加快西江、柳江等防洪控制性枢纽建设；东南诸河推进钱塘江、赛江等控制性枢纽建设②。

3. 确保分蓄洪区分蓄洪功能。优化调整蓄滞洪区布局，加快推进长江、黄河、淮河、海河等流域重要蓄滞洪区建设，确保正常分蓄洪功能；加强蓄滞洪区土地利用、产业引导、人口规模管控，有条件的地方科学有序实行退田（圩）还湖，禁止非法侵占河湖水域，保护行蓄洪空间；以恢复蓄洪空间、行洪通道、生态空间为目标，因地制宜采取"双退"或"单退"方式，开展洲滩民垸分类整治，恢复行洪滞洪功能；优化黄河下游滩区治理方案，引导区内人口有序外迁③。

---

①　中共中央, 国务院. 国家水网建设规划纲要[J]. 自然资源通讯, 2023（10）: 12.

②　中共中央, 国务院. 国家水网建设规划纲要[J]. 自然资源通讯, 2023（10）: 12.

③　中共中央, 国务院. 国家水网建设规划纲要[J]. 自然资源通讯, 2023（10）: 12.

4. 提升洪水风险防控能力。充分考虑气候变化引发的极端天气影响和防洪形势变化，科学提高防洪工程标准，有效应对超标洪水威胁；加强水库群等水工程联合调度，发挥防洪工程体系整体优势，全面增强流域防洪安全保障能力；针对病险水库水闸、中小河流暴雨洪水、山洪灾害等突出风险点，及时有效消除风险隐患，提高应对洪涝灾害能力①。

《国家水网建设规划纲要》发布以来，国家水网建设步伐全面加快。2023年1—11月，启动了包括黑龙江粮食产能提升重大水利工程、吉林水网骨干工程、河北雄安干渠供水工程、福建金门供水水源保障工程和北京城市副中心温潮减河防洪工程在内的43项重大水利工程。此外，陕西引汉济渭工程和甘肃引洮供水二期工程已经实现通水，福建平潭及闽江口水资源配置工程和江西花桥水库工程已建成。南水北调中线引江补汉工程、淮河入海水道二期工程以及环北部湾水资源配置等重大工程正在加速推进②。2024年第一季度，长江干流铜陵河段治理、江西乐平水利枢纽和黄河宁夏段治理等13项重大工程开工建设③。

二、地质灾害综合治理和避险移民搬迁工程

我国地质条件复杂，地质构造活动频繁，崩塌、滑坡、泥石流、地面塌陷、地面沉降和地裂缝等灾害隐患多且分布广泛，同时具有隐蔽性高、突发性强和破坏性大的特点，因此防范难度极大。

2001年3月20日，国土资源部印发了《地质灾害防治工作规划纲要（2001年—2015年）》（以下简称《纲要》）。该《纲要》强调对于人为引

---

① 中共中央，国务院.国家水网建设规划纲要[J].自然资源通讯，2023（10）：12.
② 国务院新闻办就2023年水利基础设施建设进展和成效举行发布会[EB/OL].（2023-12-12）[2023-12-12].https://www.gov.cn/lianbo/fabu/202312/content_6919796.htm.
③ 水利部举行2024年第一季度水利基础设施建设进展和成效新闻发布会[EB/OL].（2024-04-23）[2024-04-23].https://www.gov.cn/lianbo/fabu/202404/content_6946960.htm.

发的地质灾害，实行"谁诱发、谁治理"的原则，对自然形成的地质灾害，则逐步推动政府强制性限期治理方法，使一些危害尤其严重并需治理的地质灾害危险点得到有效治理①。

2003年11月24日，中华人民共和国国务院令第394号公布的《地质灾害防治条例》规定：县级以上政府应组织相关部门及时采取工程治理或搬迁避让措施，确保地质灾害危险区居民的生命和财产安全②；对于因自然因素造成的特大型地质灾害，确需治理的，由国务院国土资源主管部门会同灾害发生地的省、区、市政府组织治理；对于因自然因素造成的其他地质灾害，确需治理的，在县级以上地方人民政府的领导下，由本级人民政府国土资源主管部门组织治理；因自然因素造成的跨行政区域的地质灾害，确需治理的，由所跨行政区域的地方人民政府国土资源主管部门共同组织治理；因工程建设等人为活动引发的地质灾害，由责任单位承担治理责任③。

2011年6月13日，国务院发布的《关于加强地质灾害防治工作的决定》强调地方各级政府应加快实施地质灾害搬迁避让工程，将地质灾害防治与扶贫开发、生态移民、新农村建设、小城镇建设、土地整治等结合，统筹安排资金，加速危险区内群众的搬迁避让；优先搬迁危害程度高和治理难度大的地质灾害隐患点周围的群众，加强对搬迁安置点的选址评估，确保新址不受地质灾害威胁，为搬迁群众提供长远的生产和生活条件④。

2012年4月19日，国土资源部印发的《全国地质灾害防治"十二五"规划》指出：根据地质灾害调查监测的结果，对确认具有高危险性和严重危害的地质灾害隐患点，采取搬迁避让或工程治理措施，以彻底消除隐患。

（1）突发性地质灾害搬迁避让与治理工程。对于生活在突发性地质灾害高

---

① 国土资源部.地质灾害防治工作规划纲要（2001年—2015年）[J].中华人民共和国国务院公报，2002（7）：35.

② 国务院.地质灾害防治条例[J].中华人民共和国国务院公报，2004（4）：6.

③ 国务院.地质灾害防治条例[J].中华人民共和国国务院公报，2004（4）：8.

④ 国务院.关于加强地质灾害防治工作的决定[J].中华人民共和国国务院公报，2011（18）：5.

风险区域的部分居民，从工程技术、经费投入及生态修复等多方面进行比较，主动避让地质灾害为宜者，应实施搬迁避让；对于危害公共安全、可能导致大量人员伤亡和重大财产损失且适合治理的特大型地质灾害隐患点，依据轻重缓急，有计划地分期、分批实施治理工程[①]。（2）缓变性地质灾害搬迁避让与治理工程。对于部分生活在地面沉降和地裂缝灾害高风险区的部分居民，其生命财产受到严重威胁且潜在危害性较大，从工程比选和经济效益来看，不宜采用工程措施治理，可选择异地重建，实行主动避让[②]。

2016年12月28日，国土资源部印发的《全国地质灾害防治"十三五"规划》强调要选择威胁人口众多、财产巨大，特别是威胁县城、集镇的地质灾害隐患点开展工程治理，基本完成已发现的威胁人员密集区重大地质灾害隐患的工程治理；继续实施地质灾害搬迁避让政策，对于不适合采用工程措施的严重地质灾害威胁居民点，结合易地扶贫搬迁和生态移民等任务，实行主动避让，易地搬迁[③]。"十三五"期间，我国共完成了42万户、135万受地质灾害威胁群众的避险搬迁；对于威胁人口众多、财产巨大的地质灾害隐患点开展了工程治理，共治理了21 440处崩塌、滑坡、泥石流，保障了379万人口的安全[④]。然而，我国地质灾害风险仍然严重。截至2020年底，全国登记在册的地质灾害隐患点共计328 654处，潜在威胁1 399万人和6 053亿元财产的安全。按类型划分，滑坡130 202处、崩塌67 383处、泥石流33 667处、不稳定斜坡84 782处，其他类型则有12 620处[⑤]。

2022年12月7日，自然资源部印发的《全国地质灾害防治"十四五"规划》强调要稳步推进地质灾害工程治理，积极推动地质灾害避险搬迁。

1. 稳步推进地质灾害工程治理。对于那些威胁到县城、集镇、学校、

---

① 国土资源部. 全国地质灾害防治"十二五"规划[J]. 国土资源通讯，2012（21）：28.
② 国土资源部. 全国地质灾害防治"十二五"规划[J]. 国土资源通讯，2012（21）：28.
③ 国土资源部. 全国地质灾害防治"十三五"规划[J]. 中国应急管理，2016（12）：43.
④ 自然资源部. 全国地质灾害防治"十四五"规划[J]. 自然资源通讯，2023（1）：33.
⑤ 自然资源部. 全国地质灾害防治"十四五"规划[J]. 自然资源通讯，2023（1）：32.

景区、重要基础设施、重要水库库区、人口聚集区等区域，并且难以实施避险搬迁的地质灾害隐患点，或是稳定性差、风险等级高、不适合避险搬迁的地质灾害隐患点，应根据宜治则治、因地制宜、轻重缓急的原则进行工程治理，科学设计防范措施，提升重点区域和关键部位的防御工程标准；对于调查中发现的高风险、险情紧迫、治理措施相对简单的地质灾害隐患点，应采用投入少、工期短、见效快的方法进行工程治理，组织排危除险；要加强对建成一定年限以上治理工程的复查，对于受损或防治能力降低的地质灾害治理工程，及时采取清淤、加固、维修、修缮等措施进行维护，确保防治工程的长期安全运行；综合利用地下水人工回灌、实施深基坑降排水管控、增加地下水替代水源等措施来治理地面沉降[1]。

2. 积极推进地质灾害避险搬迁。对于那些不宜采用工程措施治理、受地质灾害威胁严重且成灾风险较高的居民点或乡镇驻地及县城区，结合生态功能区人口转移、工程建设和乡村振兴等政策，尊重群众意愿，并充分考虑"搬得出、稳得住、能致富"的要求，开展主动避让、避险搬迁，及时化解地质灾害风险；按照宜搬则搬、轻重缓急的原则，对成灾风险较高的地质灾害隐患点，优先安排避险搬迁[2]。

据此，一些地质灾害高发频发的省份制定了区域内的地质灾害避险搬迁实施方案和指导意见。例如，《宁夏回族自治区地质灾害避险搬迁实施方案（2024—2026年）》《甘肃省生态及地质灾害避险搬迁实施方案（2022—2026年）》《四川省受山洪地质灾害威胁村（居）民避险搬迁总体规划（2023—2027年）》《陕西省地质灾害避险搬迁工作指导意见》等。

以长江三峡库区地质灾害综合治理和避险移民搬迁、舟曲地质灾害综合治理和避险移民搬迁为案例，阐述地质灾害综合治理和避险移民搬迁工程情况。

1. 长江三峡库区地质灾害综合治理和避险移民搬迁工程。长江三峡库

① 自然资源部. 全国地质灾害防治"十四五"规划［J］. 自然资源通讯，2023（1）：42-43.
② 自然资源部. 全国地质灾害防治"十四五"规划［J］. 自然资源通讯，2023（1）：43.

区是我国地质灾害的高发区域，其地质条件复杂，并经常受到自然因素如暴雨和洪水的影响。在库区内，存在多达2 548处的地质灾害，包括崩塌、滑坡、泥石流、地裂缝和地面塌陷等，且不稳定的岩土体积达到88亿立方米。从1982—2002年，库区两岸共发生了超过40次大规模崩塌滑坡事件，导致约400人死亡。这些地质灾害不仅威胁到居民的生命和财产安全，还破坏了房屋、道路、供水供电管网、桥涵和码头等基础设施，同时毁坏了耕地和植被，影响工程建设。一些滑坡迅速进入江中，形成涌浪，危及周边船只和村镇，并有可能堵塞航道。例如，1985年的新滩滑坡（3 000万立方米）高速入江，入江体积约为260万立方米，过江首浪高达70米，江中涌浪达39米，导致上下游各10千米江段内96条船只沉没[①]。

1985—1992年，长江三峡库区开展了移民搬迁安置的试点工作。1992年4月3日，第七届全国人民代表大会第五次会议通过了《关于兴建长江三峡工程的决议》。1993年8月19日，中华人民共和国国务院令第126号公布了《长江三峡工程建设移民条例》。此后，长江三峡移民搬迁工程正式启动。2001年2月21日，中华人民共和国国务院令第299号公布了新修订的《长江三峡工程建设移民条例》（以下简称《条例》），该《条例》强调移民搬迁工程建设要做好项目前期论证工作，城镇、农村居民点、工矿企业、基础设施的选址和迁建，要做好水文地质、工程地质勘察、地质灾害防治勘查和地质灾害危险性评估。

2001年7月16—18日，国务院三峡工程移民暨对口支援工作会议在湖北省宜昌市召开，时任总理朱镕基在会上强调必须高度重视三峡库区地质灾害防治，对库区地质灾害的隐患绝不可掉以轻心；加强对崩滑体等地质灾害的监测和治理，是关系到库区人民群众生命财产安全和子孙后代的大事，要在水库蓄水前集中力量，抓紧治理；特别是对那些在蓄水后可能产生滑坡的崩滑体要抢先治理，否则，蓄水后就会造成严重后果；治理工程项目，要快调

---

① 夏珺. 为何斥巨资治理三峡"地灾"[N]. 人民日报, 2002-02-21.

查、快规划、快立项、快审批、快实施，做到科学论证，简化程序①。会议强调三峡库区地质灾害防治是三峡工程建设密不可分的重要组成部分，要采取更加有力的措施，在蓄水前抓紧进行地质灾害防治工作；要加大用于库区地质灾害防治的投入，根据需要资金给予充分保证，资金纳入三峡工程建设概算，从三峡建设基金中安排。会议决定成立三峡库区地质灾害防治领导小组，由国土资源部牵头，重庆市、湖北省和国务院有关部门负责同志组成；领导小组主要负责搞好规划，研究项目，组织协调，抓好落实②。

　　根据国务院关于搞好三峡库区地质灾害防治工作的指示精神，国土资源部于2001年10月编制完成了《三峡库区地质灾害防治总体规划》（以下简称《规划》）。该《规划》分析了三峡库区地质灾害现状，回顾了地质灾害防治工作进展，明确了三峡库区地质灾害防治规划的指导思想与基本原则、规划范围及对象与规划类别及重点、防治目标与主要任务、规划内容与经费估算、保证措施等问题。其中，规划内容与按防治对象和类型，编制了5个分项规划，即三峡库区崩滑地质灾害防治和塌岸防护调（勘）查评价规划、三峡库区崩滑地质灾害防治规划、三峡库区塌岸防护规划、三峡库区地质灾害监测预警规划、三峡库区高切坡防护和深基础处理规划③。

　　2002年1月25日，国务院正式批复《三峡库区地质灾害防治总体规划》，要求"采取工程治理、搬迁避让、监测预警等综合防治措施，科学有效地防治崩塌、滑坡、塌岸、边坡失稳等各类地质灾害，并着重加强对城镇村屯等人口密集地区及重要交通干线、桥梁、码头等严重危害区域的地质灾害防治工作，并建立地质灾害防治与地质环境保护体系"④。同时决定：到

---

① 新华社. 朱镕基在国务院三峡工程移民暨对口支援工作会议上要求加快三峡二期移民工作步伐 加大地质防灾生态保护力度[J]. 中国三峡建设, 2001(8): 4.

② 新华社. 朱镕基在国务院三峡工程移民暨对口支援工作会议上要求加快三峡二期移民工作步伐 加大地质防灾生态保护力度[J]. 中国三峡建设, 2001(8): 5.

③ 国土资源部. 三峡库区地质灾害防治总体规划(简本)[J]. 国土资源通讯, 2002(3): 5-9.

④ 国务院. 关于三峡库区地质灾害防治总体规划的批复[J]. 中华人民共和国国务院公报, 2002(7): 18.

2002年6月，从三峡工程建设基金中分两年安排40亿元资金，专项用于三峡库区地质灾害防治工作[①]。

从2001年国务院决定开展三峡库区地质灾害的规模性集中治理，至2009年，库区共实施了435项崩塌滑坡治理工程，以及254段、总长168千米的库岸防护工程。通过监测预警项目，对255处重大崩塌滑坡和预测的塌岸段进行专业监测，并建立了26个区县级监测站，组织了6 000余名监测员对3 049处崩塌滑坡和预测的塌岸段进行群测群防。通过搬迁避让项目，共完成了568处崩塌滑坡影响区内6.88万余人的搬迁安置工作。此后，三峡库区的地质灾害防治工程进入运行调试阶段，为135米、156米和175米试验性蓄水的顺利实施提供了重要的地质安全保障，有效保护了库区居民的生命财产[②]。

2015年6月19日，三峡库区地质灾害防治工程的最终验收会议在重庆市举行。国土资源部副部长、三峡库区地质灾害防治工作领导小组副组长汪民在会议上指出，三峡库区地质灾害防治连续12年实现"零死亡"，为全国地质灾害防治工作提供了典型示范和引领。

2. 舟曲地质灾害综合治理和避险移民搬迁工程。甘肃省甘南藏族自治州舟曲县地处西秦岭岷、迭山系与青藏高原边缘，属典型的高山峡谷地貌，地形独特、地貌复杂，是全国泥石流密度最大、活动最频繁、危害最严重的地带，也是全国罕见的滑坡、泥石流、地震三大地质灾害高发区，更是全国水土流失严重区。

2010年8月8日凌晨，舟曲县发生了特大山洪泥石流灾害，灾害涉及城关镇和江盘乡的15个村、2个社区，主要在县城规划区范围内，受灾面积约2.4平方千米，受灾人口26 470人。这场泥石流灾害造成重大人员伤亡，截至2010年10月11日，遇难1 501人，失踪264人。受泥石流冲击的区域被夷为平地，城乡居民住房大量损毁，交通、供水、供电、通信等基础设施陷于瘫

---

① 夏珺. 为何斥巨资治理三峡"地灾"[N]. 人民日报，2002-02-21.

② 范宏喜，谢必如. 三峡库区地灾防治工程通过国家验收[EB/OL].（2015-06-21）[2015-06-21].
　　https://www.gov.cn/xinwen/2015-06/21/content_2882367.htm.

痪，白龙江河道严重堵塞，堰塞湖致使大片城区长时间被水淹。这是新中国成立以来最为严重的山洪泥石流灾害。灾害的极重区域包括城关镇的三眼村、月圆村、南街村、瓦厂村、东城社区、西城社区和北街村大部、东街村大部、北关村部分、罗家峪村部分地区；灾害严重区域包括城关镇的西关村、西街村大部，江盘乡的南桥村、河南村部分地区；灾害一般区域包括城关镇的锁儿头村、真牙头村、沙川村等村的部分地区①。

2010年10月18日，国务院印发了《关于支持舟曲灾后恢复重建政策措施的意见》（以下简称《意见》）。该《意见》指出：舟曲县是民族地区和国家扶贫开发工作重点县，灾后恢复重建资金安排以中央财政资金为主；根据舟曲县受灾及恢复重建实际情况，灾后恢复重建资金可以用于灾害防治，包括泥石流、滑坡、塌方等地质灾害、山洪灾害隐患排查及监测预警体系建设、急需的山洪、泥石流等灾害综合防治和白龙江堰塞河道疏通整治、灾后废弃物及淤泥处理；对山洪、地质灾害以及白龙江流域的系统性、全面性防治纳入甘肃及舟曲中长期发展规划和国家相关专项规划中统筹考虑②。2010年11月4日，国务院印发的《舟曲灾后恢复重建总体规划》明确了舟曲灾后恢复重建的基础、思路、布局、住房、公共服务、基础设施、灾害防治、产业重建、扶贫开发、支持政策和保障措施等问题，对舟曲特大山洪泥石流的灾后重建工作进行了整体部署③。

2011年3月26日，甘肃省国土资源厅在舟曲县举行仪式，舟曲特大山洪泥石流灾后重建地质灾害治理工程正式开工。根据国务院印发的《舟曲灾后恢复重建总体规划》，地质灾害治理范围主要是舟曲县城、周边区域和用于永久性安置因灾转移群众的瓜咱坝新区，安排项目资金8.5亿元，涉及综合治

---

① 国务院舟曲灾后恢复重建指导协调小组.舟曲灾后恢复重建总体规划[J].中华人民共和国国务院公报，2010（32）：12-13.

② 国务院.关于支持舟曲灾后恢复重建政策措施的意见[J].中华人民共和国国务院公报，2010（30）：9-15.

③ 国务院舟曲灾后恢复重建指导协调小组.舟曲灾后恢复重建总体规划[J].中华人民共和国国务院公报，2010（32）：22.

理和监测预警两大类项目。其中，地质灾害综合治理工程项目为26个。第一批实施的重点综合治理项目是8个，包括泥石流灾害最为严重的三眼峪沟泥石流灾害治理工程、罗家峪沟泥石流灾害治理工程以及舟曲县地质灾害监测预警工程等，总投资超过4亿元[①]；2012年3月，三眼峪沟泥石流灾害治理工程主体完工，总投资逾1.5亿元。三眼峪沟泥石流灾害治理工程采用拦排结合的治理方案，为舟曲县城设置了三道安全防线：15座钢筋混凝土拦挡坝、2.16千米的排导堤以及主排导堤上部的复式挡墙。这三道防线，可以确保白龙江两岸及舟曲县城安全。同时，为满足三眼村、月圆村、北关村村民出行、取水的需要，排导堤沿线设置了5处过沟踏步以及取水管、取水井，极大方便了当地群众[②]。截至2013年8月，舟曲纳入国家重建规划内的170个项目全部完成，灾区基本生产生活条件和经济社会发展全面恢复并超过灾前水平。自2010年11月，舟曲特大山洪泥石流灾害灾后恢复重建全面启动以来，舟曲灾后重建累计完成投资52.85亿元[③]。

然而，舟曲县因其所处的特殊地理位置和地形地貌特点，导致其不可避免地长期面临山洪、泥石流和堰塞湖等地质灾害的威胁。2021年6月15日，甘肃省第十三届省政府133次常务会议审议通过了《甘肃省舟曲县地质灾害避险搬迁工作方案》。同时，会议强调要充分尊重群众意愿，稳妥有序推进舟曲县地质灾害避险搬迁工作；省、州、县各尽其责，因地制宜、实事求是，做到避险搬迁与综合治理相结合、整村搬迁与零星搬迁相结合、兰州新区安置与县内就地安置相结合、农村安置与城镇安置相结合，全面落实住房、教育、医疗、就业等搬迁安置政策，确保群众搬得出、稳得住、能致富。

2021年5月初至8月初，舟曲县分三批次组织300余名受灾乡镇群众代

---

① 宋常青. 甘肃舟曲灾后重建地质灾害综合治理工程正式开工[EB/OL]. (2011-03-26)[2011-03-26]. https://www.gov.cn/jrzg/2011-03/26/content_1832096.htm.

② 王博. 舟曲灾后重建中最大的一项灾害治理工程主体完工[EB/OL]. (2012-03-12)[2012-03-12]. https://www.gov.cn/jrzg/2012-03/13/content_2090565.htm.

③ 李琛奇. 舟曲灾后重建项目全部完成[N]. 经济日报, 2013-08-03.

表，到兰州新区实地考察移民搬迁安置点的地理位置、安置住房、就业保障、就学环境、生产生活条件、基础设施建设、产业培育前景、配套服务保障等承接舟曲移民搬迁的实际状况和长远规划，通过实地观摩考察、听取政策解读、权衡利弊所在，使群众代表消除了搬迁顾虑、增强了主动意愿、强化了搬迁信心[①]。随后，舟曲县分17批次向兰州新区搬迁地质灾害避险搬迁群众3 107户12 361人，涉及17个乡镇154个村组，9个行政村和12个自然村整建制搬迁；截至2023年底，通过州级验收，涉及舟曲县县内安置的13个乡镇55个村组，共500户2 034人，全部搬入新居，舟曲县移民搬迁安置任务全面完成[②]。

三、地震易发区房屋设施加固工程

我国地震活动频度高、强度大、震源浅、分布广，是一个震灾严重的国家。我国地震高烈度设防区农村仍有大量的土木结构、砖木结构、石砌结构、泥草房等抗震性能较差的房屋；城镇尚存在未达到抗震要求的老旧建筑物和棚户区；不同时期建设的交通、水利、电力、通信、供水、供气等基础设施以及厂矿企业也存在大量的地震灾害隐患。地震是目前人类无法控制的自然现象，而开展房屋和工程设施加固是降低地震灾害风险，保护人民生命财产安全最为直接有效的手段。通过改善房屋设施的抗震性能可减轻地震灾害对人类所造成的损失。

1997年12月29日，中华人民共和国主席令第94号公布的《中华人民共和国防震减灾法》规定：新建、扩建、改建建设工程必须按照国家颁布的地震烈度区划图或者地震动参数区划图规定的抗震设防要求，进行抗震设防；重大建设工程和可能发生严重次生灾害的建设工程，必须进行地震安全性评

---

① 何柄江.舟曲：有序推进地质灾害避险搬迁工作[N].甘南日报，2021-08-05.
② 刘龙，赵旭，马丽，等.舟曲避险搬迁进度100% 上万人圆了安居梦[EB/OL].（2024-03-03）[2024-03-03].https://gs.ifeng.com/c/8Xd4iZK8IH0.

价，并根据地震安全性评价的结果，确定抗震设防要求，进行抗震设防；国务院建设行政主管部门负责制定各类房屋建筑及其附属设施和城市市政设施的建设工程的抗震设计规范[①]。

2004年9月27日，国务院印发的《关于加强防震减灾工作的通知》（以下简称《通知》）提出要逐步实施农村民居地震安全工程，把防震抗震知识普及到乡（镇）、村及农户，使广大农民把建设安全农居变为维护自身生命安全的自觉行动；各级地震、建设部门要组织专门力量，开发推广科学合理、经济适用，符合当地风俗习惯，能够达到抗震设防要求、不同户型结构的农村民居建设图集和施工技术，加强技术指导和服务；对地震多发区、高危险区的农村建筑工匠进行培训，提高农居建设施工质量。该《通知》强调要高度重视城市建设的地震安全，首都圈、长江三角洲、珠江三角洲和环渤海地区的城市群等地区，要强化防御措施，确定相应的抗震设防的烈度和标准，提升整体综合防御能力[②]。

2006年12月6日，国务院办公厅印发的《国家防震减灾规划（2006—2020年）》指出：我国占全球陆地面积的7%，但20世纪全球大陆35%的7.0级以上地震发生在我国；20世纪全球因地震死亡120万人，我国占59万人，居各国之首。我国大陆大部分地区位于地震烈度Ⅵ度以上区域；50%的国土面积位于Ⅶ度以上的地震高烈度区域，包括23个省会城市和2/3的百万人口以上的大城市。因此，必须建立工程抗震能力评价技术体系，提高抗震加固技术水平，推进隔震等新技术在工程设计中的应用；开展农村民居抗震能力现状调查，研究推广农村民居防震技术，加强对农村民居建造和加固的指导，推进农村民居地震安全工程建设[③]。

---

① 第八届全国人民代表大会常务委员会. 中华人民共和国防震减灾法 [J]. 湖北省人民政府公报, 1998（2）: 22-23.

② 国务院. 关于加强防震减灾工作的通知 [EB/OL]. （2004-09-27）[2019-11-19]. https://www. cea. gov. cn/cea/zwgk/5500823/5500817/index. html.

③ 国务院办公厅. 国家防震减灾规划（2006—2020年）[EB/OL]. （2006-12-06）[2007-10-31]. https://www. gov. cn/jrzg/2007/10/31/content_791708. htm.

2008年6月8日，中华人民共和国国务院令第526号公布的《汶川地震灾后恢复重建条例》强调对地震灾区尚可使用的建筑物、构筑物和设施，应当按照地震灾区的抗震设防要求进行抗震性能鉴定，并根据鉴定结果采取加固、改造等措施[①]。2008年7月3日，国务院印发的《关于做好汶川地震灾后恢复重建工作的指导意见》强调对于可以修复的住房，要尽快查验鉴定，抓紧维修加固[②]。2008年9月19日，国务院印发的《汶川地震灾后恢复重建总体规划》再次强调对经修复可确保安全的住房，要尽快查验鉴定，抓紧维修加固，一般不要推倒重建[③]。在此背景下，地震易发区房屋设施加固工程在全国范围内逐步展开。

以全国中小学校舍安全工程、新疆抗震安居工程为案例，阐述地震易发区房屋设施加固工程情况及取得的成效。

1. 全国中小学校舍安全工程。2008年5月12日，四川省汶川县发生了里氏8.0级特大地震，强烈的地震波及全国十多个省份，震灾损失巨大。地震发生后，中共中央、国务院领导同志多次前往四川、陕西、甘肃等受灾地区的学校，慰问广大师生，并强调要将学校建设成为最坚固、最安全、家长最放心的地方。

为此，2009年4月8日，国务院办公厅印发了《全国中小学校舍安全工程实施方案》（以下简称《方案》），影响深远的全国中小学校舍安全工程从此拉开序幕。该《方案》指出：目前，一些地区中小学校舍有相当部分达不到抗震设防和其他防灾要求，C级和D级危房仍较多存在；20世纪90年代以前和"普九"早期建设的校舍，问题更为突出；已经修缮改造的校舍，仍有一部分不符合抗震设防等防灾标准和设计规范。有鉴于此，该《方案》提出在全国中小学校通过开展抗震加固、提高综合防灾能力建设，使学校校舍达到

---

① 国务院.汶川地震灾后恢复重建条例[J].中华人民共和国国务院公报，2008（17）：9.

② 国务院.关于做好汶川地震灾后恢复重建工作的指导意见[J].中华人民共和国国务院公报，2008（20）：4.

③ 国务院.汶川地震灾后恢复重建总体规划[J].中华人民共和国国务院公报，2008（29）：19.

重点设防类抗震设防标准，并符合对山体滑坡、崩塌、泥石流、地面塌陷和洪水、台风、火灾、雷击等灾害的防灾避险安全要求；全国中小学校舍安全工程覆盖范围是全国城市和农村、公立和民办、教育系统和非教育系统的所有中小学；工程建设的主要任务是，从2009年开始，用3年时间，对地震重点监视防御区、七度以上地震高烈度区、洪涝灾害易发地区、山体滑坡和泥石流等地质灾害易发地区的各级各类城乡中小学存在安全隐患的校舍进行抗震加固、迁移避险，提高综合防灾能力；其他地区，按抗震加固、综合防灾的要求，集中重建整体出现险情的D级危房、改造加固局部出现险情的C级校舍，消除安全隐患[①]。

2009—2012年，全国中小学校舍安全工程建设取得了一系列的显著成效，学校的抗震设防和综合防灾能力明显提升。（1）基本摸清了校舍安全的底数。三年来，全国共排查鉴定了37.5万所学校，涉及217万栋单体建筑，校舍总面积达14.5亿平方米，首次全面掌握了中小学校舍的场址分布、建筑质量、安全状况以及存在的安全隐患。（2）加固改造的质量可靠。三年来，全国共竣工14万所学校，改造校舍面积达3.5亿平方米，约占总校舍面积的四分之一。校安工程校舍经受住了包括新疆和田"8.12"地震、云南昭通"9.7"地震及四川芦山"4.20"地震等32次5级以上地震的考验，未出现因地震倒塌或造成人员伤亡的情况，切实保障了师生的生命安全。（3）校舍管理的科学化水平得到了提升，建立了全国联网的中小学校舍信息管理系统，实现了校舍安全的动态监控和信息化管理[②]。

然而，全国中小学校舍安全工程的完成仅仅是阶段性的工作成果。该工程只是解决了重点地区重点校舍的安全问题，还有部分校舍未纳入工程规划，未达到国家安全标准，安全隐患依然存在；我国中小学校规模庞大，许多早期建造的校舍未符合新颁布的《建设工程抗震设防分类标准》和相关规

① 国务院办公厅. 全国中小学校舍安全工程实施方案[J]. 辽宁省人民政府公报, 2009(8): 32.
② 教育部解读建立校舍安全保障长效机制政策措施[EB/OL]. (2013-11-13)[2013-11-13]. https://www.gov.cn/gzdt/2013-11/13/content_2526743.htm.

范，迫切需要制定完善的制度予以保障；由于我国地质灾害频发，每年都有部分校舍因灾受损或达到使用年限，需要进行抗震鉴定，新建及加固改造后的校舍也需加强安全维护和日常管理。尽管全国中小学校舍安全工程已结束，但保障校舍安全的工作仍是一项长期而艰巨的任务[①]。

基于此背景，2013年11月7日，国务院办公厅转发了教育部等部门《关于建立中小学校舍安全保障长效机制的意见》（以下简称《意见》）。该《意见》指出，从2009年起，我国部署实施了全国中小学校舍安全工程，在各级各类城乡中小学开展校舍抗震加固和提高综合防灾能力建设，校舍安全隐患大幅减少，安全状况得到改善；但是，我国中小学的学生规模大、农村学校多、基础条件差，保障校舍安全是一项长期的艰巨任务；建立中小学校舍安全保障长效机制，为提高中小学校舍安全管理水平和防灾减灾能力提供制度保障，是坚持以人为本、落实国家防灾减灾总体部署的必然要求，是坚持教育优先发展、办好人民满意教育的重要内容。该《意见》明确了中小学校舍安全保障长效机制的主要内容，即建立校舍安全年检制度，完善校舍安全预警机制，建立校舍安全信息通报公告制度，完善校舍安全隐患排除机制，严格校舍安全项目管理制度，健全校舍安全责任追究制度[②]。

该《意见》强调，建立中小学校舍安全保障长效机制需要中央、省、市、县各级政府共同落实，各级有各级责任。（1）中央负责指导和监督。中央对各省实行目标管理，指导和督促各省建立和完善年检、安全预警、信息发布、隐患排除、项目管理和责任追究等6项制度；通过农村中小学校舍维修改造长效机制，重点支持中西部地区农村义务教育阶段学校校舍安全，对东部地区给予适当奖补。（2）省级政府负责统筹。负责制定本省长效机制实施计划与方案；明确省、市、县三级政府具体分担比例，统筹落实地方

---

① 教育部解读建立校舍安全保障长效机制政策措施［EB/OL］.（2013-11-13）［2013-11-13］. https://www. gov. cn/gzdt/2013-11/13/content_2526743. htm.

② 教育部, 国家发展改革委, 公安部, 等. 关于建立中小学校舍安全保障长效机制的意见［J］. 辽宁省人民政府公报, 2013（23）：44.

资金；完善扶持鼓励政策；加强对市、县的指导和监督，充分发挥中小学校舍信息管理系统作用，切实提高校舍安全管理科学化、精细化水平。（3）市、县级政府负责具体实施。对校舍安全实行项目管理，定期组织安全隐患排查；协调专业部门向学校发出各种灾害预警信息；制定年度实施计划，对存在安全隐患的校舍，实施加固改造；依法追究安全事故当事人责任[①]。

2. 新疆抗震安居工程。新疆是我国地震活动频繁的地区。自20世纪50年代以来，尤其是在南疆地区，5级以上的地震频繁发生。当地居民世代居住在土坯房中，这种房屋在5级以上地震时容易大面积倒塌，6级以上地震甚至会导致房屋完全摧毁。2003年2月24日，巴楚—伽师发生了6.8级地震，导致268人遇难，经济损失达13.7亿元。这是建国以来新疆最为严重的地震灾害，突显了新疆地区老旧民居建筑在抗震设防方面的问题。

震后，自治区政府对全区城乡民居的抗震性能进行了全面普查和评估。结果显示，全区共有422万户城乡民居，其中约285.5万户未达到抗震设防标准，包括240万户农村民居和45.4万户城市民居。尤其是在地震多发的南疆地区，如喀什、和田、克孜勒苏等地，有105万农村贫困户的民居被评定为危房，亟需进行抗震加固或改造。基于此，2004年，自治区政府启动了城乡抗震安居工程，以重建、抗震加固等方式，使全疆城乡住宅抗震设防水平基本可以抵御6～7级左右的地震灾害。截至2010年，累计建成185.7万户农村抗震安居房[②]。

新疆抗震安居工程的建设遵循因地制宜的原则，通过采用各类构造措施，切实提高民居的抗震能力，确保这些住房能够综合抵御相当于当地基本设防烈度的地震。考虑到经济条件，大多数抗震房的建筑面积在40～70平方米。在南疆贫困且干旱少雨的地区，建设部门推广了木板夹心、木框架结构

---

① 教育部解读建立校舍安全保障长效机制政策措施[EB/OL].（2013-11-13）[2013-11-13]. https://www. gov. cn/gzdt/2013-11/13/content_2526743. htm.

② 温和平，唐丽华，刘军，等. 新疆农居安居工程现状调查及减灾实效分析[J]. 自然灾害学报，2016（5）：185.

等轻质、隔热效果良好的特色抗震安居房；经济条件较好的县市则多采用砖木结构房屋。在克孜勒苏柯尔克孜州乌恰县、阿合奇县等高烈度地震区，建设了部分毛石混凝土结构的农居，并根据当地高寒的气候特点，采用了土坯外墙保温等改进措施。

2011年，自治区政府把抗震安居工程与改善农牧民生产生活条件、新农村建设结合起来，并将工程更名为"安居富民工程"，在确保达到抗震设防标准的基础上，进一步提高建房标准。建设部门参照《砌体结构设计规范》（GB50003—2001）的要求，并依据《新疆维吾尔自治区村镇建筑抗震构造图集》（DBJT-57-04）和《新疆维吾尔自治区安居富民工程建设标准》等规范，设计和建造了建筑面积在80平方米以上、对屋盖未作特别要求、采用圈梁和立柱等构造措施、达到当地抗震设防标准的砖木或砖混结构的农居。

新疆抗震安居工程的减灾效果十分显著。据统计，2004—2016年，新疆境内发生了60多次5级以上地震，其中包括5次6级地震和2次7级地震。由于抗震安居工程的实施，极大地减轻了地震造成的人员伤亡和经济损失。2008年10月的乌恰6.8级地震中，中国境内无人员伤亡，抗震安居富民工程房屋仅有个别轻微破坏，而在毗邻的吉尔吉斯斯坦共和国的边境村落努拉村，有70余人在本次地震中死亡，村落受损严重；2011年8月的阿图什5.8级地震的震中区西克尔镇，244户中仅有3户是安居房，其受损较轻，其他非安居房损毁严重，最终造成21人受伤；在2014年于田发生的7.3级地震中，未造成人员伤亡，灾区内倒塌的建筑多为老旧的土坯辅助房屋，7度区的部分木架结构抗震安居房仅出现草泥脱落，结构未受损。2015年7月3日皮山发生的6.5级地震，在8度极震区内仅造成3人死亡。此次地震的8度极震区是安居工程实施以来在人口密集区遭遇的最高烈度地震。其中，皮西那乡阿亚各阿孜干村的地震综合烈度达到9度，属烈度异常点。该村的调查显示，在10户砖木结构的安居房中，1户倒塌，1户严重受损，6户中等破坏，2户轻微破坏。在8度区范围内，12%的安居房发生了中等破坏，而7度及以下区域95%以上的安居房仅轻微受损。从整体上看，抗震安居房经受住了此次地震的考验[①]。

新疆抗震安居工程不仅在减灾方面成效显著，而且在新疆农村住房建设中逐步形成了新的规范和传统。随着工程的推进和地震的实际检验，各地居民的防震减灾意识明显增强。抽样调查发现，当地农村自建房大多采用了抗震措施，农居抗震设防水平不断提升。

2019年5月6日，中共中国地震局党组印发的《新时代防震减灾事业现代化纲要（2019—2035年）》强调要继续推进地震易发区房屋设施抗震加固工程，推广应用减隔震技术。国家减灾委办公室、中国地震局印发的《地震易发区房屋设施加固工程总体工作方案》（国减办发〔2020〕11号）明确了全国地震易发区房屋设施加固工程的指导思想、工程区域、工程目标、工程任务、进度安排、组织实施、保障措施等问题。其中，工程实施区域是《中国地震动参数区划图》设防烈度7度以及以上高烈度区，主要分布在西北、西南、华北、东南沿海地区及全国23条地震带上，重点区域为四川、云南等8个省份设防烈度8度及以上的229个县（市、区）。工程总体目标是，以地震灾害风险调查和重点隐患排查为基础，对地震易发区内居民小区、大中小学校、医院、农村民居，以及重要交通生命线、电力和电信网络、水库大坝、危险化学品厂库、重要军事设施进行加固；工程阶段性目标是，到2023年底，建立并完善地震易发区房屋设施加固工程支撑体系，基本完成重点区域229个县（市、区）中抗震能力严重不足的居民小区、大中小学校、医院、农村民居抗震加固，在重点区域中示范开展重要交通生命线、电力和电信网络、水库大坝、危险化学品厂库、重要军事设施的抗震加固。工程分三个阶段进行，第一阶段为前期准备阶段，时间是2019年下半年至2020年上半年；第二阶段为重点推进阶段，时间是2020年下半年至2023年底；第三阶段为全面实施阶段，2024年以后，逐步完成地震易发区房屋设施加固。

2022年4月7日，应急管理部、中国地震局印发的《"十四五"国家防震

[①] 温和平, 唐丽华, 刘军, 等. 新疆农居安居工程现状调查及减灾实效分析［J］. 自然灾害学报, 2016 （5）：189.

减灾规划》（以下简称《规划》）强调要继续协调推进地震易发区房屋设施加固工程，协同推进农村危房改造和地震高烈度设防地区农房抗震改造，强化农村民居抗震设防服务和指导。《规划》提出"十四五"时期我国地震易发区房屋加固改造完成量指标，即预期在城市完成不少于400万套、农村不少于300万户的房屋加固改造[①]。

四、海岸带保护修复工程

自2010年起，我国利用海域使用金返还资金支持开展海域和海岸带的整治修复工作，重点在原生海岸地貌景观恢复、堤坝拆除与清淤、海岸景观优化美化以及海岸侵蚀防护等方面实施了十多项整治修复项目，取得了显著成效。

2016年3月16日，第十二届全国人民代表大会第四次会议通过的《中华人民共和国国民经济和社会发展第十三个五年规划纲要》强调要加强海岸带保护与修复，实施"蓝色海湾"整治工程、"南红北柳"湿地修复工程、"生态岛礁"工程。（1）"蓝色海湾"整治工程，即在胶州湾、辽东湾、渤海湾、杭州湾、厦门湾、北部湾等地开展水质污染治理和环境综合整治，增加人造沙质岸线，恢复自然岸线、海岸原生风貌景观，在辽东湾、渤海湾等围填海区域开展补偿性环境整治和人工湿地建设。（2）"南红北柳"湿地修复工程，即在滨海湿地和河口湿地开展生态修复，南方地区以种植红树林为主，辅以海草和盐沼植物；北方地区则以种植柽柳、芦苇和碱蓬为主，辅以海草和湿生草甸，以加强对生物海岸植被的种植和修复力度。（3）"生态岛礁"工程，即针对受损的岛体、植被、岸线、沙滩及周边海域开展修复，推进南沙岛礁生态保护区的建设。截至2017年，修复滨海湿地面积超过2 000公顷，支持沿海各地修复岸线约190千米，修复海岸带面积达6 500公顷，修复沙滩面积1 200千米，并新建了2个国家级海洋自然保护区和

---

① 应急管理部,中国地震局."十四五"国家防震减灾规划［EB/OL］.（2022-04-07）［2022-04-22］. https://www.mem.gov.cn/gk/zfxxgkpt/fdzdgknr/202205/t20220525_414288.shtml.

59个国家海洋特别保护区[①]。

2017年5月4日，国家林业局、国家发展改革委联合印发了《全国沿海防护林体系建设工程规划（2016—2025年）》（以下简称《规划》），该《规划》明确全国沿海防护林体系建设工程范围包括沿海11个省（区、市）、5个计划单列市的344个县（市、区），土地总面积4 276.99万公顷[②]。工程重点建设内容是基干林带造林、灾损基干林带修复、老化基干林带更新；重点建设区域是台风频繁登陆点或主要路径的重点受灾区，以及受台风危害后将产生巨大经济损失的工农业发达、人口密集地区，共127个县级单位；重点建设项目是红树林恢复造林、灾损基干林带修复、老化基干林带更新、困难立地基干林带造林、基干林带区位内退塘（耕）造林[③]。

2020年6月3日，国家发展改革委、自然资源部印发了《全国重要生态系统保护和修复重大工程总体规划（2021—2035年）》（以下简称《规划》）。该《规划》提出了包括海岸带生态保护和修复重大工程在内的9项重要生态系统保护和修复重大工程。具体而言，该《规划》明确了我国海岸带区域范围、自然生态状况、主要生态问题、生态保护和修复的主攻方向，以及规划实施的6个海岸带生态保护和修复重大工程，即粤港澳大湾区生物多样性保护、海南岛重要生态系统保护和修复、黄渤海生态保护和修复、长江三角洲重要河口区生态保护和修复、海峡西岸重点海湾河口生态保护和修复、北部湾滨海湿地生态系统保护和修复[④]。

红树林在净化海水、防风消浪、维持生物多样性等方面具有重要作用，

---

① 张小霞，陈新平，米硕，等. 我国生物海岸修复现状及展望[J]. 海洋通报，2020（1）：7.

② 国家林业局，国家发展改革委. 全国沿海防护林体系建设工程规划（2016—2025年）[Z]. 2017-05-04：7. https://www.gov.cn/xinwen/2017-05/16/content_5194348.htm.

③ 国家林业局，国家发展改革委. 全国沿海防护林体系建设工程规划（2016—2025年）[Z]. 2017-05-04：50-57. https://www.gov.cn/xinwen/2017-05/16/content_5194348.htm.

④ 国家发展改革委，自然资源部. 全国重要生态系统保护和修复重大工程总体规划（2021—2035年）[Z]. 2020-06-03：33-34. https://www.gov.cn/zhengce/zhengceku/2020-06/12/content_5518982.htm.

但我国红树林总面积偏小、生境退化、生物多样性降低、外来生物入侵等问题比较突出，区域整体保护协调不够，保护和监管能力还比较薄弱。基于此，2020年8月14日，自然资源部、国家林业和草原局联合印发了《红树林保护修复专项行动计划（2020—2025年）》（以下简称《计划》），其提出对浙江省、福建省、广东省、广西壮族自治区、海南省现有红树林实施全面保护。

该《计划》明确了红树林保护修复的重点任务，包括：（1）实施红树林整体保护，将现有红树林及适宜恢复的区域全部划入生态保护红线，实施用途管制；（2）加强红树林自然保护地管理，对现有自然保护地内的养殖塘要清退，并新建一批红树林自然保护地；（3）强化红树林生态修复的规划指导，落实生态保护修复任务；（4）组织实施红树林生态修复工程，增加修复工作的科学性，提高生物多样性，保护珍稀濒危的红树物种；（5）强化红树林保护修复科技支撑，加强红树林保护修复科技攻关和标准体系建设；（6）加强红树林监测与评估，提升红树林生态系统动态监测能力和生态修复跟踪评估水平；（7）完善红树林保护修复法律法规和制度体系，加快推进红树林保护修复立法，完善地方保护修复制度[①]。

我国海洋生态修复技术取得了长足的进步，但由于相关研究起步较晚，基础比较薄弱，理论技术不能满足日益增长的生态修复工程需求，不利于指导我国海洋生态修复实践。对此，2021年7月1日，自然资源部办公厅印发了《海洋生态修复技术指南（试行）》，明确了海洋生态修复的目的、原则、一般要求、基本技术流程，并针对我国广泛分布的红树林、盐沼、海草床、海藻场、珊瑚礁、牡蛎礁等典型生态系统，以及岸滩、海湾、河口、海岛等综合生态系统的特征，分别明确了不同生态系统修复的基本要求，规定了生

---

① 自然资源部，国家林业和草原局. 红树林保护修复专项行动计划（2020—2025年）［EB/OL］.（2020-08-14）［2020-08-14］. https://www.gov.cn/zhengce/zhengceku/2020-08/29/content_5538354.htm.

态修复的基本流程，并详细列出了开展生态调查、退化问题诊断与修复目标确定、修复措施、跟踪监测与效果评估等方面的技术要求。

目前，《海洋生态修复技术指南》已被列为国家标准，标准号GB/T41339。《海洋生态修复技术指南》系列国家标准由"1+5"共6部分组成，即总则及珊瑚礁、红树林、海草床、滨海盐沼和海滩生态修复。《海洋生态修复技术指南第1部分：总则》（GB/T41339.1—2022）和《海洋生态修复技术指南第2部分：珊瑚礁生态修复》（GB/T41339.2—2022）于2022年3月9日由中华人民共和国国家市场监督管理总局、中国国家标准化管理委员会正式发布。《海洋生态修复技术指南第1部分：总则》（GB/T41339.1—2022）提供了普遍适用于各类海洋生态修复的基本原则、总体流程、分析诊断、方案制定和方案实施的指导和建议；《海洋生态修复技术指南第2部分：珊瑚礁生态修复》（GB/T41339.2—2022）确立了珊瑚礁生态修复的工作流程和技术内容。《海洋生态修复技术指南第4部分：海草床生态修复》（GB/T41339.4—2023）于2023年5月23日发布，该标准规定了海草床生态修复的基本原则、总体流程、分析诊断、方案制定和方案实施等技术要求。该系列标准作为我国海洋生态修复技术标准体系的核心，是科学指导和规范我国沿海各地实施海洋生态修复工程的重要技术依据。

2022年1月7日，生态环境部、国家发展改革委、自然资源部、交通运输部、农业农村部、中国海警局联合印发了《"十四五"海洋生态环境保护规划》，其强调在海洋生态保护修复工程方面，要坚持陆海统筹、河海联动，整体推进"蓝色海湾"整治行动、红树林保护修复、海岸带保护修复工程等，提高海洋生态系统质量和稳定性；综合考虑区域生态特征、突出生态问题以及经济社会发展等因素，统筹海洋生态保护修复、入海污染物治理、防灾减灾等任务，恢复修复红树林、珊瑚礁、海草床、盐沼、牡蛎礁、砂质海岸、淤泥质海岸带等重要海洋生态系统，促进自然岸线恢复修复，提升海洋生态系统碳汇能力，推动人工岸线生态化建设，提升海岛、海域、海岸带的生态功能和减灾功能[①]。

　　据统计，2016—2023年，中央财政支持沿海城市实施"蓝色海湾"整治行动、渤海综合治理攻坚战生态修复、海岸带保护修复工程、红树林保护修复等海洋生态保护修复重大项目175个，覆盖沿海11个省（区、市），累计投入中央财政资金252.58亿元，带动全国累计整治修复海岸线近1 680千米、滨海湿地超过75万亩。截至2023年底，全国已营造红树林约7 000公顷，修复现有红树林约5 600公顷。2022年度国土变更调查结果显示全国红树林地面积已增长至2.92万公顷，比21世纪初增加了约7 200公顷，中国是世界上少数几个红树林面积净增长的国家之一[②]。

五、重点生态功能区生态修复工程

　　1997年，党的"十五大"提出实施可持续发展战略，坚持保护环境基本国策，正确处理经济发展同人口、资源、环境的关系，严格执行土地、水、森林、矿产、海洋等资源管理保护，改善生态环境。为了贯彻党的"十五大"精神和中央领导同志的指示，国家计委组织有关部门制订了《全国生态环境建设规划》（以下简称《规划》），并于1998年11月7日由国务院正式颁布实施。该《规划》提出了全国生态环境建设的"重点地区""重点区域""重点工程"等概念。1999年3月13日，中共中央召开人口资源环境工作座谈会，江泽民在会上强调要"抓紧编制和实施全国生态环境保护纲要，根据不同地区的实际情况，采取不同保护措施""在长江、黄河等重点江河源头区、重要湖泊湿地建立特殊生态功能保护区，实施抢救性保护"[③]，提

---

① 生态环境部，国家发展改革委，自然资源部，等．"十四五"海洋生态环境保护规划［Z］．2022-01-07：15．https：//www. mee. gov. cn/xxgk2018/xxgk/xxgk03/202202/t20220222_969631. html.

② 国务院新闻办公室．中国的海洋生态环境保护（白皮书）［EB/OL］．（2024-07-11）［2024-07-11］．https：//www. gov. cn/zhengce/202407/content_6962503. htm.

③ 转引自：国家环境保护总局．《全国生态环境保护纲要》的制定背景及主要内容［J］．环境保护，2001（1）：10.

出了"特殊生态功能保护区"概念。

2000年11月26日，国务院印发了《全国生态环境保护纲要》（以下简称《纲要》），该《纲要》提出了全国生态环境保护的近期目标和远期目标。其中，近期目标之一是建设一批生态功能保护区，力争使长江、黄河等大江大河的源头区，长江、松花江流域和西南、西北地区的重要湖泊、湿地，西北重要的绿洲，水土保持重点预防保护区及重点监督区等重要生态功能区的生态系统和生态功能得到保护与恢复[1]。该《纲要》提出了"生态功能保护区""重要生态功能区"概念。《纲要》指出：重要生态功能区包括江河源头区、重要水源涵养区、水土保持的重点预防保护区和重点监督区、江河洪水调蓄区、防风固沙区和重要渔业水域等[2]，重要生态功能区是维持流域和区域生态平衡、减轻自然灾害、保障国家生态环境安全的关键。《纲要》指出：在跨省域和重点流域、重点区域的重要生态功能区，建立国家级生态功能保护区；在跨地（市）和县（市）的重要生态功能区，建立省级和地（市）级生态功能保护区。在生态功能保护区"停止一切导致生态功能继续退化的开发活动和其他人为破坏活动；停止一切产生严重环境污染的工程项目建设；严格控制人口增长，区内人口已超出承载能力的应采取必要的移民措施；改变粗放生产经营方式，走生态经济型发展道路，对已经破坏的重要生态系统，要结合生态环境建设措施，认真组织重建与恢复，尽快遏制生态环境恶化趋势"[3]。

2005年12月3日，国务院印发了《关于落实科学发展观加强环境保护的决定》（以下简称《决定》），其强调要加强生态功能保护区建设与管理，在重要生态功能保护区实行限制开发政策；到2010年，实现重点生态功能保该《决定》提出了"重要生态功能保护区""重点生态功能保护区"概念。2006年10月13日，国家环境保护总局印发了《全国生态保护"十一五"规

---

[1] 中共中央文献研究室. 十五大以来重要文献选编（中）[M]. 北京：人民出版社，2001：1450.

[2] 中共中央文献研究室. 十五大以来重要文献选编（中）[M]. 北京：人民出版社，2001：1451.

[3] 中共中央文献研究室. 十五大以来重要文献选编（中）[M]. 北京：人民出版社，2001：1451-1452.

划》，其强调要推动重点生态功能保护区建设，通过生态功能保护与恢复项目的实施，使区域主导生态功能得到保护和恢复；建立生态功能保护区建设和管理协调机制，建立和完善各级、各部门领导任期目标责任制；在重要水源涵养区、洪水调蓄区、防风固沙区、水土保持区及重要物种资源集中分布区，优先建立22个国家重点生态功能保护区和一批地方生态功能保护区[①]。

2007年10月31日，国家环境保护总局印发的《国家重点生态功能保护区规划纲要》（以下简称《纲要》）指出：生态功能保护区属于限制开发区，是指在涵养水源、保持水土、调蓄洪水、防风固沙、维系生物多样性等方面具有重要作用的重要生态功能区内，有选择地划定一定面积予以重点保护和限制开发建设的区域。国家重点生态功能保护区是指对保障国家生态安全具有重要意义，需要国家和地方共同保护和管理的生态功能保护区。该《纲要》强调我国重要生态功能区生态破坏严重，部分区域生态功能整体退化甚至丧失，严重威胁国家和区域的生态安全，而建立生态功能保护区是保护我国重要生态功能区的主要措施，并明确了国家重点生态功能保护区建设的主要任务，即合理引导产业发展、保护和恢复生态功能、强化生态环境监管[②]。

2007年11月22日，国务院印发了《国家环境保护"十一五"规划》，其强调要编制全国生态功能区划，科学确定不同区域主导生态功能类型，划定对国家生态安全具有重要意义的重点生态功能保护区；启动重点生态功能保护区工作，明确重点生态功能保护区的范围、主导功能和发展方向，按照限制开发区的要求，探索建立生态功能保护区的评价指标体系、管理机制、绩效评估机制和生态补偿机制，以及提高重点生态功能保护区的管护能力[③]。

① 国家环境保护总局. 全国生态保护"十一五"规划［Z］.2006-10-13：16. https：//www. mee. gov. cn/gkml/zj/wj/200910/t20091022_172417. htm.

② 国家环境保护总局. 国家重点生态功能保护区规划纲要［Z］.2007-10-31：7-10. https：//www. mee. gov. cn/gkml/zj/wj/200910/t20091022_172483. htm.

③ 国务院. 国家环境保护"十一五"规划［EB/OL］.（2007-11-22）［2007-11-22］. https：//www. gov. cn/gongbao/content/2008/content_848838. htm.

2008年7月18日，环境保护部、中国科学院发布了《全国生态功能区划》，其按照我国的气候和地貌等自然条件，将全国陆地生态系统划分为3个生态大区，即东部季风生态大区、西部干旱生态大区和青藏高寒生态大区；然后依据《生态功能区划暂行规程》，将全国生态功能区划分为3个等级：（1）根据生态系统的自然属性和所具有的主导服务功能类型，将全国划分为生态调节、产品提供与人居保障3类生态功能一级区，共31个区。生态调节功能包括水源涵养、土壤保持、防风固沙、生物多样性保护、洪水调蓄等功能；产品提供功能包括农产品、畜产品、水产品和林产品；人居保障功能包括人口和经济密集的大都市群和重点城镇群等。（2）在生态功能一级区基础上，依据生态功能重要性划分生态功能二级区，共67个区。（3）在生态功能二级区基础上，按照生态系统与生态功能的空间分异特征、地形差异、土地利用的组合来划分生态功能三级区，共216个区[1]。该《区划》根据各生态功能区对保障国家生态安全的重要性，以水源涵养、土壤保持、防风固沙、生物多样性保护和洪水调蓄5类主导生态调节功能为基础，确定了大小兴安岭水源涵养重要区、辽河上游水源涵养重要区、京津水源地水源涵养重要区等50个全国重要生态功能区[2]。

2010年12月21日，国务院印发了《全国主体功能区规划》（以下简称《规划》），其把我国国土空间分为以下主体功能区：按开发方式，分为优化开发区域、重点开发区域、限制开发区域和禁止开发区域；按开发内容，分为城市化地区、农产品主产区和重点生态功能区；按层级，分为国家和省级两个层面。其中，限制开发区域又分为农产品主产区和重点生态功能区。《规划》首次提出"重点生态功能区"概念。《规划》指出：国家层面的重点生态功能区是指生态系统十分重要，关系全国或较大范围区域的生态安

---

[1] 环境保护部,中国科学院. 全国生态功能区划 [Z].2008-07-18: 15-16. https://www. mee. gov. cn/gkml/hbb/bgg/200910/t20091022_174499. htm.

[2] 环境保护部,中国科学院. 全国生态功能区划 [Z].2008-07-18: 26-28. https://www. mee. gov. cn/gkml/hbb/bgg/200910/t20091022_174499. htm.

全，目前生态系统有所退化，需要在国土空间开发中限制进行大规模高强度工业化城镇化开发，以保持并提高生态产品供给能力的区域；其定位是保障国家生态安全的重要区域，人与自然和谐相处的示范区；其分为水源涵养型、水土保持型、防风固沙型和生物多样性维护型4种类型，并根据各种类型确定了大小兴安岭森林生态功能区、黄土高原丘陵沟壑水土保持生态功能区、塔里木河荒漠化防治生态功能区等25个地区作为国家重点生态功能区[1]。

党的十八大以来，习近平总书记强调山水林田湖草沙是一个生命共同体，要统筹山水林田湖草沙系统治理。我国生态文明建设的系统观念得到深化和拓展，并在生态文明建设领域进行了诸多重大改革，生态保护理念和修复模式均有显著创新。

2015年11月13日，环境保护部、中国科学院发布了《全国生态功能区划（修编版）》，其将原来的"生态功能一级区""生态功能二级区""生态功能三级区"分别重新命名为"生态功能大类""生态功能类型""生态功能区"；将生态功能区由原来的216个调整增加到242个，其中生态调节功能区148个、产品提供功能区63个、人居保障功能区31个[2]；确定了63个全国重要生态功能区，覆盖我国陆地国土面积的49.4%[3]。2016年9月14日，国务院发布《关于同意新增部分县（市、区、旗）纳入国家重点生态功能区的批复》，原则上同意将240个县（市、区、旗）及内蒙古、龙江、大兴安岭、吉林、长白山森工（林业）集团所属87个林业局新增纳入国家重点生态功能区[4]，使国

① 国务院. 全国主体功能区规划［EB/OL］.（2010-12-21）［2011-06-08］. https：//www. gov. cn/zwgk/2011-06/08/content_1879180. htm.

② 环境保护部,中国科学院. 全国生态功能区划（修编版）［Z］.2015-11-13：17-26. http：//sdr. cas. cn/ywzgzdt/201512/t20151203_4486971. html.

③ 环境保护部,中国科学院. 全国生态功能区划（修编版）［Z］.2015-11-13：26-29. http：//sdr. cas. cn/ywzgzdt/201512/t20151203_4486971. html.

④ 国务院. 关于同意新增部分县（市、区、旗）纳入国家重点生态功能区的批复［EB/OL］.（2016-09-14）［2016-09-28］. https：//www. gov. cn/zhengce/zhengceku/2016-09/28/content_5112925. htm.

家重点生态功能区的县（市、区、旗）数量从原有的436个增加到676个，国土面积占比从41%提升至53%①。

2020年6月3日，国家发展改革委、自然资源部联合印发了《全国重要生态系统保护和修复重大工程总体规划（2021—2035年）》（以下简称《规划》），其将全国重要生态系统保护和修复重大工程规划布局在青藏高原生态屏障区、黄河重点生态区（含黄土高原生态屏障）、长江重点生态区（含川滇生态屏障）、东北森林带、北方防沙带、南方丘陵山地带、海岸带等重点区域，并根据各区域的自然生态状况、主要生态问题，提出了生态保护和修复的主攻方向②。《规划》提出了9项重要生态系统保护和修复重大工程，包括青藏高原生态屏障区生态保护和修复重大工程等7大区域生态保护和修复工程，以及自然保护地建设及野生动植物保护重大工程、生态保护和修复支撑体系重大工程等2项单项工程，并在专栏中列出了47项具体任务③。

2022年10月，中共中央、国务院印发了《全国国土空间规划纲要（2021—2035年）》，其进一步优化了重点生态功能区的布局，将生态安全格局向"胡焕庸线"以东以南延伸，增加了太行山—燕山、武夷山、鄱阳湖、洞庭湖以及海岸带重要河口、海湾等重点生态功能区，提升了对我国人口密集的东南地区的生态空间"就近"供给能力，进而保障了这些我国城镇化发展重要战略区域的生态安全④。

截至2024年5月，我国已累计投入近9 000亿元转移支付资金，对水土保

① 曾咏发.福建新增9个县（市）纳入国家重点生态功能区［EB/OL］.（2016-09-29）［2016-09-29］. http://district.ce.cn/newarea/roll/201609/29/t20160929_16413065.shtml.
② 国家发展改革委,自然资源部.全国重要生态系统保护和修复重大工程总体规划（2021—2035年）［Z］.2020-06-03:12-24. https://www.ndrc.gov.cn/xxgk/zcfb/tz/202006/t20200611_1231112.html.
③ 国家发展改革委,自然资源部.全国重要生态系统保护和修复重大工程总体规划（2021—2035年）［Z］.2020-06-03:25-37. https://www.ndrc.gov.cn/xxgk/zcfb/tz/202006/t20200611_1231112.html.
④ 祁帆,刘邦瑞,张晓玲.功能区涵养生态大国［J］.瞭望,2024（4）:32-35.

持、水源涵养、防风固沙和生物多样性维护等国家重点生态功能区加大保护力度，涉及810个县域约484万平方千米，占陆域国土面积的50.4%。目前，我国重点生态功能区生态质量为一、二类优良状态的县域占85.8%，高出全国平均值22.9个百分点[①]。

六、提升新时代自然灾害防治工程设防能力

新时代，我国防灾减灾工程设防水平有待提升，自然灾害防御能力与实施国家重大战略还不协调、不配套。因此要大力提升防汛抗旱、抗震减灾、地质灾害防治、海岸带保护、生态修复等重点防灾减灾工程的设防能力，促进其体系更加完善、作用更加突出。

在防汛抗旱水利工程设防能力提升方面，针对水旱灾害防御新形势新要求，从流域整体着眼，以大江大河大湖等重要江河湖泊为重点，开展七大流域防洪规划修编，优化流域防洪减灾体系布局，做好洪涝水出路安排，综合采取"扩排、增蓄、控险"相结合的举措，以流域为单元构建由水库、河道及堤防、分蓄滞洪区组成的现代化防洪工程体系，科学提升洪涝灾害防御工程标准，统筹防洪工程和非工程措施，增强洪涝灾害防御能力，最大程度减少灾害损失，确保重要城市、重要经济区、重要基础设施防洪安全。

在地质灾害综合治理和避险移民搬迁工程设防能力提升方面，针对重要人口聚集区和极高、高风险地质灾害隐患点开展工程治理或避险搬迁，有效提高对重大隐患的防御能力；对已经实施的重大地质灾害防治工程开展运行维护，提高住房建设、重大基础设施建设地质灾害防御工程标准；创新和发展适用于强烈内外动力作用下的工程防灾减灾设计理论，研发黄土地质灾害防治、大型泥石流沟治理、大型滑坡排水抗滑组合技术、高位崩塌新型刚柔组合技术、水位消落区劣化岩体生态治理技术等。

[①]　央视网. 近九千亿元推动国家重点生态功能区保护［EB/OL］.（2024-05-13）［2024-05-13］. https://www.gov.cn/yaowen/shipin/202405/content_6950779.htm.

在地震易发区房屋设施加固工程设防能力提升方面，加强地震构造环境精细探测，夯实地震活动断层探测、风险隐患调查、灾害隐患监测，以及灾害风险预警、评估、区划等地震灾害风险防治基础业务，建设国家地震灾害风险防治业务平台；针对重大工程、各类开发区工业园区房屋建筑和城市基础设施、一般建设工程、学校医院等人员密集场所等，形成差别化的抗震设防要求制度体系；推进提升通信、交通、供水供电等生命线工程防震抗震能力，推动重大工程建立地震安全监测和健康诊断系统，推广减隔震等抗震新技术应用；增强城市韧性，推动城市重要建筑、基础设施系统及社区抗震韧性评价及加固改造。

在海岸带保护修复工程设防能力提升方面，整体推进海岸带生态保护修复，重点推动入海河口、海湾、滨海湿地与红树林、珊瑚礁、海草床等典型生态系统保护修复和海岸线、砂质岸滩等的整治修复；对在海洋灾害易发多发的滨海湿地区建设的海堤，因地制宜开展海堤生态化建设，促进生态减灾协同增效；对已建设的连岛海堤、围海海堤或海塘，科学开展可行性论证，逐步实施海堤开口、退堤还海等生态化整治与改造，恢复海域生态系统完整性。

在重点生态功能区生态修复工程设防能力提升方面，着眼于提升国家生态安全屏障体系质量，聚焦国家重点生态功能区、生态保护红线、自然保护地等重点区域，突出问题导向、目标导向，坚持陆海统筹，妥善处理保护和发展的关系，推进形成生态保护和修复新格局；坚持山水林田湖草是生命共同体理念，遵循生态系统内在机理，以生态本底和自然禀赋为基础，关注生态质量提升和生态风险应对，强化科技支撑作用，因地制宜、实事求是，科学配置保护和修复、自然和人工、生物和工程等措施，推进一体化生态保护和修复。

第九章

新时代我国自然灾害应急物资保障

本章阐释了应急物资涵义、应急物资产能保障、应急物资实物储备、应急物资调配输送、提升新时代自然灾害防治物资保障能力等问题，强调自然灾害应急物资保障是国家自然灾害应急管理体系和能力现代化的重要内容，要推动建成统一领导、分级管理、规模适度、种类齐全、布局合理、多元协同、反应迅速、智能高效的全过程多层次自然灾害应急物资保障体系。

一、应急物资

所谓应急物资，是指为有效应对自然灾害和事故灾难等突发事件所必需的抢险救援保障物资、应急救援力量保障物资和受灾人员基本生活保障物资。抢险救援保障物资包括森林草原防灭火物资、防汛抗旱物资、大震应急救灾物资、安全生产应急救援物资、综合性消防救援应急物资；应急救援力量保障物资是指国家综合性消防救援队伍和专业救援队伍参与抢险救援所需的应急保障物资；受灾人员基本生活保障物资是指用于受灾群众救助安置的生活类救灾物资[①]。

目前，我国应急物资保障体系还存在许多不足，具体表现为：（1）应急物资管理体制机制不完善，应急物资保障尚未建立集中统一、运转高效的管理体制，工作机制不完善，专项法律法规和应急预案支撑不足，缺乏统一的应急物资保障管理平台；（2）应急物资储备结构布局还需优化，地方储备能力相对不足，应急物资保障市场和社会作用发挥不够，社会协同参与保障水平较低；（3）应急物资产能保障不足，部分重要应急物资产能储备水平不高，缺乏战略性、前瞻性能力储备，现实产能和技术水平相对不足，缺乏应急状态下集中生产调度和紧急采购供应机制；（4）应急物资调运能力不足，应对重特大灾害事故的应急物资干线运输和末端投送手段单一、运力不足、效率不高，灾害抢险救援救灾的应急物资调运保障短板较为突出；（5）应急物资保障科技化水平不高，全流程精细化管理水平不足，管理信息化手段运用程度不高，管理标准化程度不高[②]。

鉴于此，《中华人民共和国突发事件应对法》强调要完善重要应急物

[①]　应急管理部, 国家发展改革委, 财政部, 等. "十四五"应急物资保障规划[EB/OL]. （2022-10-11）[2022-10-11]. https://www.gov.cn/zhengce/zhengceku/2023-02/03/content_5739875.htm.

[②]　应急管理部, 国家发展改革委, 财政部, 等. "十四五"应急物资保障规划[EB/OL]. （2022-10-11）[2022-10-11]. https://www.gov.cn/zhengce/zhengceku/2023-02/03/content_5739875.htm.

资的生产、采购、储备、监管、调拨和紧急配送体系，促进安全应急产业发展，优化产业布局①。《中华人民共和国国民经济和社会发展第十四个五年规划和2035年远景目标纲要》强调要科学调整应急物资储备品类、规模和结构，提高应急物资快速调配和紧急运输能力②。

《"十四五"国家应急体系规划》强调要建立中央和地方、政府和社会、实物和产能相结合的应急物资储备模式，建立健全使用和管理情况的报告制度；建立跨部门应急物资保障联动机制，健全跨区域应急物资协同保障机制；依法完善应急处置期间政府紧急采购制度，加强应急物资分类编码及信息化管理；完善应急物资分类、生产、储备、装卸、运输、回收、报废、补充等管理规范；完善应急捐赠物资管理分配机制，规范进口捐赠物资审批流程③。《"十四五"国家综合防灾减灾规划》强调要推进中央救灾物资储备库新建和改扩建工作，重点在交通枢纽城市、人口密集区域、易发生重特大自然灾害区域增设中央救灾物资储备库；完善中西部和经济欠发达高风险地区地市和县级储备体系；支持红十字会建立物资储备库；开展重要救灾物资产能摸底，完善国家救灾物资收储制度；建立统一的救灾物资采购供应体系，健全救灾物资集中生产、集中调度、紧急采购、紧急生产、紧急征用、紧急调运分发等机制④。

二、应急物资产能保障

提升应急物资产能保障能力，就是要不断提升企业产能储备能力，优化

---

① 第十四届全国人民代表大会常务委员会. 中华人民共和国突发事件应对法［N］. 人民日报，2024-07-02.

② 第十三届全国人民代表大会. 中华人民共和国国民经济和社会发展第十四个五年规划和2035年远景目标纲要［J］. 自然资源通讯，2021（7）：41.

③ 国务院. "十四五"国家应急体系规划［J］. 中华人民共和国国务院公报，2022（6）：39-40.

④ 国家减灾委员会. "十四五"国家综合防灾减灾规划［EB/OL］.（2022-06-19）［2022-07-21］. https://www.mem.gov.cn/gk/zfxxgkpt/fdzdgknr/202207/t20220721_418698.shtml.

应急物资产能布局，加大应急物资科技研发力度。

1. 提升企业产能储备能力。制定适合产能储备的应急物资品种目录，完善应急物资生产能力调查制度，加强应急物资生产能力的动态监控，建立产能储备企业评价体系；加强应急动员能力建设，选择条件较好的企业纳入产能储备企业范围，建立动态更新调整机制；健全应急物资集中生产调度机制，在重特大灾害事故发生时，引导和鼓励产能储备企业应急生产和扩能转产[①]。

2. 优化应急物资产能布局。开展应急物资产能分布情况调查，分类掌握重要应急物资上下游企业供应链分布；结合区域灾害事故风险以及重要应急物资生产、交通运输能力分布，实施应急产品生产能力储备工程，建设区域性应急物资生产保障基地，优化应急物资生产能力空间布局；培育和优化应急物资产业链，引导应急物资产能向中西部地区转移[②]。

3. 加大应急物资科技研发力度。加强国家级项目资金支持，鼓励建设应急物资科技创新平台，支持应急产业科技发展；发挥重点企业、高校、科研单位等产学研优势，加强核心技术攻关，研发一批质量优良、简易快捷、方便使用、适应需求的高科技新产品，推动应急物资标准化、系列化、成套化[③]。

《"十四五"应急物资保障规划》提出实施应急物资生产能力提升重点工程，即探索政府与市场有效合作与协调机制，分门别类梳理应急物资生产企业名录并定期更新，形成包括企业信息、产品规格及产能等供给清单；依托国家应急资源管理平台，搭建重要应急物资生产企业数据库；开展区域布局产能调查等工作，鼓励各地区依托安全应急产业示范基地等，优化配置应

---

① 应急管理部，国家发展改革委，财政部，等. "十四五"应急物资保障规划［EB/OL］.（2022-10-11）［2022-10-11］. https://www.gov.cn/zhengce/zhengceku/2023-02/03/content_5739875.htm.

② 应急管理部，国家发展改革委，财政部，等. "十四五"应急物资保障规划［EB/OL］.（2022-10-11）［2022-10-11］. https://www.gov.cn/zhengce/zhengceku/2023-02/03/content_5739875.htm.

③ 应急管理部，国家发展改革委，财政部，等. "十四五"应急物资保障规划［EB/OL］.（2022-10-11）［2022-10-11］. https://www.gov.cn/zhengce/zhengceku/2023-02/03/content_5739875.htm.

急物资生产能力，重点加强西部地区、边疆省区应急物资生产能力建设；对实物储备和常态产能难以完全保障的属于关键品种的应急物资，支持企业加强技术研发，填补关键技术空白，强化应急物资领域先进技术储备①。

三、应急物资实物储备

《中华人民共和国突发事件应对法》规定国家按照集中管理、统一调拨、平时服务、灾时应急、采储结合、节约高效的原则，建立健全应急物资储备保障制度。应急物资储备规划要纳入国家储备总体发展规划，设区的市级以上人民政府和突发事件易发、多发地区的县级人民政府应当建立应急救援物资、生活必需品和应急处置装备的储备保障制度；县级以上地方人民政府应当根据本地区的实际情况和突发事件应对工作的需要，依法与有条件的企业签订协议，保障应急救援物资、生活必需品和应急处置装备的生产、供给；有关企业应当根据协议，按照县级以上地方人民政府要求，进行应急救援物资、生活必需品和应急处置装备的生产、供给，并确保符合国家有关产品质量的标准和要求；国家鼓励公民、法人和其他组织储备基本的应急自救物资和生活必需品；有关部门可以向社会公布相关物资、物品的储备指南和建议清单②。

《"十四五"国家应急体系规划》（以下简称《规划》）强调要完善中央、省、市、县、乡五级物资储备布局，建立健全包括重要民生商品在内的应急物资储备目录清单，合理确定储备品类、规模和结构并动态调整；扩大人口密集区域、灾害事故高风险区域和交通不便区域的应急物资储备规模，完善储备仓库布局，重点满足流域大洪水、超强台风以及特别重大山洪灾害

---

① 应急管理部, 国家发展改革委, 财政部, 等. "十四五"应急物资保障规划 [EB/OL]. （2022-10-11）[2022-10-11]. https://www.gov.cn/zhengce/zhengceku/2023-02/03/content_5739875.htm.

② 第十四届全国人民代表大会常务委员会. 中华人民共和国突发事件应对法 [N]. 人民日报, 2024-07-02.

应急的物资需要①。该《规划》确定的应急物资储备布局建设重点是：（1）中央生活类救灾物资。改扩建现有中央生活类救灾物资储备库，在交通枢纽城市、人口密集区域、易发生重特大自然灾害区域新建综合性国家储备基地。（2）综合性消防救援应急物资。在北京、沈阳等地建设中央级库，依托消防救援总队训练与战勤保障支队建设省级库，在三类以上消防救援支队所在地市建设地市级库。（3）森林消防应急物资。在成都、海拉尔等地建设中央级库，依托森林消防总队建设省级库，在森林消防支队所在地建设地市级库。（4）地方应急物资。改扩建现有应急物资储备库，推进县级应急物资储备库建设，重点支持中西部和经济欠发达高风险地区储备库建设②。

《"十四五"国家综合防灾减灾规划》强调要加强应急物资储备体系建设，即在中央层面，改扩建现有中央生活类救灾物资储备库和提升通用储备仓库，建设华北、东北、华东、华中、华南、西南、西北综合性国家储备基地，保持30大类440余个品种的中央应急物资储备规模；在地方层面，改扩建现有应急物资储备库，解决应急物资保障紧迫需求，重点完善中西部经济欠发达灾害高风险地区应急物资储备体系③。

《"十四五"应急物资保障规划》强调要提升应急物资实物储备能力，科学确定应急物资储备规模和品种，优化应急物资储备库布局，加强应急物资储备社会协同，提升应急物资多渠道筹措能力。

1. 科学确定应急物资储备规模和品种。以有效应对重特大灾害事故为目标，分灾种、分层级、分区域开展各类应急物资的规模需求研究，科学确定并合理调整各级、各类应急物资的储备规模；制定适合实物储备的应急物资品种目录，研究出台中央、省、市、县、乡五级储备指导品种目录，并根据社会经济发展现状，进行更新完善，适时引进新技术装备、新材料物资的

①　国务院. "十四五"国家应急体系规划［J］. 中华人民共和国国务院公报，2022（6）：40.
②　国务院. "十四五"国家应急体系规划［J］. 中华人民共和国国务院公报，2022（6）：40.
③　国家减灾委员会. "十四五"国家综合防灾减灾规划［EB/OL］.（2022-06-19）［2022-07-21］. https://www.mem.gov.cn/gk/zfxxgkpt/fdzdgknr/202207/t20220721_418698.shtml.

储备；加强交通不便或灾害事故风险等级高的乡镇应急物资储备；修改完善各类应急物资采购技术规格和参数；强化应急通用物资共用共享共管，补齐高技术、特种专用应急物资的储备短板；各级应急管理部门和财政部门根据库存物资调用情况共同商定应急物资年度采购计划，并将所需资金列入财政预算①。

2. 优化应急物资储备库布局。充分利用现有国家储备仓储资源，优化中央生活类救灾物资、中央防汛抗旱物资储备库的空间布局；统筹建设国家综合性消防救援、大震应急救灾等应急物资储备库，重点保障人口密集区域、灾害事故高风险区域和交通不便区域，适当向中西部和经济欠发达地区倾斜，建设区域应急救援平台和区域保障中心，提高应急物资生产、储备和调配能力；推动地方各级政府结合本地区灾害事故特点，优化所属行政区域内的应急物资储备库空间布局，重点推进县级应急物资储备库建设；在有条件的地区，依托相关专业应急物资储备库，建设中央和地方综合应急物资储备库②。

3. 加强应急物资储备社会协同。积极调动社会力量共同参与物资储备，完善应急物资储备模式；建立社会化应急物资协同储备政策，制定社区、企事业单位、社会组织、家庭等主体的应急物资储备建议清单，引导各类社会主体储备必要的应急物资；针对市场保有量充足、保质期短、养护成本高的应急物资，提高协议储备比例，优化协议储备结构；倡导家庭应急物资储备，并将企事业单位、社会组织等储备信息纳入国家应急资源管理平台③。

4. 提升应急物资多渠道筹措能力。建立健全应急物资采购、捐赠、征用等管理制度和工作机制；制定应急物资紧急采购管理办法，健全应急采购机

① 应急管理部, 国家发展改革委, 财政部, 等. "十四五"应急物资保障规划[EB/OL]. (2022-10-11)[2022-10-11]. https://www.gov.cn/zhengce/zhengceku/2023-02/03/content_5739875.htm.
② 应急管理部, 国家发展改革委, 财政部, 等. "十四五"应急物资保障规划[EB/OL]. (2022-10-11)[2022-10-11]. https://www.gov.cn/zhengce/zhengceku/2023-02/03/content_5739875.htm.
③ 应急管理部, 国家发展改革委, 财政部, 等. "十四五"应急物资保障规划[EB/OL]. (2022-10-11)[2022-10-11]. https://www.gov.cn/zhengce/zhengceku/2023-02/03/content_5739875.htm.

制；完善救灾捐赠物资管理制度，建立健全应急物资社会捐赠动员导向和对口捐赠、援助机制，引导捐赠物资点对点供需匹配，建立健全国际援助提供和接收工作机制；研究完善社会应急物资征用补偿标准[①]。

《"十四五"应急物资保障规划》确定的应急物资储备重点建设工程项目包括应急物资储备项目和应急物资储备库建设工程。

1. 应急物资储备项目。应急物资储备项目目标是建立中央储备和地方储备相互补充、政府储备和社会储备相互结合的应急物资储备体系。（1）中央应急物资储备。国家森林草原防灭火物资、中央防汛抗旱物资储备、大震应急救灾物资、国家综合性消防救援队伍应急物资、中央生活类救灾物资等中央应急物资保持既有储备规模和价值，适当优化结构布局。（2）地方应急物资储备。推进省、市、县、乡人民政府参照中央应急物资品种要求，结合本地区灾害事故特点，储备能够满足本行政区域启动Ⅱ级应急响应需求的应急物资。（3）家庭应急物资储备示范。根据灾害事故风险程度和经济社会发展水平，每年在灾害事故高风险地区选择2个至3个省份开展家庭应急物资储备示范，形成可复制的家庭应急物资储备建设经验[②]。

2. 应急物资储备库建设工程。根据灾害事故风险分布特点和应急物资储备库布局短板，优化应急物资储备库地点分布，在改扩建现有应急物资储备库并推动整合的基础上，新建一批应急物资储备库。（1）中央生活类救灾物资储备库建设。推进改扩建和新建工作，对没有中央救灾物资储备库的省（区、市），充分利用国家现有储备仓储资源，在重点区域增设中央生活类救灾物资储备库。（2）中央防汛抗旱物资储备库建设。统筹利用国家储备仓储资源，科学合理增加中央防汛抗旱物资存储仓容，推进储备设施设备和管理现代化。（3）大震应急救灾物资储备库建设。依托各省级地震部门和

---

① 应急管理部，国家发展改革委，财政部，等. "十四五"应急物资保障规划［EB/OL］.（2022-10-11）［2022-10-11］. https：//www. gov. cn/zhengce/zhengceku/2023-02/03/content_5739875. htm.

② 应急管理部，国家发展改革委，财政部，等. "十四五"应急物资保障规划［EB/OL］.（2022-10-11）［2022-10-11］. https：//www. gov. cn/zhengce/zhengceku/2023-02/03/content_5739875. htm.

承担应急任务的直属单位以及国家地震紧急救援训练基地建设，保障每个省份不少于1个。（4）国家综合性消防救援队伍应急物资储备库建设。消防救援队伍应急物资储备库建设包括中央级库，位于北京、沈阳等地；省级库依托各省级消防救援总队训练与战勤保障支队建设；地市级库位于三类以上消防救援支队所在地市。森林消防队伍应急物资储备库建设包括中央级库，位于海拉尔、成都等地；省级库，位于森林消防总队所在省份；地市级库设在各支队所在地市。（5）推进地方应急物资储备库建设。充分利用现有设施和资源，新建和改扩建应急物资储备库，推动在安全生产重点地区和自然灾害多发易发地区，建设一批省级和地市级综合应急物资储备库；推进县级应急物资储备库建设①。

《"十四五"应急物资保障规划》附录有省级、市级、县级、乡镇（街道）级、村（社区、单位）级应急物资储备指导目录，以及家庭应急物资储备指导目录。省级应急物资储备指导目录内容如下。

1. 生活类救灾物资。（1）安置类，包括：住所类——救灾帐篷（单帐篷、棉帐篷）、指挥帐篷、活动板房、苫布；床寝类——折叠床、桌椅（折叠桌凳）、被子（棉被、夏凉被、毛巾被、睡袋）、毯子（毛毯、电热毯）、褥子、防潮垫、枕头、凉席、床单、蚊帐；盥洗类——家庭应急包（含洗漱套装、毛巾、肥皂、拖鞋、餐具、妇女用品）、简易厕所（便携式马桶、移动厕所、板房厕所）、简易淋浴（淋浴房、淋浴车）。（2）服装类，包括：衣物（棉大衣、防寒服、羽绒服、棉裤、夏装、童装、雨衣）、鞋子（棉鞋、凉鞋、雨鞋）。（3）装具类，包括：照明类——帐篷照明灯、手电筒、应急灯、场地照明灯、蜡烛；防寒防暑类——取暖炉、取暖器、风扇；其他类——发电机（组）、灶具、应急背囊（架）、收音机。（4）饮食、卫生及特殊用品，包括：食品类——方便食品（压缩干粮、自热食品、方便面、火腿肠、饼干、面包、罐头）、预制食品、粮油（大米、

---

① 应急管理部,国家发展改革委,财政部,等. "十四五"应急物资保障规划［EB/OL］.（2022-10-11）［2022-10-11］. https://www.gov.cn/zhengce/zhengceku/2023-02/03/content_5739875.htm.

食用油、面粉、面条）、食材（肉类、蛋类、蔬菜类）、其他（清真食品、婴幼老年人食品）；饮水类——饮用水（矿泉水、纯净水）、净水设备（净水机、净水器、净水车）、储水设备（水桶、储水罐）；卫生清洁——卫生用品（卫生纸、卫生巾）、清洁用品（洗手液、洗衣粉、洗衣液）、消毒用品（消毒液、消毒棉棒）、常用医药品；特殊用品——婴幼儿用品（奶瓶、尿不湿）、孕产妇用品、辅助用品（轮椅、拐杖）、防寒防暑用品（暖宝、驱蚊液、清凉油）。

2. 森林草原防灭火物资。（1）个人防护装备，包括：防护套装（头盔、头套、面罩、护目镜、手套、靴子、外腰带、护肘、护膝）、防护面罩（防烟、尘、毒）、避火罩、战术马甲、单兵火场呼吸自救器、阻燃扑火服、防寒大衣、自动充气式救生衣、穿戴式外骨骼助力设备、单兵负重辅助系统、佩戴式头灯、降噪耳机、救援口哨、喊话器、单兵定位装置、生命监测手环、生命监测系统、保温毯、多功能军刀、防风打火机、消防急救包。（2）扑火机，包括：灭火机（风力、风水、泡沫）、灭火水枪（脉冲水枪、高压水枪）、森林消防水泵（手抬高压泵、柱塞隔膜泵、单兵便携泵）、消防水带（背筐、水泵配件）、二号工具、森林草原专用灭火药剂、油锯、割灌机、电动粗枝剪刀、加油器、组合工具、点火器、火灾自动报警系统、移动式储水装置（蓄水池、水囊、贮水池）、单兵手投式灭火弹（含消防弹）、索降器材、攀登器材、便携式工兵锹、大工兵锹、铁镐。（3）车辆及特种装备，包括：机器人（隔离带开挖、耐高温灭火、无人伴随保障车）、隔离带开挖机、电动（燃油）叉车、手动（电动）托盘搬运车；轮式车辆—森防巡逻（班组突击）车、运兵车、森林消防车、森林灭火装备运输车、全地形车、水陆两栖车、双向消防车、火场远程供水系统（灭火水车+水泵组合）、牵引车（拖车）；履带式车辆——模块化运兵车、水炮车、载重型灭火无人机（工业级）、无人机灭火弹、航空灭火吊桶、智能遥控灭火炮（含灭火弹）、肩扛式灭火弹发射器（含灭火弹）。（4）通信指挥装备，包括：通信指挥车、便携式应急移动中继系统、便携式自组网基站（窄带、宽带）、北斗手持机、卫星便携站、卫星电话、红外探火仪、望远镜、风向仪、超短波电台、对讲机、对讲机移动充电箱、车载北斗定位终端、侦察无人机、GIS数据采集器。（5）野外生存装备，包括：发电机组、单兵方位灯、火场应急照明系统、强光手电、帐篷（指挥帐篷、单兵帐篷）、便携式桌椅、睡袋、急救器材、AED（便携式除颤仪）、气垫、背囊、战术腿包、战术背包。（6）侦查装备，包括：生命探测仪、热成像仪、便携气象站、测距仪、测温仪、指北针、地形图、交通图、林相图、照相摄像器材。

3. 防汛抗旱物资。（1）抢险物料，包括：袋类（编织袋、草袋、麻袋、吸水膨胀麻袋）、彩条布/编织布、土工布、防管涌土工滤垫、围井围板、桩木、砂石料、铅丝网片、抢险网箱（兜）、铅丝/铁丝、钢管、防洪子堤、城市挡水墙（涵洞、地下车库、低洼院落）。（2）救生器材，包括：橡皮舟/冲锋舟、船外机（油箱、专用机油）、拖车、救生衣、智能遥控（双控）救生器、消防水域救生器、便携式智能遥控救生舟、救生圈、反光背心、雨衣/雨伞、雨靴/雨鞋、救生抛投器/伸缩杆、绳索（救生绳、安全绳）。（3）抢险机具，包括：照明设备（手电筒、便携式头灯、照明灯、应急灯、工作灯、查险灯具）、排涝设备（排水泵、污水泵）、抗旱水泵、移动泵车、沙袋机。（4）给排水设备，包括：净水设备、喷灌机、分水器、水管/水带、电缆、发电机（组）。（5）供水器具，包括：打井机、洗井机/洗井空压机组、找水物探设备、储水罐/储水囊/软质水囊、水桶/水袋、净水挂车。（6）个人防护，包括：水域救援器材（头盔、手套、靴子）、指南针、探路杖、高音哨、D型环。（7）其他，包括：警戒设备（警示灯、警示线、水深危险警示牌、积水封闭警示牌、排水抢险字样指示牌、锥桶、路障、交通指挥棒）、通讯设备（喊话器、对讲机、卫星电话）、电台（超短波电台、便携移动电台、超短波基站）、通讯指挥车、天通电话及终端、无人机、运输车辆、水陆两用车、应急帐篷（单/棉）、折叠桌凳、折叠床、应急包、手套、安全帽、AED（便携式除颤仪）、雷达生命探测仪。

4.地震应急救灾物资。（1）现场工作人员野外生存和防护物资。包括现场工作防护装备、生活帐篷、指挥帐篷、通信帐篷、单兵防护装备（手套、头盔、护目镜）、医疗防护器具、高倍夜视摄像望远镜、空气呼吸器、绳索、射灯。（2）应急通信装备。包括电台（短波电台、便携移动电台）、无线图传、对讲机、定位仪、通信指挥车、天通电话及终端、卫星电话（铱星电话）、现场应急集群通信系统。（3）地震应急流动监测装备。包括地震仪、加速度计、磁通门经纬仪、质子矢量磁力仪、北斗接收机、相对重力仪、绝对重力仪、智能电源、应急信息采集传输和分析系统。（4）灾害调查评估装备。包括建（构）筑物评估设备、无人机及机载灾情采集系统。（5）应急探测测量装备。包括手持GPS、拾振器、震动传感器、三维激光扫描仪、侦检仪、红外线测距仪、生命探测仪（雷达、光学、声波/振动）、毒害气体探测仪、氧气气体探测仪、放射性物质检测仪、漏电探测仪。（6）国家地震灾害紧急救援队伍装备。包括破除设备（组合手动破拆工具、救援钻孔机）、顶撑设备（液压泵、起重气垫、液压/机械支撑套件）、移除设备（液压举重组件）、搜索设备（搜救犬、强光搜索灯）、报警设备、紧急医疗设备、救援装备车、物资运输车、运兵车、运犬车、警戒带、发电机组、净水系统、服装背囊装备（救援服、救援靴）、抛投式监测设备、AI视频监测设备。

5.国家综合性消防救援队伍物资。（1）灭火救援物资。包括个人防护装备（全套消防员灭火防护服、全套消防员抢险救援服、消防过滤式综合防毒面具）、侦检装备（有毒气体探测仪、可燃气体检测仪、消防用红外热像仪）、排烟装备（移动式排烟机、坑道小型空气输送机）、灭火装备（移动消防炮、机动消防泵、消防移动储水装置、泡沫发生器）、救生装备（躯体固定气囊、婴儿呼吸袋、救生缓降器）。（2）石油化工事故救援物资。包括个人防护装备（消防员避火防护服、消防员隔热服、一级化学防护服、二级化学防护服、化学防护手套）、侦检装备（有毒气体探测仪、可燃气体检测仪、便携危险化学品检测片）、灭火装备（灭火侦查机器人、消防灭火机器人）、灭火药剂（水成膜泡沫灭火剂、抗醇性水成膜泡沫灭火剂、抗醇性氟蛋白泡沫灭火剂、干粉灭火剂）、洗消装备（公众洗消站、单人洗消帐篷、简易洗消喷淋器、移动式高压洗消泵）。（3）洪涝灾害水域救援物资。包括个人防护装备（湿式水域救援服、干式水域救援服、急流专用救生衣、潜水装具）、水域搜救装备（冲锋舟、橡皮艇、水下机器人、水下声呐生命探测仪）、水域破拆装备（水下破拆装具、绝缘剪断钳）。（4）地震地质灾害救援物资。包括个人防护装备（消防防坠落辅助部件、防穿刺手套）、生命探测装备（无人机、雷达生命探测仪、音视频生命探测仪）、破拆装备（双轮异向切割锯、混凝土破拆工具组、无齿锯及锯片、冲击钻、凿岩机、液压动力站）。（5）森林草原灭火物资。包括个人防护装备（森林灭火防护服、防护头盔、防护手套等）、森林灭火装备（割灌机、油锯、风力灭火机、高压细水雾灭火机、背负式软体水枪、储水装置）、供水装备（重型水泵、便携式森林消防泵、消防水带）。（6）通用保障物资。包括帐篷、携行背囊、折叠床、单人宿营装具、野战炊具、野外净水设备、应急食品、消防制式被装（作训类和防寒类被装）、移动发电机、移动照明灯组、泛光灯、电池、充电器。（7）矿山/隧道应急保障物资。包括高压软管、高倍速泡沫药剂、喷涂式或气囊式快速密闭、救生索、潜水泵、呼吸自救器。

6. 安全生产应急救援物资。（1）危化应急保障物资，包括防护器材——灭火/化学防化服（轻型、重型）、轻型防护装备、半面罩、全面罩、自生氧面罩、自救式呼吸器、多功能防毒面具及过滤罐、多功能滤毒盒、防护手套、隔热手套、救援头盔、正压式空气呼吸器、氧气呼吸器、移动供气源、备件袋、护目镜、防静电内衣、安全腰带、反光背心、佩戴式防爆照明灯、隔热服、防腐胶靴、灭火防护靴、水靴、户外单兵净水器、自救器、自动苏生器、紧急呼救器、温度计、送风式长管呼吸器、紧急呼救器；侦检器材——远程侦检设备（侦检无人机、侦检机器人）、有毒气体探测仪、可燃气体检测仪、四合一多功能气体检测仪、其他便携式气体检测报警仪、红外测温仪、便携式气象仪（风速风向仪）、采气样工具、便携式水质分析仪、远距离灾区环境侦测系统、便携式气相色谱质谱联用仪、便携式TVOC测定仪、COD快速检测仪、AP4C侦检仪、高纯氦气、便携式红外固液测定仪、红外线测距仪、红外热像仪、辐射检测仪、漏电检测仪、侦检机器人、激光位移监测仪、环境安全监测车；灭火物资——泡沫灭火剂（普通、抗溶）、高效干粉灭火剂、消防水带、机动手台泵/液压机动泵、高压脉冲灭火装置、高倍数泡沫灭火机、移动式灭火装置、移动式消防炮、A/B类比例混合器、泡沫液桶、空气泡沫枪、拉梯、风障、帆布水桶、水枪；救生物资——缓降器、AED（自动体外除颤器）、生命探测仪（鹰眼、雷达）、逃生面罩、担架、保温毯、充气夹板、救援三脚架、便携式升降器、绳索包、医药急救箱；破拆支撑——无火花破拆工具、破拆工具组（液压/气动/手动）、切割锯、液压起重器、两用锹、小镐、矿工斧、铜顶斧、起钉器、瓦工/电工工具、皮尺、卷尺、钉子包、探险棍、起重气垫、锚杆机、液压支架、道具；洗消设备——输转耗材（应急卸载泵、收油机/收化机、围油栏/围化栏、船用喷洒装置、热水高压清洗机、吸附垫、溢油分散剂/消化剂、集污袋）、移动式洗眼器、强酸/碱洗消剂/器、洗消帐篷、单人移动洗消装置、高压清洗机、洗消粉；排烟设备——移动式排烟排风设备、空气压缩机、移动发电机、坑道小型空气输送机；警示防爆——隔离警示带、警戒线、警示牌、警示灯、防爆倒罐装备、堵漏装备、堵漏耗材（堵漏胶、木制堵漏楔）；综合保障——防爆通信器材、移动照明灯组、防爆照明器材、空气充填泵、氧气充填泵、自吸泵、污水泵、空呼监控系统、空气呼吸器清洗装置、三防帐篷系统、防爆照摄像器材、抗爆庇护所、防毒庇护所、可拆装货架、装备架。

（2）油气管道应急保障物资，包括直管段、弯管、弯头、封头、B型套袖、对开卡具、排油排气短节。（3）自然灾害应急保障物资，包括排水软管、滤网滤芯。

家庭应急物资储备指导目录（基础版）内容如下。

1. 应急食品。（1）饮用水。保障每人3天基本饮水需求，至少3升/人，用于满足避险期间生存需求。（2）方便食品。保障每人3天基本食物需求，方便食品体积小、热量高，如自热食品、罐头、压缩饼干、糖果等应急食品。

2. 生活物品。（1）个人卫生清洁用品。毛巾、纸巾/湿纸巾、牙膏、牙刷、洗发水、剃须刀等用于个人清洁。（2）衣物。备用衣裤，轻便贴身衣物。（3）家庭小帐篷、防潮垫等用于紧急避险期间居住需求，防风保暖。

3. 应急工具。（1）多功能手电筒。具备收音、手摇发电、紧急照明灯功能，可对手机充电、FM自动搜台、按键可发报警声音。（2）救生哨。建议选择无核产品，可吹出高频求救信号。（3）雨具。雨衣、雨伞、雨靴等防雨用具。（4）救生衣、救生圈。用于水面漂浮自救。（5）灭火器、灭火毯。灭火器用于初起火灾的扑救，灭火毯可披覆在身上逃生或用于扑灭灶具着火等小型火源，起隔离热源及火焰作用。（6）呼吸面罩。保护面部，可提供有氧呼吸，用于地震、火灾逃生使用。（7）多功能组合刀具。有刀锯、螺丝刀、钢钳、剪刀等组合功能。（8）应急逃生绳。用于居住楼层较高，逃生使用。

4. 应急药品及医用品。（1）常用药品。伤口消毒药品、抗生素软膏、解热镇痛药，呼吸道感染类、腹泻类非处方药。（2）医用材料。创口贴、棉棒、棉球、纱布绷带、医用胶带等清创包扎类医用材料；体温计、退热贴、医用外科口罩、医用手套。

5. 重要资料。家庭应急卡、紧急联络单，包括家庭住址、家庭成员身份信息、血型、慢性病及用药情况、药物过敏情况、紧急联络人。

家庭应急物资储备指导目录（扩展版）内容如下。

1. 应急食品。（1）饮用水——保障每人3天基本饮水需求，至少3升/人，用于满足避险期间生存需求。（2）方便食品——保障每人3天基本食物需求，方便食品体积小、热量高，如自热食品、方便面、罐头、压缩饼干、糖果等应急食品。（3）维生素补充剂——用于生存所需。（4）特殊人群食品——婴儿奶粉、儿童特殊食品、老年人特殊食品、高血压高血糖患者食品。

2. 生活物品。（1）个人卫生清洁用品——毛巾、纸巾/湿纸巾、牙膏、牙刷、洗发水、香皂、沐浴露、剃须刀等用于个人清洁。（2）衣物——备用衣裤，轻便贴身衣物，保暖性能高的衣裤。（3）鞋帽、手套——防水鞋、安全帽、手套。（4）多功能防水背包——收纳应急物品。（5）家庭小帐篷、防潮垫、睡袋、保温毯——用于紧急避险期间居住需求，防风保暖。（6）特殊人群用品——孕产妇用品、卫生巾、奶瓶、尿不湿、婴儿抱被、儿童玩具图书、成人尿不湿。（7）消毒液、漂白剂、驱蚊剂——用于个人卫生消毒、防疫、驱除蚊虫。

3. 应急工具。（1）汽车破窗器、破拆斧——用于紧急逃生。（2）救生衣、救生圈——用于水面漂浮自救。（3）应急逃生绳、逃生软梯、缓降器——用于居住楼层较高，逃生使用。（4）救生哨——建议选择无核产品，可吹出高频求救信号。（5）反光衣物——颜色醒目，便于搜救。（6）多功能手电筒——具备收音、手摇发电、紧急照明灯功能，可对手机充电、FM自动搜台、按键可发出报警声音。（7）便携式照明工具——防风防水打火机（火柴）、长明蜡烛等，用于应急照明。（8）便携水壶、水杯——用于饮水需求。（9）呼吸面罩——保护面部，可提供有氧呼吸，用于地震、火灾逃生使用。（10）多功能组合刀具——有刀锯、螺丝刀、钢钳、剪刀等组合功能。（11）安全帽、绝缘防护手套、绝缘防护靴——用于个人防护。（12）雨具——雨衣（反光雨衣）、雨伞、雨靴等防雨用具。（13）灭火器、灭火毯——灭火器用于初期火灾的扑救，灭火毯可披覆在身上逃生或用于扑灭灶具着火等小型火源，起隔离热源及火焰作用。

4. 应急药品及医用品。（1）常用药品——伤口消毒药品、抗生素软膏、解热镇痛药，呼吸道感染类、腹泻类非处方药。（2）可选药物——根据家庭实际情况，适量储备硝酸甘油、速效救心丸、阿司匹林、胰岛素、哮喘用药、抗过敏药。（3）医用材料——创口贴、棉棒、棉球、纱布绷带、医用胶带、医用弹力绷带、三角巾绷带、别针（用于固定三角巾）、止血带、不锈钢镊子、医用夹板等清创包扎类医用材料；体温计、退热贴、医用外科口罩、N95口罩、医用橡胶手套、血压计、血糖仪。

5.贵重物品及文件资料。（1）家庭应急卡、紧急联络单——包括家庭住址、家庭成员身份信息、血型、慢性病及用药情况、药物过敏情况、紧急联络人。（2）家庭成员信息资料——身份证（护照）、户口本、驾驶证等用于识别个人信息。（3）重要财务资料——适量现金、银行卡、存折、保险单、房屋产权证书、有价证券等。（4）其他重要个人物品——钥匙、手机、充电宝。

四、应急物资调配输送

《中华人民共和国突发事件应对法》规定国家建立健全应急运输保障体系，统筹铁路、公路、水运、民航、邮政、快递等运输和服务方式，制定应急运输保障方案，保障应急物资、装备和人员及时运输；县级以上地方人民政府和有关主管部门应当根据国家应急运输保障方案，结合本地区实际做好应急调度和运力保障，确保运输通道和客货运枢纽畅通；国家发挥社会力量在应急运输保障中的积极作用，社会力量参与突发事件应急运输保障，应当服从突发事件应急指挥机构的统一指挥①。

《"十四五"国家应急体系规划》强调要建立健全多部门联动、多方式协同、多主体参与的综合交通应急运输管理协调机制；统筹建立涵盖铁路、公路、水运、民航等各种运输方式的紧急运输储备力量，保障重特大灾害事故应急资源快速高效投送；健全社会紧急运输力量动员机制，优化紧急运输设施空间布局，健全应急物流基地和配送中心建设标准；建设政企联通的紧急运输调度指挥平台，提高救灾物资运输、配送、分发和使用的调度管控水平；推广运用智能机器人、无人机等高技术配送装备，提升应急运输调度效

---

① 第十四届全国人民代表大会常务委员会. 中华人民共和国突发事件应对法［N］. 人民日报，2024-07-02.

率①。《"十四五"国家综合防灾减灾规划》强调要依托应急管理部门中央级、省级骨干库建立应急物资调运平台和区域配送中心；充分利用社会化物流配送企业等资源，加强应急救援队伍运输力量建设；健全应急物流调度机制，提高应急物资流转效率；推进应急物资集装单元化储运能力建设，完善应急物资配送配套设施，畅通村（社区）配送②。

《"十四五"应急物资保障规划》提出要完善应急物资调配模式，提升应急物资运送能力，优化应急物资发放方式。

1. 完善应急物资调配模式。加强区域应急物资统筹调配，强化应急响应期间的统一指挥，建立健全政府、企业、社会组织共同参与的应急物资调配联动机制；运用"区块链+大数据"优化应急物资调拨方案，打通从应急物资生产、储备到接收、使用之间的快速传递通道，减少应急物资转运环节，提高应急物资调配精确性；建成政府主导、社会共建、多元互补、调度灵活、配送快捷的应急物资快速调配体系③。

2. 提升应急物资运送能力。建立大型物流和仓储企业参与机制，促进政府和社会物流，以及铁路、公路、水路和航空等运输方式的有效衔接；完善应急物资保障跨区域通行和优先保障机制，建立铁路、公路、水路和航空紧急运输联动机制，确保应急物资快速运输；推动应急物资储备和运输的集装单元化发展，充分发挥综合性国家储备基地作用，提升物资集中储存、高效调运、快速集散能力；提高和加强运用国家综合性消防救援队伍的应急物资投送能力④。

3. 优化应急物资发放方式。制定和完善应急物资发放管理制度和工作流

---

①　国务院. "十四五"国家应急体系规划[J]. 中华人民共和国国务院公报, 2022（6）：40.

②　国家减灾委员会. "十四五"国家综合防灾减灾规划[EB/OL].（2022-06-19）[2022-07-21]. https://www. mem. gov. cn/gk/zfxxgkpt/fdzdgknr/202207/t20220721_418698. shtml.

③　应急管理部, 国家发展改革委, 财政部, 等. "十四五"应急物资保障规划[EB/OL].（2022-10-11）[2022-10-11]. https://www. gov. cn/zhengce/zhengceku/2023-02/03/content_5739875. htm.

④　应急管理部, 国家发展改革委, 财政部, 等. "十四五"应急物资保障规划[EB/OL].（2022-10-11）[2022-10-11]. https://www. gov. cn/zhengce/zhengceku/2023-02/03/content_5739875. htm.

程，完善应急物资发放的社会动员机制；鼓励物流企业、社会组织和志愿者参与应急物资发放，以提高应急物资分发的时效性和精准性；充分发挥多主体多模式优势，建立健全应急物资调配运送体系，提高应急物流快速反应能力；健全应急物流调度机制，提高应急物资装卸、流转效率；增强应急调运水平，与市场化程度高、集散能力强的物流企业建立战略合作，探索推进应急物资集装单元化储运能力建设[①]。

五、提升新时代自然灾害防治物资保障能力

自然灾害应急物资保障体系是国家应急管理体系的重要组成部分，提升自然灾害应急物资保障能力，是加强国家应急管理能力建设的重要内容任务。新时代，鉴于防范化解重特大自然灾害风险的压力越来越大，必须大力提升自然灾害防治物资保障能力。

在拓展应急物资多元保障渠道方面，鼓励、引导和支持社会组织、企业等社会力量积极参与应急物资保障，引导和支持社区、居民家庭储备必要的应急物资；依法依规引导社会组织捐赠活动，与有意向的社会主体建立合作机制，建立应急物资政府与企业、社会组织等协同保障机制；提升应急物资供应能力，支持应急物资供应链培育和优化，推进安全应急产业园建设，鼓励大型企业，特别是关键行业和重点产业链企业建立与生产经营相适应的应急物资储备和紧急生产调度机制，并纳入企业社会责任体系；引导支持协议储备、产能储备、社会储备、云仓储等创新保障方式先行先试[②]。

在健全应急物资跨区域协同保障机制方面，积极推进签订省级应急物资跨区域互助保障协议，不断完善互助协作内容，优化协同保障方式；多灾易

---

① 应急管理部,国家发展改革委,财政部,等. "十四五"应急物资保障规划[EB/OL]. (2022-10-11)[2022-10-11]. https://www.gov.cn/zhengce/zhengceku/2023-02/03/content_5739875.htm.
② 应急管理部,国家发展改革委,财政部,等. "十四五"应急物资保障规划[EB/OL]. (2022-10-11)[2022-10-11]. https://www.gov.cn/zhengce/zhengceku/2023-02/03/content_5739875.htm.

灾省份要建立全省协同保障机制，引导重点地市和县区强化与周边地区应急物资互助协作，明确协同保障内容和协调机构，推动共建共享储备资源和应急物资保障队伍，定期开展跨区域保障联合培训与演练，协同开展应急响应与抢险救援救灾行动^①。

在构建综合交通运输应急物流网络方面，统筹铁路、公路、水运、航空、邮政、快递等资源，建立健全应急物资运输保障力量，构建应急物资快速配送网络，提升全链条、全要素、全地形投送能力，特别是提高"三断"情况下应急投送能力；交通运输各职能部门要加强应急运输绿色通道建设，完善应急物资及人员运输车辆优先通行机制；鼓励探索优化应急物资储备、装卸、搬运、分拣、包装成套化、一体化、自动化快速物流环节，提升物流联运效率；完善应急物流设施网络，推动既有物流设施嵌入应急功能，统筹加强应急物资储备设施和应急物流设施的衔接，提高大批量物资末端集散配送能力^②。

在推动建设应急物资保障队伍方面，加快建立本地区应急物资保障队伍，按照专兼结合、政社协同方式，明确岗位职责、确定队伍名单，建立一支懂物资、善管理、人数足、能实战的应急物资保障队伍；定期开展应急物资筹集、调运、分发、现场管理等实训实练，组织队伍比武，以练代训，以赛促练，提升实战保障能力；建立应急物资保障专家库，整合高校、科研院所、企事业单位人才资源，为紧急情况下应急物资保障提供决策支撑；鼓励有条件的组织和高校设立应急物资保障相关专业，培养专业化的应急物资管理人员和技术人才；鼓励各地探索跨区域应急物资保障队伍援助工作，研究建立全国"一盘棋"应急物资保障队伍调集机制，做好重特大灾害援助救助准备^③。

---

① 应急管理部,国家发展改革委,财政部,等. "十四五"应急物资保障规划[EB/OL].（2022-10-11）[2022-10-11]. https://www. gov. cn/zhengce/zhengceku/2023-02/03/content_5739875. htm.

② 应急管理部,国家发展改革委,财政部,等. "十四五"应急物资保障规划[EB/OL].（2022-10-11）[2022-10-11]. https://www. gov. cn/zhengce/zhengceku/2023-02/03/content_5739875. htm.

③ 应急管理部,国家发展改革委,财政部,等. "十四五"应急物资保障规划[EB/OL].（2022-10-11）[2022-10-11]. https://www. gov. cn/zhengce/zhengceku/2023-02/03/content_5739875. htm.

在完善应急物资保障方案预案方面，依据灾害影响程度、地域特点及交通状况等，完善本地区应急物资保障方案或预案，细化救援救灾现场应急物资分配结构、数量、顺序以及执行方式，优先保障重灾区救援救灾和群众转移救助需求；针对多灾易灾地区要提前制定应急物资保障现场工作方案，明确救援救灾现场大批量应急物资集中情况下，人员抽调、分工分组、岗位责任以及物资分配、发放保障、管理维护、清理回收、信息统计等工作职责及要求①。

在提升应急物资信息化管理水平方面，各级应急物资储备数据要及时录入国家应急资源管理平台并动态更新，定期组织已录入数据抽查、检查，确保所有在库物资数据准确、账实相符；做好平台迭代升级，利用物联网、大数据、人工智能等技术，推动实现应急物资调运动态监控、精准调度，不断优化平台定位追踪、库存预警、轮换更新、需求分析、路径优化、配送调度、现场分发等功能；加强应急物资信息标准化建设，推动平台间数据共享，鼓励有条件的地区先行先试、推广典型经验②。

---

① 应急管理部，国家发展改革委，财政部，等. "十四五"应急物资保障规划 [EB/OL]. (2022-10-11) [2022-10-11]. https://www.gov.cn/zhengce/zhengceku/2023-02/03/content_5739875.htm.

② 应急管理部，国家发展改革委，财政部，等. "十四五"应急物资保障规划 [EB/OL]. (2022-10-11) [2022-10-11]. https://www.gov.cn/zhengce/zhengceku/2023-02/03/content_5739875.htm.

参考文献

[1] 习近平谈治国理政 [M].北京:外文出版社, 2014.

[2] 习近平谈治国理政(第2卷)[M].北京:外文出版社, 2017.

[3] 习近平谈治国理政(第3卷)[M].北京:外文出版社, 2020.

[4] 习近平谈治国理政(第4卷)[M].北京:外文出版社, 2022.

[5] 习近平著作选读(第1卷)[M].北京:人民出版社, 2023.

[6] 习近平著作选读(第2卷)[M].北京:人民出版社, 2023.

[7] 习近平.决胜全面建成小康社会 夺取新时代中国特色社会主义伟大胜利——在中国共产党第十九次全国代表大会上的报告[M].北京:人民出版社, 2017.

[8] 习近平.高举中国特色社会主义伟大旗帜 为全面建设社会主义现代化国家而团结奋斗——在中国共产党第二十次全国代表大会上的报告[M].北京:人民出版社, 2022.

[9] 第十一届全国人民代表大会常务委员会.中华人民共和国防震减灾法[J].中华人民共和国最高人民法院公报, 2009(7).

[10] 第十一届全国人民代表大会常务委员会.中华人民共和国水土保持法[J].中国水土保持, 2011(1).

[11] 第十三届全国人民代表大会常务委员会.中华人民共和国防沙治沙法[J].中华人民共和国全国人民代表大会常务委员会公报, 2018(6).

[12]第十三届全国人民代表大会常务委员会.中华人民共和国森林法［J］.中华人民共和国全国人民代表大会常务委员会公报, 2020（1）.

[13]第十三届全国人民代表大会常务委员会.中华人民共和国生物安全法［J］.中华人民共和国全国人民代表大会常务委员会公报, 2020（5）.

[14]第十四届全国人民代表大会常务委员会.中华人民共和国突发事件应对法［N］.人民日报, 2024-07-02.

[15]第十四届全国人民代表大会常务委员会.中华人民共和国海洋环境保护法［J］.中华人民共和国最高人民法院公报, 2024（7）.

[16]国务院.地质灾害防治条例［J］.中华人民共和国国务院公报, 2004（4）.

[17]国务院.汶川地震灾后恢复重建条例［J］.中华人民共和国国务院公报, 2008（17）.

[18]国务院.关于做好汶川地震灾后恢复重建工作的指导意见［J］.中华人民共和国国务院公报, 2008（20）.

[19]国务院.汶川地震灾后恢复重建总体规划［J］.中华人民共和国国务院公报, 2008（29）.

[20]国务院.中华人民共和国抗旱条例［J］.中华人民共和国水利部公报, 2009（1）.

[21]国务院.关于支持舟曲灾后恢复重建政策措施的意见［J］.中华人民共和国国务院公报, 2010（30）.

[22]国务院.全国主体功能区规划［J］.中华人民共和国国务院公报, 2011（17）.

[23]国务院."十四五"国家应急体系规划［J］.中华人民共和国国务院公报, 2022（6）.

[24]中共中央文献研究室.习近平关于总体国家安全观论述摘编［M］.北京:中央文献出版社, 2018.

[25]中共中央党史和文献研究院.习近平关于防范风险挑战、应对突发事件论述摘编［M］.北京:中央文献出版社, 2020.

[26]中共中央党史和文献研究院.习近平关于治水论述摘编［M］.北京:中央文

献出版社, 2024.

[27] 中共中央党史和文献研究院. 习近平关于自然资源工作论述摘编 [M]. 北京: 中央文献出版社, 2024.

[28] 中共中央文献研究室. 十八大以来重要文献选编（上）[M]. 北京: 中央文献出版社, 2014.

[29] 中共中央文献研究室. 十八大以来重要文献选编（中）[M]. 北京: 中央文献出版社, 2016.

[30] 中共中央党史和文献研究院. 十八大以来重要文献选编（下）[M]. 北京: 中央文献出版社, 2018.

[31] 中共中央党史和文献研究院. 十九大以来重要文献选编（上）[M]. 北京: 中央文献出版社, 2019.

[32] 中共中央党史和文献研究院. 十九大以来重要文献选编（中）[M]. 北京: 中央文献出版社, 2021.

[33] 中共中央党史和文献研究院. 十九大以来重要文献选编（下）[M]. 北京: 中央文献出版社, 2023.

[34] 中共中央党史和文献研究院. 二十大以来重要文献选编（上）[M]. 北京: 中央文献出版社, 2024.

[35] 国务院办公厅. 国家防汛抗旱应急预案 [J]. 中华人民共和国国务院公报, 2022（20）.

[36] 国务院办公厅. 国家自然灾害救助应急预案 [J]. 中华人民共和国国务院公报, 2024（6）.

[37] 国务院办公厅. 突发事件应急预案管理办法 [J]. 中华人民共和国国务院公报, 2024（6）.

[38] 国务院新闻办. 中国的减灾行动 [N]. 人民日报, 2009-05-12.

[39] 国土资源部. 全国地质灾害防治"十一五"规划 [J]. 国土资源通讯, 2008（1）.

[40] 国土资源部. 全国地质灾害防治"十二五"规划 [J]. 国土资源通讯, 2012（21）.

［41］国土资源部. 全国地质灾害防治"十三五"规划［J］. 中国应急管理, 2016（12）.

［42］自然资源部. 全国地质灾害防治"十四五"规划［J］. 自然资源通讯, 2023（1）.

［43］国家林业和草原局. 中国林业和草原统计年鉴（2019）［M］. 北京: 中国林业出版社, 2020.

［44］国家林业和草原局. 中国林业和草原统计年鉴（2020）［M］. 北京: 中国林业出版社, 2021.

［45］国家林业和草原局. 中国林业和草原统计年鉴（2021）［M］. 北京: 中国林业出版社, 2022.

［46］国家林业和草原局. 中国林业和草原统计年鉴（2022）［M］. 北京: 中国林业出版社, 2023.

［47］国务院第一次全国自然灾害综合风险普查领导小组办公室. 第一次全国自然灾害综合风险普查公报汇编［EB/OL］. http: //www. mem. gov. cn/xw/yjglbgzdt/202405/t20240507_487067. shtml.

［48］国家减灾委员会. "十四五"国家综合防灾减灾规划［EB/OL］. https: //www. mem. gov. cn/gk/zfxxgkpt/fdzdgknr/202207/t20220721_418698. shtml.

［49］应急管理部, 中国地震局. "十四五"国家防震减灾规划［EB/OL］. https: //www. mem. gov. cn/gk/zfxxgkpt/fdzdgknr/202205/t20220525_414288. shtml.

［50］应急管理部, 国家发展改革委, 财政部, 等. "十四五"应急物资保障规划［EB/OL］. https: //www. gov. cn/zhengce/zhengceku/2023-02/03/content_5739875. htm.

［51］国家林业和草原局, 应急管理部. "十四五"全国草原防灭火规划［EB/OL］. https: //www. gov. cn/zhengce/zhengceku/2023-01/10/content_5736078. htm.

［52］生态环境部, 国家发展改革委, 自然资源部, 等. "十四五"海洋生态环境保护规划［EB/OL］. https: //mee. gov. cn/xxgk2018/xxgk/xxgk03/202202/t20220222_969631. html.

［53］中国气象局, 国家发展改革委. 全国气象发展"十四五"规划［EB/OL］. http: //gs. cma. gov. cn/zfxxgk/zwgk/ghjh/202112/t20211208_4295610. html.

［54］国家发展改革委, 中国地震局. 防震减灾规划（2016-2020年）［EB/OL］. https: //www. scdzj. gov. cn/zwgk/zcfg/bmgz/202112/t20211202_50808. html.

［55］国家林业局, 国家发展改革委. 全国沿海防护林体系建设工程规划（2016-2025年）［EB/OL］. https: //www. gov. cn/xinwen/2017-05/16/content_5194348. htm.

［56］自然资源部, 国家林业和草原局. 红树林保护修复专项行动计划（2020-2025年）［EB/OL］. https: //www. gov. cn/zhengce/zhengceku/2020-08/29/content_5538354. htm.

［57］国家林业和草原局, 国家发展改革委, 财政部, 等. 全国防沙治沙规划（2021-2030年）［EB/OL］. https: //www. gov. cn/zhengce/zhengceku/202309/content_6903888. htm.

［58］国家发展改革委, 自然资源部. 全国重要生态系统保护和修复重大工程总体规划（2021-2035年）［EB/OL］. https: //www. gov. cn/zhengce/zhengceku/2020-06/12/content_5518982. htm.

［59］民政部, 国家减灾委员会办公室. 2013年全国自然灾害基本情况［EB/OL］. https: //www. gov. cn/gzdt/2014-01/04/content_2559933. htm.

［60］民政部, 国家减灾委员会办公室. 2014年全国自然灾害基本情况［EB/OL］. https: //www. gov. cn/xinwen/2015-01/05/content_2800233. htm.

［61］民政部, 国家减灾委员会办公室. 2015年全国自然灾害基本情况［EB/OL］. https: //www. gov. cn/xinwen/2016-01/11/content_5032082. htm.

［62］民政部, 国家减灾委员会办公室. 2016年全国自然灾害基本情况［EB/OL］. https: //www. mca. gov. cn/n152/n164/c36040/content. html.

［63］民政部, 国家减灾委员会办公室. 2017年全国自然灾害基本情况［EB/OL］. https: //www. mca. gov. cn/n152/n164/c33072/content. html.

［64］应急管理部，国家减灾委办公室. 2018年全国自然灾害基本情况［EB/OL］. https：//www. mem. gov. cn/xw/bndt/201901/t20190108_229817. shtml.

［65］应急管理部. 2019年全国自然灾害基本情况［EB/OL］. https：//www. mem. gov. cn/xw/bndt/202001/t20200116_343570. shtml.

［66］应急管理部. 2020年全国自然灾害基本情况［EB/OL］. https：//www. mem. gov. cn/xw/yjglbgzdt/202101/t20210108_376745. shtml.

［67］应急管理部. 2021年全国自然灾害基本情况［EB/OL］. https：//www. mem. gov. cn/xw/yjglbgzdt/202201/t20220123_407204. shtml.

［68］应急管理部. 2022年全国自然灾害基本情况［EB/OL］. https：//www. mem. gov. cn/xw/yjglbgzdt/202301/t20230113_440478. shtml.

［69］国家防灾减灾救灾委员会办公室，应急管理部. 2023年全国自然灾害基本情况［EB/OL］. https：//www. mem. gov. cn/xw/yjglbgzdt/202401/t20240120_475697. shtml.

［70］国家海洋局. 2014年中国海洋灾害公报［EB/OL］. https：//gc. mnr. gov. cn/201806/t20180619_1798018. html.

［71］国家海洋局. 2015年中国海洋灾害公报［EB/OL］. https：//gc. mnr. gov. cn/201806/t20180619_1798019. html.

［72］国家海洋局. 2016年中国海洋灾害公报［EB/OL］. https：//gc. mnr. gov. cn/201806/t20180619_1798020. html.

［73］国家海洋局. 2017年中国海洋灾害公报［EB/OL］. https：//gc. mnr. gov. cn/201806/t20180619_1798021. html.

［74］自然资源部海洋预警监测司. 2018年中国海洋灾害公报［EB/OL］. https：//gi. mnr. gov. cn/201905/t20190510_2411197. html.

［75］自然资源部海洋预警监测司. 2019年中国海洋灾害公报［EB/OL］. https：//gi. mnr. gov. cn/202004/t20200430_2510979. html.

［76］自然资源部海洋预警监测司. 2020年中国海洋灾害公报［EB/OL］. https：//gi. mnr. gov. cn/202104/t20210426_2630184. html.

［77］自然资源部. 2021年中国海洋灾害公报［EB/OL］. https：//gi. mnr. gov. cn/202205/t20220507_2735508. html.

［78］自然资源部. 2022年中国海洋灾害公报［EB/OL］. https：//gi. mnr. gov. cn/202304/t20230412_2781112. html.

［79］自然资源部. 2023年中国海洋灾害公报［EB/OL］. https：//gi. mnr. gov. cn/202404/t20240429_2844013. html.

［80］国土资源部. 2013中国国土资源公报［EB/OL］. https：//g. mnr. gov. cn/201705/t20170502_1506585. html.

［81］国土资源部. 2014中国国土资源公报［EB/OL］. https：//g. mnr. gov. cn/201705/t20170502_1506589. html.

［82］国土资源部. 2015中国国土资源公报［EB/OL］. https：//g. mnr. gov. cn/201705/t20170502_1506591. html.

［83］国土资源部. 2016中国国土资源公报［EB/OL］. https：//www. mnr. gov. cn/sj/tjgb/201807/P020180704391918680508.

［84］［日］金子史朗. 世界大灾害［M］. 庞来源, 译. 济南：山东科技出版社, 1981.

［85］范宝俊, 陈有进. 人类灾难纪典：第1卷［M］. 北京：改革出版社, 1998.

［86］罗祖德, 徐长乐. 灾害科学［M］. 杭州：浙江教育出版社, 1998.

［87］Lindsey E O, Natsuaki R, Xu X, et al. Line-of-sight displacement from ALOS-2 interferometry： Mw 7. 8 Gorkha Earthquake and Mw 7. 3 aftershock［J］. Geophysical Research Letters, 2015(16).

［88］Glas H, Rocabado I, Huysentruyt S, et al. Flood risk mapping worldwide：A flexible methodology and toolbox［J］. Water, 2019(11).

［89］Aznar-Crespo P, Aledo A, Melgarejo-Moreno J, et al. Adapting social impact assessment to flood risk management［J］. Sustainability, 2021(6).

［90］Whitehurst D, Friedman B, Kochersberger K, et al. Drone-based community assessment, planning, and disaster risk management for sustainable development［J］. Remote Sensing, 2021(9).